大学数学 スポットライト・シリーズ ⑪

ε-δ論法と数学の基礎

『原論』の時代から20世紀まで

宮島静雄 著

近代科学社

大学数学 スポットライト・シリーズ
刊行の辞

周知のように，数学は古代文明の発生とともに，現実の世界を数量的に明確に捉えるために生まれたと考えられますが，人類の知的好奇心は単なる実用を越えて数学を発展させて行きました．有名なユークリッドの『原論』に見られるとおり，現実的必要性をはるかに離れた幾何学や数論，あるいは無理量の理論がすでに紀元前 300 年頃には展開されていました．

『原論』から数えても，現在までゆうに 2000 年以上の歳月を経るあいだ，数学は内発的な力に加えて物理学など外部からの刺激をも様々に取り入れて絶え間なく発展し，無数の有用な成果を生み出してきました．そして 21 世紀となった今日，数学と切り離せない数理科学と呼ばれる分野は大きく広がり，数学の活用を求める声も高まっています．しかしながら，もともと数学を学ぶ上ではものごとを明確に理解することが必要であり，本当に理解できたときの喜びも大きいのですが，活用を求めるならばさらにしっかりと数学そのものを理解し，身につけなければなりません．とは言え，発展した現代数学はその基礎もかなり膨大なものになっていて，その全体をただ論理的順序に従って粛々と学んでいくことは初学者にとって負担が大きいことです．

そこで，このシリーズでは各巻で一つのテーマにスポットライトを当て，深いところまでしっかり扱い，読み終わった読者が確実に，ひとまとまりの結果を理解できたという満足感を得られることを目指します．本シリーズで扱われるテーマは数学系の学部レベルを基本としますが，それらは通常の講義では数回で通過せざるを得ないが重要で珠玉のような定理一つの場合もあれば，ε-δ 論法のような，広い分野の基礎となっている概念であったりします．また，応用に欠かせない数値解析や離散数学，近年の数理科学における話題も幅広く採り上げられます．

本シリーズの外形的な特徴としては，新しい製本方式の採用により本文の余白が従来よりもかなり広くなっていることが挙げられます．この余白を利用して，脚注よりも見やすい形で本文の補足を述べたり，読者が抱くと思われる疑問に答えるコラムなどを挿入して，親しみやすくかつ理解しやすいものになるよういろいろと工夫をしていますが，余った部分は読者にメモ欄として利用していただくことも想定しています．

また，本シリーズの編集幹事は東京理科大学の教員から成り，学内で活発に研究教育活動を展開しているベテランから若手までの幅広く豊富な人材から執筆者を選定し，同一大学の利点を生かして緊密な体制を取っています．

本シリーズは数学および関連分野の学部教育全体をカバーする教科書群ではありませんが，読者が本シリーズを通じて深く理解する喜びを知り，数学の多方面への広がりに目を向けるきっかけになることを心から願っています．

編集幹事一同

まえがき

ε-δ 論法は解析学を本格的に学び，活用しようとするなら必須のものですが，高校までの直観重視の数学との接続がすこし難しいため，習得に苦労する学生も多いようです．そのため，田島一郎氏の『イプシロン - デルタ論法』（共立出版）を始めとして，これを主題とする多くの参考書が出版されています．その中で本書は単にうまく使いこなせるようにというだけでなく，ε-δ 論法とそれが数学にもたらしたものについて多角的に解説しようとするものです．

具体的に述べると，極限の直観的理解との接続を図るために，なぜ ε-δ 論法は難しく感じられるのかを考え，実は少し見方を変えれば ε-δ 論法は直観的理解の近くにあるということの説明から始めます．また ε-δ 論法の論理としての特徴についても簡単に触れます．そしてユークリッドやアルキメデスまでさかのぼって，ギリシャ数学での極限の扱いから ε-δ 論法誕生までの歴史をかなり詳しく説明します．そして ε-δ 論法の使用例とそれがもたらした解析学の厳密化と，解析学を支える実数をさらに根源的な自然数，ひいては集合に還元する解析学の算術化について解説し，集合論と選択公理の話に至ります．そして最後はフィルターを用いた極限概念の一般化と，それによって無限小や無限大を含むように実数を拡大する超準解析の入り口で本書の締めくくりとしています．

以上のように ε-δ 論法を中核としながらも話題はとても広汎ですし，数学への習熟をある程度要するものもあるので，読者各位はまずは第 1 章から始めてそれぞれ気になる部分だけ読んでいただくとよいと思います．それが結果的に通読することにつながれば，著者としてそれに勝る喜びはありません．

執筆には全力を尽くしましたが，能力と時間と紙数の制約で心残りな部分もあります．ε-δ 論法の論理形式である述語論理については，詳しく述べれば 1 冊の本になってしまうため，非常に大まかな説明のみで参考書を提示するにとどめました．近世の数学については膨大な文献が存在するので，すべてを咀嚼して各数学者の寄与を正確に評価することは著者の手に余るため，点描にとどまりますが，数学史家の見解を適宜参照しつつできる限り 1 次文献あるいはその現代語への翻訳にさかのぼり，事実についての誤りがないように努めました．ギリシャ数学，特にアルキメデスの仕事が与えた影響の大きさを感じていただければ幸いです．また，歴史については傍注や参考文献の引用が多いのですが，読者が自ら調べる役に立つようにという意図ですので，無視して本文を読んでも差し支えはありません．ε-δ 論法の使用例については，ε-δ 論法の必要性を示すには，整級数に関するアーベルの連続性定理やフーリエ級数の収束問題を扱うことが効果的と思いますが，最も原始的な例から出発したため，紙数に余裕がなく果たせなかったのは心残りです．

本書の執筆を当時の近代科学社 小山 透 社長から依頼されお引き受けしてからずいぶんと年月が経ってしまいました．他の仕事と個人的事情が重なりこのように遅れたことをお詫びいたしますとともに，近代科学社の伊藤雅英氏には今まで待っていただいたことに感謝申し上げます．そして担当編集者の高山哲司氏からは有益なご指摘を頂き有難く思います．また，原則として敬称を略しましたが，数学史の参考文献の著者の皆様には労作に感謝いたします．最後になりましたが，東京理科大学には退職後も文献へのリモートアクセスを提供していただいていることにお礼申し上げます．

2024 年 7 月　著者識

本書の文体について 本書は多くの数学書と異なり，基本的に「です・ます」調で書かれています．これは，普通の数学書が定義・定理・証明の連続という有無を言わさぬ論証の連鎖であるのに対し，本書は説明，説得が中心であるためです．本書でも第 3 章と第 6 章の定義や定理・証明の部分は「である」調にしています．読者諸氏があまり違和感を覚えることなく読んでいただけることを期待しています．

記号について 本書で用いる記号は登場の際に説明しますが，自然数や実数などの全体を示す記号は，ここで前もって通常用いられるものを挙げておきます．

$\mathbb{N}$：自然数全体の集合，$\mathbb{Z}$：正負の整数全体の集合

$\mathbb{Q}$：有理数全体の集合，$\mathbb{R}$：実数全体の集合

筆者と著者 本書では「筆者」と「著者」は次のように使い分けています．本文中では「筆者」はそのときに執筆している本人（宮島）を指す一人称として用います．他方，「著者」は引用した著作物を書いた人を指していますが，まえがきではすでに書き上がって送り出そうとしている立場ですので，「筆者」の代わりに「著者」を用いています．

目　次

1　ε-δ 論法を巡る論点　1

1.1　論点の紹介 1
1.2　ε-δ 論法は必要か 4
1.3　ε-δ 論法の難しさ 8
1.3.1　ε-δ 論法の分かりにくさ 8
1.3.2　ε-δ 論法による表現への橋渡し 10
1.4　ε-δ 論法の論理形式 13
1.4.1　述語論理と量化子 14
1.4.2　述語論理における論証 18

2　ε-δ へ至る道　23

2.1　ギリシャ数学における極限 23
2.1.1　ユークリッド『原論』 24
2.1.2　アルキメデス 33
2.1.3　ふり返りと展望 1 43
2.2　ニュートン，ライプニッツ以前の西欧 44
2.2.1　ギリシャ数学の継承 44
2.2.2　古代との背景の違い 47
2.2.3　ケプラー 51
2.2.4　不可分者をめぐるイタリアの数学者たち　57
2.2.5　デカルト 60
2.2.6　フェルマー 62
2.2.7　パスカル 65

2.2.8 ロベルヴァル，ウォリス，バロウ 69
2.2.9 ふり返りと展望 2 76
2.3 ニュートン 79
2.3.1 流量と流率：無限小の使用 79
2.3.2 『プリンキピア』の数学：最初の比と最後の比 83
2.4 ライプニッツ 88
2.4.1 微分 dx, dy と特性三角形 89
2.4.2 変換定理と円の算術的求積 91
2.4.3 微積分計算のアルゴリズム 93
2.4.4 ライプニッツの微分と無限小 96
2.5 バークリ 104
2.6 オイラー 107
2.7 コーシー前夜 111
2.7.1 ダランベール 112
2.7.2 ラグランジュ 114
2.7.3 ボルツァーノ 118
2.8 コーシー 124
2.8.1 『解析教程』 125
2.8.2 『無限小解析講義要論』 133
2.8.3 ε-δ への道におけるコーシーの位置 . . . 138
2.9 ワイエルシュトラス 141
2.9.1 1861 年『微分計算』講義 141
2.9.2 解析学の厳密化 145

3 ε-δ 論法の実際と実数 149

3.1 数列の極限の ε-δ 方式による扱い 149
3.1.1 数列の収束と無限級数の収束 150
3.1.2 実数の基本性質と数列の収束 162
3.1.3 実数の公理系 194
3.2 1 変数実数値関数の連続性 198
3.2.1 1 変数実数値関数の連続性の定義 199

3.2.2 連続性の判定例 210
3.2.3 連続関数の一般性質 213
3.2.4 関数列と関数項級数の収束 218
3.3 1変数関数の極限値と微分係数 223
3.3.1 関数の極限値 223
3.3.2 1変数関数の微分係数 225

4 ε-δ 論法から数学の基礎へ 231

4.1 有理数の切断による実数の構成 231
4.2 解析学の算術化と自然数論 236
4.3 論理主義の自然数論 238
4.4 述語論理と集合論 242
4.4.1 フレーゲによる論理学の革新 242
4.4.2 現代の述語論理 244
4.4.3 集合を用いた意味論の問題 248
4.4.4 論理と集合は数学の基礎? 252

5 選択公理と集合論 255

5.1 微分積分学の基礎と選択公理のかかわり 255
5.2 集合論の1公理としての選択公理 259
5.2.1 選択公理からの意外な結論 261
5.2.2 選択公理によって証明される定理 262
5.2.3 選択公理の無矛盾性 264
5.2.4 集合論の公理系 266
5.2.5 置換公理図式から得られること 271
5.3 論理に「選択すること」を取り入れると? 273
5.4 通常の1階述語論理で選択を扱うこと 277
5.4.1 一つの集合から要素を選ぶことについて 277
5.4.2 改めて可算無限回の選択を考える 278

6　極限の一般化と無限小の合理化　281

6.1　極限概念の一般化 281
6.1.1　積分も極限 281
6.1.2　フィルターに沿う極限 284
6.2　超フィルターと超準解析の初歩 287
6.2.1　超フィルター 287
6.2.2　超準解析へ 290
6.2.3　超準実数体の構成 291
6.2.4　超準解析の第１歩 294

参考文献　298

索　引　303

1 ε-δ 論法を巡る論点

本書の読者のほとんどすべては「ε-δ 論法」にすでに接したことがあるものと思います．この論法は，数学で多用される，「任意の $\varepsilon > 0$ に対してある $\delta > 0$ が存在して $\cdots$」という形式[1] の主張が重要な役割を果たす論証方法ですが，高校数学で微分積分を学んだ人が大学の体系的な微分積分学でこの論法に出会い，戸惑いを感じることも多いようです．ちなみに，「ε-δ 論法」は，「イプシロン・デルタ論法」と読みますが，[2] 英語では "ε-δ argument" あるいは "ε-δ proof" と言い，数学史の分野では "epsilontics" という用語も用いられています．

さて，この ε-δ 論法は，簡単に言えば，高校数学では直観的理解で済ませていた「極限」を，あいまいさを残さずに扱うためのものです．しかしその利点の反面として，初めて接すると，分かりにくいとか回りくどいという印象を持たれることも確かです．そこで本書ではこのような点も含めて，ε-δ 論法に多角的に光を当てて，その重要性や数学全体への影響までを説明していきます．筆者としては，読者がそれぞれの関心に応じて読み進め，ε-δ 論法についての理解を深めていただけたら幸いです．

[1] 数列の収束では，「任意の $\varepsilon > 0$ に対してある番号 n_0 があって」という形になりますが，本質は同じです．

[2] ε はギリシャ文字で，文字名は英語では「エプサイロン」に近く発音され，現代ギリシャ語としては「エプシロン」に近い発音です．もともとギリシャ語では母音の「エ」を表すのに ε が使われていましたが，後に $\alpha\iota$（アルファ＋イオタ）という綴りも「エ」と発音するようになりました．そのため，ε は「たんなるエ」という意味で「エ・プシロン」と呼ばれるので，「エプシロン・デルタ論法」と読むほうが正しそうですが，日本では「イプシロン」が定着しています．実際，代表的な国語辞典である『広辞苑』（第 6 版）では，「イプシロン」だけが採録されていて，「エプシロン」は載っていません．

1.1 論点の紹介

ε-δ 論法について，その言い回しに接したばかりの人とすでに使い慣れた人では疑問に思う点が異なると思いますが，全体として主要なものは次のようになるでしょう：

(1) ε-δ 論法は何のためにあるのか，それは不可欠なのか．

(2) ε-δ 論法はなぜ分かりにくいのか，その論理的な特徴は何か．

(3) ε-δ 論法はどのような歴史をたどって形成されたのか．

(4) ε-δ 論法は実際どのように用いられているのか．

(5) ε-δ 論法はその後の数学にどのような影響を与えたのか．

(6) 極限を扱う方法として，ε-δ 論法はどのように一般化されるのか．また現代でも ε-δ 論法に代わる方法は存在しないのか．

論点 (1), (2) については特に前置きは必要ないと思いますのでこの後すぐに本章で扱いますが，論点 (3) 以下についてはここでごく簡単に紹介した後，別章で詳しく述べます．ここでの紹介は非常に簡略ですので，理解できない部分があっても気にせずに進み，該当の章を読んだ後で再び目を通して納得していただければよいと思います．

論点 (3)（歴史）について： 詳しい話は第 2 章に譲りますが，極限は近世になって初めて取り扱われるようになったわけではなく，ギリシャ文明の時代[3)]から論じられていました．たとえば円の面積や円周の長さを内接正 2^n 角形の面積や周長の $n \to \infty$ とした極限として捉えることが行われており，その議論には当時としては細心の注意が払われていました．その後，長い年月を経て，西欧ルネサンス期に至ってユークリッドやアルキメデスの著作が注目され，[4)] そこに展開されていた議論を常に意識しつつ，西ヨーロッパにおいて無限小 (infinitesimal) や流率 (fluxion) 概念に依拠する[5)] 無限小解析が発展することになったのです．なお，本書では「無限小解析」という語は，ε-δ 論法確立以前の微分積分法を指すものとします．また，不可分者 (indivisible) という概念は，ε-δ 論法という形式との関係は無限小よりも薄い[6)] のですが，無限小解析を生み出した力として，無限小と並んで無視できないものです．「無限」を忌避するギリシャ文化では無限小を数学で使用することはありませんで

[3)] アレクサンダー大王の遠征によるヘレニズム文明の時代を含みます．

[4)] ローマ文明はギリシャの文化をあまり受け継いでおらず，いわゆるローマ帝国滅亡後の西ヨーロッパはそれを 12 世紀以降に「新しいもの」として受け取ることになりました．

[5)] ただし，ニュートンの後期の微分積分学では無限小よりも極限そのものが重視されていました．

[6)] 無限に小さいが「0 ではない」という無限小と異なり，平面図形に含まれる線分のように，不可分者は次元が一つ下がり元の次元で見れば 0 なものだからです．

したが，現代の目からするとアルキメデスの仕事などの背景には透けて見えると言っていいと思います．しかし無限小解析ではあえて「無限小」を前面に押し立て，その驚異的な有効性によって基礎のあいまいさをものともせずに次々と成果を生み出したのです．その一方で残り続けていた基礎の問題を解消する試みはいろいろありましたが，19 世紀のコーシーによって ε-δ 論法が導入され，世紀半ばにワイエルシュトラスによってそれが完成させられたのです．

なお，第 2 章の内容は微分積分学の発展史と切り離せないのですが，本書の性格から極限の取り扱いを中心とした内容になっています．

論点 (4)（実際の使用）について： ε-δ 論法はいたるところで用いられていて，使用例は無尽蔵ですが，特に微分積分学の歴史の上で意味がある著名な定理で，ε-δ 論法の有用性が示される証明を中心に第 3 章でいくつかを述べます．また，その中では必然的に実数の本性が問われてくることも示されます．

論点 (5)（影響）について： 第 3 章で扱われる証明の中には，必然的に実数の基本性質や新しい構成法を必要とするものがあり，実数という解析学の根底になるものをさらに究明することにつながっていきます．その道は結局，集合による数学の基礎付けに行き着くのです（第 4 章，第 5 章）．

論点 (6)（一般化など）について： $f(x)$ を実数 x を変数に持つ関数とすると，$x = a$ での微分係数 $f'(a)$ が極限によって定義されることは高校で習います．それに対して，高校の数学では定積分 $\int_a^b f(x)\,dx$ は $f(x)$ の原始関数を用いて定義されていて，極限は直接には関わっていません．しかし定積分はグラフの下の部分の面積という意味を持っています．そしてより一般に曲線によって囲まれる部分の面積は，微分という概念のなかった，ユークリッドやアルキメデスの時代から盛んに研究されていました．区分求積法という積分の考えに親しんでいる人は，積分が何らかの意味で極限と関係していることを感じられると思います．しかし数列の極限や関数の極限値 $\lim_{x \to a} f(x)$ のような，自然数 n や実数 x という一つのパラメーターについての極限として捉えることはできません．極限の概念を拡張する方法はいくつかありますが，第 6 章では「フィルターに沿う極限」を導入し，この拡張された意味では積分も極限となることを示します．さらに，集合論の選択公理という一般に認められている存在公理を用いると，フィルターに沿う極限を利用して実数の体系を拡張し，無限小や無限大を含む数体系（超準実数体）を構成できることが示されます．超準実数体は普通の実数を含み，そこでは無限小の存在が確保され，それにより通常の微分積分学を ε-δ 論法なしで導くことができます．

1.2 ε-δ 論法は必要か

世の中には「ε-δ 論法は分かりにくいし，そもそも必要ない」という意見もかなりあって，理工系大学の初年次の微積分の講義でも ε-δ 論法による論証は取り扱わないという例があります．この意見には一理あって，ε-δ 論法なしでも微分積分の基本的な結果を得たり，直観的に納得することは可能です．実際，物体運動の瞬間速度のことを考えてみましょう．これは正確には極限によって定義される微分法の第一歩にあたる重要な概念ですが，ε-δ 論法による精密な定義などなしに，おそらくかなり幼い子供でも瞬間速度というものを理解することができると思います．そして，その物体運動の瞬間速度の概念は微分積分法の誕生において大きな役割を果たしたのです ([44]).[7] また，19 世紀のコーシーやワイエルシュトラスによって ε-δ 論法が普及したのは，1670 年前後の微分積分学の誕生から 150 年くらいも経ってからですが，ε-δ 論法誕生前の 18 世紀に大数学者オイラー (Leonhard Euler, 1707–1783) は無限小や無限大を駆使して今日でも有用な多数の結果を導いて微分積分学を豊かにし，微分方程式や変分法あるいは数理物理学の広大な領域を開拓しました．

[7] 微分積分学の誕生より 80 年くらい前の，ガリレオ・ガリレイによる落体の運動法則の研究は瞬間速度の理解を当然の前提としていました．また，瞬間速度を一般化したものがニュートンの流率と考えられます．

ところが，瞬間速度について一般にはスピードメーターやスピードガンで簡単に測定できると思われているかもしれませんが，測定できるのは実は本当の瞬間速度ではなく近似値です．つまり本当の瞬間速度を捉えるには，極限を考えることが不可欠です．その上ニュートン力学で重要なのは瞬間速度の瞬間速度（2 階微分係数）である加速度です．そして，弾性体の運動方程式になると 4 階微分係数が登場しますが，われわれが直観的に理解できるのは加速度（というよりそれに伴う力）までくらいで，4 階微分係数となると単に瞬間速度（1 階微分係数）を取る操作を 4 回繰り返したという，実感の湧かないものになっていると思います．そのように実感の伴わないものを繰り返し適用して問題なく扱うためには，「1 回微分する」という操作に関することを確実に確かめておく必要があります．そのためには直観レベルにとどまらない明示的な定義が必要になることは了解できるのではないでしょうか．オイラーのすばらしい成果についても，たとえば三角関数のテイラー展開

$$\cos \nu = \sum_{n=0}^{\infty} \frac{(-1)^n \nu^{2n}}{(2n)!}$$

の証明は，

$$\cos nz = \frac{\left(\cos z + \sqrt{-1}\sin z\right)^n + \left(\cos z - \sqrt{-1}\sin z\right)^n}{2}$$

の右辺の中にある n 乗を 2 項展開した式を考え，そこで z を無限小，n を無限大かつ $\nu := nz$[8] は通常の数として得られています ([9, p. 115])．オイラーの議論は名人の手品のように鮮やかですが，証明としてみるとやはり不安なところがあります．たとえば，z が無限小ならば $\cos z = 1$, $\sin z = z$ ということを用いているのですが，z が無限小であってもこれらの等号は厳密には成り立たず，それぞれ z^2, z^3 程度の誤差があります．これらの誤差が結論に影響しないかどうかを確かめるには，単純に「無限小」というあいまいなものに頼るばかりでは不十分です．[9]

8) “:=” は右辺によって左辺を定義するという意味の等号です．

9) この他にも，最初は 0 でないとした無限小を最後には 0 として扱うなどの，自己矛盾的な論法が広く見られました．

また，高校の数学では数列や級数の収束は「限りなく近づく」というレベルで議論がなされています．しかし，「一般項が a_n の数列が b に収束するとき，$(a_1 + a_2 + \cdots + a_n)/n$ を一般項と

する数列も b に収束する」，という正しい命題の証明を「限りなく近づく」というレベルの議論でできるかというと，ちょっとあやしくなります．n が非常に大きいときは a_n はほとんど b に等しいのですが，若い番号の a_n は b とものすごく離れているかもしれないので，平均値はどうなるのかちょっと不安になるかもしれません．そして不安になった人を論理的に説得するには，限りなく近づく，という感覚頼りでは不十分です．[10] また，少し難しい話になりますが，やはり ε-δ 論法以前に，フーリエ (Jean Baptiste Joseph Fourier, 1768–1830)[11] が主張した等式を見てみましょう．$f(x)$ を実数 x の連続関数で周期 2π の周期関数とします．このとき

$$f(x) = \frac{a_0}{2} + \sum_{n=1}^{\infty}(a_n \cos nx + b_n \sin nx)$$

が成り立つという主張です．[12] ここで a_n, b_n は $n = 0, 1, 2, \ldots$ に対して

$$a_n = \frac{1}{\pi}\int_{-\pi}^{\pi} f(x)\cos nx\,dx, \quad b_n = \frac{1}{\pi}\int_{-\pi}^{\pi} f(x)\sin nx\,dx$$

で定められた定数です．この等式は実は「連続で周期 2π」という条件だけでは成り立たないのですが，成り立つための条件を調べるにしても，右辺の級数の部分和が左辺に限りなく近づく，ということを漠然と捉えているだけではまったく手に負えない問題であることが分かると思います．

これまで見てきたように，「限りなく近づく」や「無限小」などの，直観には訴えるけれどもそれ以上にはっきりとは説明できないものを基礎にした議論にはやはり限界があります．ユークリッド（ギリシャ語読みは「エウクレイデス」）の『原論』以来，数学は論理的な推論の連鎖である証明によって真偽を確定し，絶対確実な結果を得てきましたが，証明という観点からは「限りなく近づく」などはあまり役に立たず，過った結論に導きかねないのです．実際，ε-δ 論法以前の 19 世紀初めには「(一変数) 連続関数はみな孤立した例外点を除いて微分可能である」という主張が定理として教科書に載っていたり，連続関数はすべて区分的に単調[13] ということが「証明」されたりしていたの

[10] 次節では，関数の連続性に対する「限りなく近づく」という表現の問題性を扱います．

[11] フランス革命期に生きた数学者で，県知事も務めた．熱方程式の研究で有名．

[12] 実はフーリエは $f(x)$ に特に制限を加えていませんが，ここでは等式の性格から周期性などの条件を付加してあります．

[13] 定義域をいくつかの区間に分割して，それぞれの上では単調増加あるいは単調減少になる，という意味．

です（中根[48]，§ 2.3）．

結局，誕生以後 150 年くらいの間は，微分積分法は計算術としては華々しい成果を挙げる一方で，その理論的基礎は不十分だったのです．その改善のためには，微分積分学が本質的に依拠している「極限」について，直観的な「限りなく近づく」や「無限小」による記述よりも論理的で解像度の高い捉え方をする必要があるのです．このことが直ちに ε-δ 論法を必然的に導くとは言えませんが，古代からある論法に親近性があって無理のない ε-δ 論法に到達するのは自然なことと言えるでしょう．**ε-δ 論法では普通の数しか扱わず**，その代わりにアリストテレスの時代から知られている，「任意の」や「ある（存在する）」という言葉の登場する文の積み重ねで極限を表現しているのです．この ε-δ 論法によって極限を論理的にしっかりした枠組みの中で扱うことが可能になり，ε-δ 論法とその発展形は今や数学の種々の分野で不可欠なものとなっています．

注 1.1. ひとたび微分積分法の基本事項[14] が得られればその運用はむしろ代数的な数式計算となり，ε-δ 論法の出番があまりないことも，ε-δ 論法不要論に味方しています．微分積分法は英語ではラテン語由来の語で *calculus*（複数形は *calculi*）と呼ばれますが，*calculus* の元々の意味は計算です．この名称は，微分積分法がそれ以前の幾何学による図を用いた論証に代わって，数式の計算により問題を解くことを可能にしたという実態に合致したものです．[15] ここではまた，現在は当然のものである，未知数あるいは変数記号 x, y, z や定数記号 a, b, c を用いた数式が，ヴィエト (François Viète, 1540–1603) を経てデカルト (René Descartes, 1596–1650) によって完成され，普及してからわずか 2, 30 年後に微分積分法が誕生したことに注意しておきたいものです．実際，微分積分法の開拓者であるニュートンとライプニッツはともに，数式によって幾何学の問題を解いたデカルト著『幾何学』のラテン語訳（オランダのスホーテンによる）を読んだことが確認されています．

[14] 初等関数の導関数，合成関数の微分法則，逆関数の微分法則，微分積分学の基本定理等々．

[15] ヨハン・ベルヌーイやオイラーは微分法を *calculus differentialis*，積分法を *calculus integralis* と呼んでいて，ヨーロッパ大陸の数学者はこれにならっていましたが，イギリスはニュートン以来の伝統で「流率法」(*method of fluxions*) と言っていました．

1.3 ε-δ 論法の難しさ

本節では関数の連続性の定義を例にとって，まず ε-δ 論法がなぜ分かりにくいと言われるのかを考え，次に，直観的定義と ε-δ 論法での定義への橋渡しをしてみます．

1.3.1 ε-δ 論法の分かりにくさ

ε-δ 論法が初学者にとって分かりにくいと思われる理由の一つは,「任意の $\varepsilon > 0$ に対してある $\delta > 0$ があって」というような言い回し自体に，日常生活ではほとんど接することがないことにあるでしょう.[16] しかしそれ以上に，ε や δ が唐突に登場することが問題であると思われます．連続性の定義を例にとって考えましょう．$f(x)$ は実数 x を変数とする実数値関数であるとして,「$f(x)$ は $x = a$ で連続である」という主張の高校数学流の定義は,

$$x \text{ が限りなく } a \text{ に近づくならば } f(x) \text{ は } f(a) \text{ に限りなく近づく} \tag{1.3.1}$$

となります．これに対して ε-δ 論法における定義は次のようになります：

$$\begin{cases} \text{任意の } \varepsilon > 0 \text{ に対してある } \delta > 0 \text{ があって，任意} \\ \text{の } x \text{ に対して } |x-a| < \delta \text{ ならば } |f(x)-f(a)| < \varepsilon \\ \text{が成り立つ.} \end{cases} \tag{1.3.2}$$

少し注意しておきますと，(1.3.2) のような述べ方は厳密に形式が決められているわけではありません．たとえば,「任意の $\varepsilon > 0$ に対して」という部分は,「$\varepsilon > 0$ を満たすような任意の ε に対して」と丁寧に言ってもよいのですが，決まり切っているので簡単なほうを普通に用います．また,「ある $\delta > 0$ があって ... が成り立つ」という部分は「... が成り立つような $\delta > 0$ が存在する」のように言うこともあります．このような言い方は問題ではなく，最も大事なことは，連続性の高校数学流の定義では変数は x だけであるのに対し，(1.3.2) では ε と δ という新しい変数が突然に現れていることです．ε や δ という変数は

16) ただし「任意の何々に対して」という主張は，論理学の対象としてアリストテレスの時代から研究されています．

何のために導入されたのかというと，(1.3.1) では「限りなく近づく」としか表現されていない，x と a の近さおよび $f(x)$ と $f(a)$ の近さを評価するためです．これは (1.3.2) に $|x-a|<\delta$ と $|f(x)-f(a)|<\varepsilon$ という不等式が現れていることから分かるでしょう．そうは言っても，ε や δ を導入するありがたみは後になってみれば分かりますが，当初はその必然性は理解できず，ここに大きなギャップがあるのは確かです．また，ε と δ を導入するにしても，(1.3.2) では最初に $f(x)$ と $f(a)$ の近さを規定する ε に言及していますが，このことがまた初心者には不自然に感じられるのではないでしょうか．というのは，直観的な考えでは，「x と a の距離の目安である δ を小さくしていけば $|f(x)-f(a)|$ を評価する ε をどんどん小さく取れる」，というふうに先に δ について触れるほうが自然に思えるからです．しかしこの自然に思える順序では，「どんどん小さく」という部分が残り，最初の (1.3.1) と同じレベルの表現になってしまいます．

以上のように，ε-δ 論法による定義 (1.3.2) は素朴な考えから見ると無理をしているところがありますが，直観的な定義 (1.3.1) には多少の無理をしても解消しなければならない問題点があるのです．(1.3.1) の「ならば」の前後には「限りなく近づく」という表現が出てきますが，その一つである「x が a に限りなく近づく」が真なのはどういうときでしょうか．数直線上の点 x が点 a にどんどん近づいていくイメージは頭にくっきりと描けても，客観的に真偽を問題にすることはできないと思いませんか？ それにもかかわらず (1.3.1) が全体としてどのような意味なのか，大方の人には了解でき，具体的に関数 f が与えられたとき，(1.3.1) の意味で連続かどうかを判定できる場合が多くあるのは事実です．しかし，数学で通常用いる，命題 p, q を結んだ「p ならば q」は，条件 p が真ならば結論 q も真となる，ということを意味します．ここで，p, q はそれぞれ真偽を問うことができる主張（命題）であることが肝心であり，「ならば」でつなげた「p ならば q」の真偽が決定できるためには，p, q それぞれの真偽に意味がなければなりません．この点で，動的な「限りなく近づく」を基本概念とすることは「ならば」の前提部分に真偽を問いづらいものを持ち込み，詳しい論理的分析を不可能にするものです．[17]

17) コーシーは「x が a に限りなく近づく」という表現に数学的意味を与えようと試みているように見えますが，不完全でした．第 6 章で扱うフィルターを用いることは一つの解決策です．

1.3.2 ε-δ 論法による表現への橋渡し

微分積分法が生み出されたとき，極限は「限りなく近づく」や「無限小」という用語で記述されていましたが，今まで見たようにそれらは少し深く考えるとどうにもあいまいで，厳密な論証法には乗らないものでした．しかしほんの少々角度を変えてみると，これらは現在の ε-δ 論法にそう遠くはないことが分かります．「限りなく近づく」とか「無限小」は，その強いイメージ喚起力が役立ったものの，数学の言葉になっていなかったので，それらによる記述と ε-δ 論法によるものが厳密には論理的に同値になるとは言えませんが，ここで直観的には「同じことを言っているらしい」と感じられるような説明をしたいと思います（もともとあいまいな概念による定義を数学的に意味のあるものに置き換えようという話なので，証明はできず「説明」にしかなりません）．例を関数 $f(x)$ の $x = a$ での連続性に取ってみましょう．上で「少々角度を変えてみると」と言ったのは，「近似」という視点を導入してみようということです．「限りなく近づく」という概念に基づく連続性の定義はすでに登場しましたが，改めてここに述べると

x が a に限りなく近づくならば $f(x)$ は $f(a)$ に限りなく近づく (1.3.3)

となります．この主張に近似という視点を持ち込むというのは，「限りなく近づく」という無限のプロセスをその途中で停止してみるようなことです．たとえば，「x が a に限りなく近づく」ということに対して，近さを統制するパラメーター $\delta > 0$ を導入して $|x - a| < \delta$ を満たす x だけを考えるのです．δ をすごく小さく取れば，$|x - a| < \delta$ を満たす x は，a に限りなく近くはないけれども，a に十分近いと言えるので，このような x について何か言えないかを検討してみるのです．簡単化のため，x が $|x - a| < \delta$ を満たすことを「x が a に δ 程度近い」と言うことにします．また，(1.3.3) を近似の視点から述べ直すに

は，x と a の近さだけでなく $f(x)$ と $f(a)$ の近さの程度の記述が必要なので，パラメーター $\varepsilon > 0$ を導入して，「$f(x)$ が ε 程度に近い」($|f(x) - f(a)| < \varepsilon$) という表現を許すことにします．そうすると，「$x$ が a に δ 程度近い」ということと「$f(x)$ が $f(a)$ に ε 程度に近い」ということを組み合わせてなんとか (1.3.3) を言い換えられないかを検討することになります．

今のところ読者にはパラメーター δ, ε の意味が少し不明かもしれませんが，とりあえず $\varepsilon > 0$ は不定の定数として，

ある $\delta > 0$ があって，x が a に δ 程度近いならば
$f(x)$ は $f(a)$ に ε 程度近い　　(1.3.4)

という主張を考えてみましょう．この主張は，見かけ上 δ を消去した「x がある程度 a に近いならば $f(x)$ は $f(a)$ に ε 程度に近い」という主張と同じ意味です．この主張が成り立っているとして，元の考えに戻り x は a に限りなく近づく変数であるとすれば，x が十分 a に近づいたとき，x は a に (1.3.4) に現れる δ 程度に近くなるので，$f(x)$ は $f(a)$ に ε 程度に近いことになります．つまり，(1.3.4) の下では，x が限りなく a に近づくとき，$f(x)$ は $f(a)$ に ε 程度に近くなる，というわけです．しかし $\varepsilon > 0$ がいくら小さくても，これだけでは $f(x)$ が $f(a)$ に限りなく近づくとは言えません．そこで考えられるのは不定であった $\varepsilon > 0$ を動かすことによって得られる，「任意の $\varepsilon > 0$ に対して (1.3.4) が成り立つ」という主張です．この主張が成り立つとすれば，任意の $\varepsilon > 0$ について，x が a に限りなく近づくとき $f(x)$ は $f(a)$ に ε 程度近くなります．$\varepsilon > 0$ の任意性から，これは $f(x)$ が $f(a)$ に限りなく近づくことを言っているように思えませんか？ すぐには納得できないかもしれませんが，よく考えれば次第にそのような気がしてくることを期待したいです．とにかく直観的な連続性の定義 (1.3.3) を「任意の $\varepsilon > 0$ に対して (1.3.4) が成り立つ」で置き換えれば，「任意の」や「ある（存在する）」という論理用語とともに新しく変数 ε と δ が必要にはなるものの，「無限小」や「限りなく近づく」というあいまいなものを排除した，数学の論証に耐えられる定義ができあがるのです．

ここまでは，「任意の $\varepsilon > 0$ に対して (1.3.4) が成り立つ」と

いう主張が (1.3.3) の十分条件だということを説得（証明は不可能！）しようとしてきたと言えますが，もう一つ逆方向から (1.3.3) の言い換えを考えるためのヒントは，「本当に (1.3.3) が成り立っているのかテストしてみる」という見方です．x が a に限りなく近づくときに $f(x)$ が $f(a)$ に限りなく近づくかどうかを見るには，まず何でもよいから $\varepsilon > 0$ を取ったとき，x が a に近づくとともに $f(x)$ が $f(a)$ に ε 程度に近づけるのかどうかをチェックするのが自然です．これに合格するということは (1.3.4) が成り立つことと同じです．任意の $\varepsilon > 0$ に対して，このテストに合格しなければ f は (1.3.3) の定義で a において連続とは言えません[18] ので，(1.3.3) が成り立つためには「任意の $\varepsilon > 0$ に対して (1.3.4) が成り立つ」ことが必要と考えられます．以前の議論と合わせると，f が (1.3.3) の定義で a において連続なための必要十分条件が「任意の $\varepsilon > 0$ に対して (1.3.4) が成り立つ」ことである，となります．もちろん以上は数学的な証明にはなっておらず，直観的に納得するための議論ですが，読者は関数 f のグラフを想像したり，具体的に図を描いてみたりするなどして考えてみてください．

[18] (1.3.3) は数学的な定義ではないので，これは証明ではなく直観的判断．

先に進む前に，ここで連続性の数学的な定義として提案した「任意の $\varepsilon > 0$ に対して (1.3.4) が成り立つ」という主張を，詳しく述べ直すと次のようになります．

$$\begin{aligned}&\text{任意の } \varepsilon > 0 \text{ に対してある } \delta > 0 \text{ があって，}\\&|x-a| < \delta \text{ ならば } |f(x)-f(a)| < \varepsilon \text{ が成り立つ．}\end{aligned} \tag{1.3.5}$$

ここに用いられている「ならば」は，高校の数学でも扱われている，x に関する条件 $|x-a| < \delta$ と $|f(x)-f(a)| < \varepsilon$ という二つの条件の間の含意関係 [19] です．「ならば」という言葉にはかなり多様な用法があるのですが，x についての条件 $p(x)$ と $q(x)$ に関する含意関係「$p(x)$ ならば $q(x)$」という主張は，「任意の（すべての）x に対して $p(x)$ が真のときは $q(x)$ も真」という意味[20] です．そして実は，個々の x に対する「$p(x)$ が真のときは $q(x)$ も真」という主張も「$p(x)$ **ならば** $q(x)$」と書かれます．こう書くと条件の間の含意関係とまったく同じなので具合が悪いのですが，現在の論理学ではこちらの個々の x ごとの主張に「ならば」を用い，条件の間の含意関係は「任意の x

[19] 20 世紀初めに活躍した論理学者のラッセルは，この関係を一般の含意を意味する "implication" と区別して "formal implication" と呼びました．

[20] 丸括弧を用いるなら，「任意の x に対して $(p(x)$ が真ならば $q(x)$ も真$)$」となります．

に対して（または「x について」）$p(x)$ ならば $q(x)$」のように表現して区別します．したがって (1.3.5) は詳しく述べれば

$$\begin{cases}\text{任意の } \varepsilon > 0 \text{ に対してある } \delta > 0 \text{ があって，任意} \\ \text{の } x \text{ に対して } |x-a| < \delta \text{ ならば } |f(x)-f(a)| < \varepsilon \\ \text{が成り立つ}\end{cases}$$

となってまさに以前に述べた (1.3.2) が得られて，これが ε-δ 論法での連続性の正式な定義です．この定義が論理的にかなり複雑な構造をしていることは確かで，すぐになじめない人が多いのももっともです．しかしこのおかげで連続性の話から感覚的な「限りなく近づく」が排除され，不等式についての疑念のない議論に置き換えられたのです．

連続性の例で分かるように，ε-δ 論法は論理的な複雑さを引き受けることによって，「限りなく近づく」や「無限小」というあいまいなものに頼らずに済むようになっています．また，ε-δ 論法以後には，次第に数学の基礎を確実なものにする動きが高まり，それは論理学や集合論の発展を導きましたが，次節では ε-δ 論法のために知っているとよい論理記号などを説明します．

1.4 ε-δ 論法の論理形式

ε-δ 論法に必要な，「任意の」や「ある（存在する）」という表現を取り入れた上での厳密な論理的推論を扱う論理学は，現在では（1 階）**述語論理** (first-order predicate logic) として確立されています．

この節では，素朴に命題の意味や真偽を考える立場で述語論理において使用される記号の説明をし，推論規則についてはごく一部のみ触れます．つまり，述語論理といっても，ほぼその記述言語としての側面のみを扱い，どのような推論を正しい論理的推論と認めるかという論理の本質部分にはほとんど触れませんが，読者が普遍的に正当な推論と認めるものはすべて正しい論理的推論に含まれると思って間違いないです．ただし本書では，命題[21] は真か偽のどちらかに定まるという考えに由来する古典述語論理の上に立ちますので，排中律や矛盾律を認め，

21) 記号論理学として体系化されない段階では，命題とは何かを定義するのは困難ですが，ここでは素朴に「意味のある数学的主張」と思ってください．

したがって背理法も正当な推論とします．

述語論理に初めて接する読者は，ざっと目を通して記号の説明だけ理解していただければ十分ですが，もっと知りたい読者にとっては，文献[41] が述語論理を含む論理学への読みやすい参考書になると思います．また, [43] の訳者による付録Cは，その制約上くわしい証明は省略されているものの，述語論理と集合論について単なる入門以上のレベルまで解説されています．

1.4.1　述語論理と量化子

述語論理では,「x は正である」のような論理的な変数[22] を持つ主張を対象とします．「x は正である」という主張は，x が不定のままでは真偽が定まりませんが，x が指定されるごとに真偽が定まります．また，x の動く範囲が実数全体とすれば,「任意の x は正である」は偽であり,「ある x は正である」は真となります．「x は正である」という文章は，文法的には主語 x と述語「正である」を合成したものです．これを一般化して，論理的な変数 x と述語に当たる部分 A でできあがった主張 Ax を考えます．必ずしも文法的に x が主語で A が述語である必要はなく，要はあるモノを表す変数 x とそれ以外の部分 A からなる主張で，各 x ごとに真偽が定まればよいのです．同様に，二つの論理的変数 x, y を含んでいて，x, y を指定するごとに真偽が定まるような主張を Bxy のように表現します．このとき B は 2 変数の述語記号と言います．例としては「x は y より小」という主張があります．さらに 3 変数以上の述語記号によって表される主張も考えられ，それらはみな述語論理の対象となります．

22) 必ずしも数を表すわけではないので，変項とも呼ばれます．

全称量化子と存在量化子　簡単のため，変数 x と 1 変数述語記号 A で構成された主張 Ax を考えましょう．暗黙のうちに x の動く範囲は決まっているとするとき,「任意の x に対して Ax が成り立つ」と「ある x に対して Ax が成り立つ」という主張は真偽が定まる主張（命題）になりますが，このような命題は数学のいたる所で必要になるため，$\forall$ と $\exists$ という特殊記号を導入して，

「任意の x に対して Ax が成り立つ」を $\forall x\, Ax$ で表し，

「ある x に対して Ax が成り立つ」を $\exists x\, Ax$ で表します．

記号 $\forall$ と $\exists$ は合わせて**量化子** (quantifier) と呼ばれますが，$\forall$ は**全称量化子** (universal quantifier)，$\exists$ は**存在量化子** (existential quantifier) と言います．[23] また，Ax に $\forall x$ や $\exists x$ を付けて $\forall x\, Ax$ や $\exists x\, Ax$ とすることは，Ax を（x に関して）量化する，と言います．

23) これらの記号はもともとひっくり返さないで使われたり，他の記号を使われたりしていましたが，現在ではこの形で落ち着いています．また，量化子の代わりに限量子とか限定作用素という名称が使われることもあります．

多重量化　2 変数述語を用いた主張 Bxy の場合にも x に関する全称量化や存在量化を適用した $\forall x\, Bxy$ や $\exists x\, Bxy$ を考えることができます．$\forall x\, Bxy$ の意味はもちろん「任意の x に対して Bxy が成り立つ」ということですから，y が不定な場合には真偽が不定です．しかし $\forall x\, Bxy$ を y についても量化して，たとえば $\forall y \forall x\, Bxy$ とすると，これは真偽の定まる主張となります．このように複数の変数に関して量化することをもとの主張の多重量化と呼びます．そして，ε-δ 論法の基本パターンは，x と y という 2 変数を取る述語 Bxy や 3 変数を取る述語 $Cxyz$ に関する多重量化 $\forall x\, \exists y\, Bxy$, $\forall x\, \exists y \forall z\, Cxyz$ という主張なのです．

多重量化について重要なことは，**量化の順序が重要で，書かれているとおりに左側から解釈しなければならないこと**です．たとえば，$\forall x\, \exists y\, Bxy$ という主張は，「任意の x に対してある（x に依存して変化してよい）y があって Bxy が成り立つ」という意味です．つまり，まず一番左の x を任意に取り，それに対して Bxy を真とする y が存在するかどうかが問題となるので，括弧内に注意したように y は x ごとに異なるものでよいのです．$\forall x\, \exists y\, Bxy$ の量化子の順序を変えると $\exists y \forall x\, Bxy$ となりますが，この意味は「まずある y があって，その y については任意の x で Bxy が成り立つ」となり，この y が x に無関係に取れなくてはこの主張は真とは言えません．実際，Bxy が「x は y より小さい」という主張だとすると（x, y は実数全体を動く変数とします），$\forall x\, \exists y\, Bxy$ は真な主張ですが，$\exists y \forall x\, Bxy$ は偽な主張です．したがって，**多重量化については量化の順序に**

注意しなければなりません.[24] ただし同じ種類の量化子による多重化の場合は,順序を変えても同値な命題が得られます.たとえば $\exists x \exists y\, Bxy$ も $\exists y \exists x\, Bxy$ も共に「ある x, y について Bxy が成り立つ」という意味です.

[24] $\exists y \forall x\, Bxy$ は $\forall x \exists y\, Bxy$ よりも一般に強い主張であり,数学ではこれが同値になる場合にはいろいろとよい結果が得られたりします.

量化子以外の論理記号 $\forall x\, Ax$ や $\exists x\, Ax$ は多少命題の内部構造まで入り込んだ表現ですが,数学で多用される論理的推論には,命題 p, q をまるごと一つのものとして扱って「p かつ q」や「p または q」などの新しい命題を考えることが欠かせません.ここに出てきた「かつ」,「または」は命題を結合して新しい命題を作る作用をしているので**論理結合子**と呼ばれますが,他にも「ならば」と,否定を示す「でない」があります.論理結合子の意味は大体常識どおりですが,少し注意すべき点があります.その前に,論理結合子を表す論理記号を下の表で紹介しておきます.本書では「ならば」の記号 $\Rightarrow$ は,状況によって長くした $\Longrightarrow$ を用いることがあります.$p \to q$ とする流儀もありますが,極限の記号と同じになるので本書では用いません.

表 1.1 論理結合子の記号

p かつ q	$p \wedge q$
p または q	$p \vee q$
p ならば q	$p \Rightarrow q$
p でない	$\neg p$

記号よりも重要なことは,論理結合子の論理的意味ですが,世間では多義的な解釈を持つものも数学や論理学では一つに意味を定めます.**「ならば」の場合が特に重要**ですが順番に説明していきます.「p かつ q」が真となるのは p, q がともに真であるとき,と定めるのは普通の意味と同じです.しかし,「p または q」が真となるのは,少なくとも p か q のどちらかが真であるときと定め,「どちらか一つだけが真」という排他的な解釈は取りません.そして「ならば」は,一般の用法が論理的含意や場合分け,果ては約束に至るまでとても多様ですが,**数学や論理学では「p ならば q」が偽となるのは p が真かつ q が偽の場合だけで,そのほかの場合は真と定めます**.このことは,「p

ならば q」の真偽は p, q それぞれの真偽だけで決まり，p, q の間の因果関係などはまったく考慮されないことを意味しています．この意味の「ならば」を**実質含意** (material implication) と言います．実質含意は少し奇妙なところがありますが，条件の間の含意より基礎的で論理学の体系を構成する重要なものです．[25)]また，p が真かつ「p ならば q」も真ならば q が真であることが導かれる[26)]という，誰でも納得するに違いない推論は，「ならば」を実質含意の意味に解した場合も正しい推論となります．すでに (1.3.4) や (1.3.5) において実質含意としての「ならば」は用いられていたのですが，たとえば，「円周率 π が有理数ならば方程式 $x^2+1=0$ は実数解を持つ」のような「ならば」の前後の主張がまったく無関係な場合でも全体の真偽は定まり，この場合は真です．最後になりましたが，「p でない」という否定の結合子については，普通と同じように真偽が定まります（p と「p でない」は真偽が逆転する）．

25) 実質含意に注目し論理学の基礎に含めるようにした人は，後に登場するフレーゲです．

26) この推論を肯定式あるいはラテン語で modus ponens と言います．

念のため下に，命題 p, q に論理結合子を適用した場合の真偽を表にまとめたものを置きます（否定の場合を除く）．表は水平に読むようになっていて，2 重の縦線の左にある p, q の真偽状態の場合に，結合した命題の真偽がどうなるかを右に並べてあります．

表 1.2 基本的な結合子の真理表

p	q	$p \vee q$	$p \wedge q$	$p \Rightarrow q$
真	真	真	真	真
真	偽	真	偽	偽
偽	真	真	偽	真
偽	偽	偽	偽	真

量化の範囲の制限　1 変数の述語を用いた主張 Ax を量化した $\forall x\, Ax$ や $\exists x\, Ax$ では，x の動く範囲はあらかじめ了解されているとしていますが，その範囲を議論領域と呼んだりします．[27)]たとえば実数しか考えていない場合は，議論領域は実数全体の集合となるわけですが，特にその一部分だけでの量化を考えたいときがあります．「実数の関数 $f(x)$ に対する方程式 $f(x)=0$ は正の解を持つ」という主張は，議論領域を実数全体

27) 議論領域が空な場合は考えません．

として，$\exists x\,(x > 0 \land f(x) = 0)$（ある実数 x で $x > 0$ かつ $f(x) = 0$ を満たすものが存在する）と表されますが，これを $\exists x > 0\ f(x) = 0$ のように量化子のすぐそばに範囲を制約する条件を書いて済ませることが普通に行われています．ε-δ 論法でも ε や δ は正の数しか考えないので，(1.3.1) は

$$\forall\varepsilon > 0\ \exists\delta > 0\big(\forall x\,(|x - a| < \delta \Rightarrow |f(x) - f(a)| < \varepsilon)\big)$$

のように書くのが普通です．

一般に，量化の範囲を議論領域の部分集合 M に限定するときは，$\forall x \in M\ Ax$ や $\exists x \in M\ Ax$ のように書きます．量化の範囲をあらかじめ限定せずに，$\forall x \in M\ Ax$ の代わりに $\forall x\,(x \in M \Rightarrow Ax)$ と書いても同じ意味になります．存在量化子の場合にはどうすればよいか，読者には簡単にお分かりのことと思います．

1.4.2 述語論理における論証

「無限小」や「限りなく近づく」という表現では，数学に必要な確実な証明という要求に応えることができなかったために，「任意の $\varepsilon > 0$ に対してある $\delta > 0$ があって」というような述語論理の言語での表現が導入されました．そしてコーシーや後続の数学者たちは述語論理の言語を用いた論証を，それぞれの理性を信頼して行っていました．当時は現在のように述語論理の論理学は完成していませんでしたが，実のところ現在でも数学者が論証を行うときに述語論理の論理学を意識することはほぼないくらいですので，その点は問題ではありませんでした．

注 1.2. アリストテレスの研究とそれを受けた中世のスコラ哲学において，三段論法を中心に論理学は精緻に研究されていました．しかしそれは論理的に正しい三段論法を追求して 25 種の形を列挙[28] するようなもので，思考の道具にはなり得ないと思われます．述語論理の言語に対応した，推論規則の体系としての述語論理が完成したのはゲーデルの完全性定理が出版された 1930 年だと言えます．ゲーデルの仕事では不完全性定理のほうが有名になってしまいましたが，完全性定理は，述語論理

[28] 吉田[79]，第 3 章 §4.

で記述された数学理論の証明には，ヒルベルトによって整理された有限個のパターンの論理的公理と推論規則が必要十分であることを示すものです．

述語論理における証明：∀ の場合と ∃ の場合　量化子を含む，述語論理で表現された命題に関して正当なものと認められる論理的推論は，現在では（1 階）述語論理の論理学としてまとめられていますが，それらはみな私たちが量化子に与えている意味から自然に了解できるものばかりです．したがって特に解説を必要としないとも考えられますが，ここに一部を紹介しておきます．数学で実際に用いられる方法を中心に述べますが，少しだけ述語論理の論理学との関連にも触れておきます．[29] しばらくの間は，命題を形式的な記号列として扱うときは引用符で括って "$\exists x\, Ax$" などと記します．意味を持つ主張として扱い，真偽を考える場合は引用符を付けません．

[29] 現代の述語論理の論理学には同値な定式化がいくつもあるので，形式を厳密には述べずに本質が分かるように表現します．

まず，全称命題 "$\forall x\, Ax$" の証明を考えましょう．議論領域，すなわち「すべての x」と言ったときの x の動く範囲，が無限集合であるとき，「すべての x について Ax が成り立つ」ということを，x のそれぞれに対して証明しようとすれば，無限のプロセスとなり，有限時間内に終わりません．それでは実際に何をもって証明としているのかというと，次のようなことをしています．議論領域を M という集合とするとき，"$\forall x\, Ax$" の証明は次のようなパターンが基本です：

M の元を**任意**に一つ取り，x と名付ける

↓

x に対して，$x \in M$ 以外に何の仮定も使わずに
Ax が成り立つことを証明する

↓

「$x \in M$ は任意だったから，$\forall x\, Ax$ が示された」，とする．

この手続きを改めて振り返ると，x には議論領域に属するという以外の何の制限もない，不定元である状況で Ax が真であることが示されたなら，[30] "$\forall x\, Ax$" を結論してよいということを言っています．簡単に言えば，「x について何も条件なしに

[30] もちろん公理やそれまでに証明されている定理は使用してよい．

“Ax” が示されたなら，全称量化した “$\forall x\, Ax$” を導いてよい」ということです．もちろん “Ax” を導くときに x に関する何らかの仮定を用いていたらこれは許されませんので，それを表現する制約付きですが，“Ax” から “$\forall x\, Ax$” を導くことは，「$\forall$ 導入」あるいは「全称汎化」として現在の述語論理においても認められています．また，上の証明の手続きの 2 番目のステップは，無限個の x についていちいち証明を書く代わりに，x が具体的にどのような元となっても通用するような，**Ax が真であることを証明するパターンが記述できる**ことを意味しています．したがって，これから「任意の x に対して Ax が成り立つ」ことが成り立つとして問題ないわけです．この議論はとても自然なもので，全称命題の証明の基本ですが，少しひねった証明としては「“$\forall x\, Ax$” を否定して矛盾を導く」という背理法によるものがあります．これは Ax_0 が偽となる x_0 が存在するとして矛盾を導く方法ですが，正攻法の，任意の x に対して Ax を素直に示す方法と同様に認められています．[31]

31) 数学で認める論理的推論を通常よりも制限して，背理法を認めない立場を取る数学者も少数は存在します．

証明とは逆に，“$\forall x\, Ax$” を使う場面では，$\forall x\, Ax$ が真ならば，議論領域の任意の元 a に対して Aa は当然に真ですから，“$\forall x\, Ax$” から “Aa” を推論してよい，と言うことになります．

次に，存在命題 “$\exists x\, Ax$” の証明には三つの方法が考えられます．一つは，存在命題の主張に素直に沿って，Aa が真となるような何らかの具体的な元 a を見つけるという構成的な方法です．“Aa” から “$\exists x\, Ax$” を導くことは，もちろん現在の述語論理の論理学でも認められています．もう一つは，Aa が真となる a を具体的には構成できなくても，あるものの「存在」を主張する公理や定理から，必要な a の存在を導く方法です．[32] 最後に，$\exists x\, Ax$ が偽，すなわち Ax が真となる x は存在しない，と仮定すると矛盾が導かれるという，背理法による間接証明があります．

32) 集合論レベルで言えば，「選択公理」という存在命題を用いることはよくあります．また，解析学では実数論における連続性の公理が根拠になることが多くあります．連続性の公理の表現としては，上限の存在公理あるいはデデキントによる切断を用いた形などいくつかの形があります．

上の 2 番目の方法に関連して，存在を主張する “$\exists x\, Ax$” を使って何かを導くことを考えると，$\exists x\, Ax$ が真ならば，その意味からある a が存在して Aa が真となると考えられます．しかし，a は議論領域の要素であるという以外に何も規定されないので，ちょっと考えると “Aa” から何か a に依存しない有用な結論は得られないように思ってしまいます．ところが，“Aa”をいわばてこにして，別の存在命題が証明できることがあります．たとえば，f が実数上で定義された連続関数で，$f(1) > 0$ を満たすものとします．このとき，$\exists x\,(x < 1 \wedge f(x) < 0)$ が真とすると，$a < 1$ を満たすある a で $f(a) < 0$ となります．$f(1) > 0$ とこれから，中間値の定理によって $f(b) = 0$ を満たす $b \in (a, 1)$ の存在が言えるので，“$\exists x\, f(x) = 0$” という存在命題が証明されます．

このように “$\exists x\, Ax$” から Aa を真とするような a の存在を認めて議論することは極めて自然で，現代の数学者も普通にそうしています．しかし通常の述語論理の体系では「a を選ぶ」というプロセスを表現できないので，かなり間接的な次の形でこのことを表現しています．すなわち，「“Aa” からある命題 “B”（これは a を含まない形をしているとする）を導けたなら “$\exists x\, Ax$” から “B” を導いてよい」（∃ 除去[33]），とするのです．

[33] 1 階述語論理の体系化の一つである自然演繹の中での名称．

証明の話の最後として，量化子と否定との関係に触れておきます．数学のいろいろな証明で背理法を使用する場合が多いので，“$\forall x\, Ax$” などの否定がどうなるかを確認しておくことは重要です．これについては次の関係が成り立つことに注意しておきましょう：

$$\text{(a)}\ \neg(\forall x\, Ax) \equiv \exists x\, \neg Ax, \quad \text{(b)}\ \neg(\exists x\, Ax) \equiv \forall x\, \neg Ax. \tag{1.4.6}$$

ここで $\equiv$ は同値関係を表しますが，詳しく言うと，命題 p, q に対して “$p \equiv q$” は，“$p \Rightarrow q$” かつ “$q \Rightarrow p$” がともに成り立つこと（真偽で言えば，p と q の真偽が一致すること）を意味します．したがってたとえば，“$\neg(\forall x\, Ax)$” を示すには “$\exists x\, \neg Ax$” を示してもよいのです．上式の (a) を納得するには，「すべての x について Ax が成り立つ」を否定すると，「すべての x について Ax が成り立つわけではない」，すなわち「ある x では Ax が成り立たない」となり，これは「Ax が成り立たない x が存在する」となるからです．(b) についてもすぐ納得できると思います．

(1.4.6) は形式的に見れば，量化子 ∀（または ∃）の前（左側）

にある否定記号 $\neg$ は，$\forall$ を $\exists$ に（または $\exists$ を $\forall$ に）入れ替えれば，量化子の後ろ（右側）に移動させられることを意味しています．この規則を頭に置いていれば，量化子がいくつも並んでいる論理式の否定でも，否定記号を次々と量化子の右側に移して同値な論理式を簡単に得ることができます．また，このように否定の論理記号をなるべく論理式の後ろ（右側）に移す同値変形を考える理由は，そうしたほうが扱いやすくなるからです．否定記号は，括弧で意味の及ぶ範囲が制約されていない場合は，その後方の論理式全体を否定します．したがって，否定記号が先頭（左端）にある論理式は日常文で言えば，長々とある主張を述べたあげく，最後に「でない」とひっくり返す述べ方に対応し，分かりにくくてちょっと迷惑な表現とも言えます．ただ，背理法を用いるときは，いきなり「〜でない」とする，という全否定の主張から始まるので，これを扱いやすくするための同値変形が必須になるのです．

2 ε-δ へ至る道

現在のような ε-δ 論法が登場したのは数学の歴史の中では比較的新しい 19 世紀になってからですが，この論法によって精密化された「極限」という考えはギリシャ文明の時代からありました．その時代にもかなり精密な論法が用いられていましたが，ルネサンス以後そのこともよく知られるようになり，それが ε-δ 論法の誕生を助けていました．

この章では，古代から 19 世紀にわたる，極限概念の取り扱いの歴史を述べていきます．

2.1 ギリシャ数学における極限

ギリシャ数学とは，古代の数学を受け継ぎ，ギリシャ本土から大きく領域を拡張したヘレニズム文明期を含む期間にわたって発展した数学を指しています．その中では，ユークリッドの『原論』で示されるように論証の確実性が重視され，『原論』は実は微分積分学の形成期にも大きな存在でした．

さて，「極限」は「無限」と不可分の関係ですが，ギリシャ数学では無限は忌避されていたと言われています．それには，ゼノンによる有名なアキレスと亀のパラドックスが示すように，無限を持ち込むと論理的な困難が起こることが広く知られていたからであるように思われます．しかし，ギリシャ数学でも実は極限を全く扱っていないわけではなく，それは無限への直接の言及を回避する方法に依っています．そしてその方法は，現代の ε-δ 論法を先取りしているとも言えるのです．ただし，ε や

δ に相当するのは実数ではなく，幾何学的量です．また，ε-δ 論法に直結するものではありませんが，無限小解析の誕生に無限小の考えに並んで大きく寄与したものに 17 世紀のカヴァリエリが代表する不可分者の方法があります．この不可分者の方法も，アルキメデスによって非常に巧妙に利用されていますので，やや詳しく説明します．

2.1.1　ユークリッド『原論』

有名なユークリッド[1] の『原論』に現れている, 現代から見て極限を扱っていると思われる議論をいくつか検討してみましょう．

数と量，比例論　楔形文字で知られるバビロニア文明の時代にも 60 進表記の分数は使用されていたそうですが ([72])，ユークリッドの時代になっても，自然数と分数を一体化した数の体系として捉える「有理数」という意識は薄かったようです．『原論』において数は自然数[2] しか考えられていなかったのです．そのため数列の極限を直接に意識することはなく，その代わりに，長さや面積あるいは体積といった連続量についての極限が扱われていました (アルキメデスの項で少し詳しく説明します)．現代人からすれば，これらの量はすべて，単位の量を指定すれば一般の量は単位の量の実数倍で表されるため，量について極限を考えることは実数の場合に帰着します．しかし実数という入れ物が整っていない段階では，話は難しくなり，『原論』の時代には数と量ははっきり区別されていました．[3]

量の比 さて，三角形や円などの初等幾何学の問題を考える際には，単位の長さを 1cm などと決めておいても役に立たず，比を考えるほうが自然な場合が多いです．[4] そして『原論』では量を扱う基礎はまさに「比」を考えることにあって，全 13 巻のうちの第 5 巻がその理論に当てられています．この部分の内容は，エウドクソス[5] によるものです．

現代の私たちは，比例式 $a : b$ というとすぐに比の値 $\dfrac{a}{b}$ を持ち出してしまいますが，[6] エウドクソスの比例論を考える際には，a, b がともに長さを考える線分などの「量」であって，割り

[1] 紀元前 300 年ころにエジプトのアレクサンドリアで活躍したとされてきた数学者で，当時の数学を集大成した『原論』(ストイケイア) の著者ですが，詳しい生涯は知られていません．ギリシャ数学史の斎藤憲氏によると，紀元前 250 年頃 (アルキメデスと同時代) という説も近年は有力とのことです (文献[21], p. 17)．なお，近年は本来のギリシャ人名である「エウクレイデス」という表記も普及しています．

[2] 現在では 1 も自然数に含めますが，当時は 1 は単位であって数ではなく，単位が集まった「多」が数でした．

[3] 数学史家のカッツは，区別を明確にすることについてはアリストテレスの寄与が大きかったと述べています．巻末文献 [14] 参照

[4] たとえば三角形の重心の位置を求める問題を考えてみましょう．

[5] BC408 頃–BC355 頃．小アジアのクニドス (現トルコ領) 出身の数学者・天文学者．プラトンのアカデメイアで活躍したとも言われていますが，確かではありません．

[6] 比 $a : b$ に分数 a/b を対応させることは，志賀[24, p. 21] によるとピサのレオナルドの『算板の書』に始まるそうです．

算が意味を持たないことに注意する必要があります．また，たとえ割り算に意味を付けたとしても，直角 2 等辺三角形の斜辺と直角を挟む辺の長さの比の値 $\sqrt{2}$ のように，自然数の比で表されない場合は，当時としては意味づけ不可能です．このため，比の値という数に還元することなく「比」そのものを扱う必要があったのです．このように，実数全体というものがまだ意味を持たなかった時代に連続量について議論するには，比の理論は不可欠でした．

比とは何か，という問に答えるには，どんな場合に $a:b$ が意味を持つのかということと，二つの比 $a:b$ と $c:d$ が等しいということを定義することが必要です．これらについて『原論』で述べられていることを見てみましょう．

同種の量とその比　量の比 $a:b$ が意味を持つのは，a, b が長さ同士の場合のように同種の量でなくてはいけません（長さと面積の比は考えられない！）．「同種」の意味を厳密に問い始めると大変ですが，『原論』では量としては長さや面積などのように同種の量との足し合わせが意味を持つもの[7] を考えます．このため，量 a に対して次々に a 自身を加えた量が定まり，自然数[8] m に対して，m 個の a を加えた量 ma が定義できます．同種の量 a と b 一般の和については，『原論』でどこまで考えているのか筆者には確言できませんが，『原論』の公理（共通概念）[9] の 2 番に「等しいものに等しいものが加えられれば，全体は等しい」[10] と主張されているところを見ると，広く許容されているように思われます．また，同種の量 a, b に関する大小の比較については，『原論』冒頭の公理（共通概念）の 7, 8 番に「互いに重なり合うものは互いに等しい」,「全体は部分より大きい」と述べられています．これだけでは大小の比較ができる場合がずいぶん限定されてしまいますが，実はすぐ後で見るように，暗黙のうちにもっと広く認められていました．[11] 大小関係が実質的には包含関係に帰着されているとすれば，順序関係の推移性，すなわち a が b より大で b が c よりも大ならば，a は c よりも大ということは当然認められているはずです．

以上の下に，量の比について次の定義が置かれています：[12]

[7] 逆に言うと，温度などの熱力学で言う示強性の量は扱いません．

[8] 本書では，自然数は 1 以上の整数を意味するものとします．

[9] 幾何学の公理ではなく，もっと一般的な議論において認めること．

[10] 「$a = b$ ならば $a + c = b + c$」という意味．

[11] 平面図形についても，『原論』では面積をただちに数値としては捉えていないので，包含関係がない場合に，どのように大小が決まるとしているのか実はよく分かりません．

[12] 巻末文献[78] の訳によりますが，一部のかなを漢字表記にしました．

『原論』第 5 巻定義 3 比とは同種の二つの量の間の大きさに関するある種の関係である.

『原論』第 5 巻定義 4 何倍かされて互いに他より大きくなり得る 2 量は相互に比を持つといわれる.

上の定義 3 は,「ある種の関係である」という, 現代の数学のテキストではとうてい「定義」とは認められない記述ですが, 一般的に何かを理解する段階の一つとしては自然とも言えます. また, 定義 4 は「相互に比を持つ」ということの定義ですが,『原論』では長さや面積などの幾何学に現れる量については, 同種の任意の 2 量は相互に比を持つことが暗黙のうちに認められています (0 に当たる空なる量は考えられていません). 実際, 後に命題 2.1 として述べる『原論』第 10 巻命題 1 の証明では, 冒頭で次のことが主張されています:「AB と C を不等な量とする. C を何倍かして AB より大きくすることができる」.[13] そしてアルキメデスによる,「同種の 2 量は何倍かされると互いに他より大きくなる」ということを実質的に意味する主張[14] が盛んに用いられたため, 現代でも「正の実数はこの性質を持つ」という主張は**アルキメデスの原理**という名前で実数の基本性質として認められているのです.[15] なお, 任意の 2 線分が長さについて比を持つということは,『原論』の公理系から導くことができないことも分かっています.[16] ここでは先駆者に敬意を払って, 同種の幾何学的量が互いに比を持つという主張を特に**エウドクソス・アルキメデスの原理**と呼びましょう.[17]

次の定義 5 は少し長いのですが, 自然数倍のみを用いて, 比の相等を現代的な意味において定義しています. これも文献[78] の訳によりますが, 分かりにくいので直後に現代の記号を用いて言い直します.

『原論』第 5 巻定義 5 第 1 の量と第 3 の量の同数倍が第 2 の量と第 4 の量の同数倍に対して, 何倍されようと, 同順にとられたとき, それぞれ共に大きいか, 共に等しいか, または共に小さいとき, 第 1 の量は第 2 の量に対して第 3 の量が第 4 の量に対すると同じ比にあると言われる.

[13] [7, p. 30]. ここで AB は一つの量を表しています. 線分で量を表現するためこのようにしています.

[14] より正確な表現は [7, p. 39] または [5, p. 104] 参照.

[15] 実数の公理系の取り方次第で, アルキメデスの原理は公理とされたり, 他の公理から導かれる定理になったりします.

[16] 完備非アルキメデス的順序体上の 2 次元解析幾何はユークリッドの公理系を満たし, かつ 2 線分が比を持たない場合があります ([28] 参照).

[17] 上に述べたアルキメデスの原理と,『原論』第 10 巻命題 1 の証明で用いられた主張は互いに同値ですが, 上垣[7] は『原論』に現れている主張を特にエウドクソスの原理と名付けています.

この定義を現代風に述べ直すと次のようになります．同種の量 a, b ともう一組の同種の量 c, d があったとします（a と c, d は異種の量でもよい）．このとき，比 $a:b$ と $c:d$ が等しいことは，任意の自然数 m, n に対して，$ma > nb$ と $mc > nd$ は同値，$ma = nb$ と $mc = nd$ も同値，$ma < nb$ と $mc < nd$ も同値となることで定めるのです．このことは，比の実体を同じ比にある量の対全体の同値類と定めたと見なすことができます．さらに詳しく定義を見ると，比 $a:b$ の実体を自然数の対の集合 $\{(m,n) \mid ma < nb\}$ と定義しているとも見なせます．実際，量 a, b, c, d について

$$\{(m,n) \mid ma < nb\} = \{(m,n) \mid mc < nd\} \tag{2.1.1}$$

が成り立っているなら，定義5の意味で a と b，c と d は同じ比にあることになります．(2.1.1) は集合の言葉で書かれていますが主張している内容は，任意の自然数 m, n に対して $ma < nb$ と $mc < nd$ が同値になることです．このとき $ma \geq nb$ と $mc \geq nd$ も同値になるので，(2.1.1) の成立と定義5の「同じ比」になる条件の同値性を示すには，(2.1.1) が成り立つときは $ma = nb$ と $mc = nd$ も同値になることを示せばよいわけです．この同値性は，同値でないとするとエウドクソス・アルキメデスの原理を用いて矛盾が得られる，という形で『原論』の範囲内で示せますが，本題から離れますので細部は省略します．興味のある読者は考えてみてください．

比の値へ　比 $a:b$ と $c:d$ が等しいということは式 (2.1.1) が成立することと同値であることが分かったので，有理数の集合

$$A := \left\{ \frac{n}{m} \;\middle|\; m, n \in \mathbb{N},\ ma < nb \right\} \tag{2.1.2}$$

も等しい比に対して同じものとなります．『原論』ではこのような集合はまったく考えてはいませんが，19 世紀のデデキントの切断による実数論[18] を経た現代の目から見れば，有理数全体の集合 $\mathbb{Q}$ に関する A の補集合と A の順序対 $(\mathbb{Q} \setminus A, A)$ の定める実数が比の値 $\dfrac{a}{b}$ を定めることになるのです．この意味で，『原論』第5巻の比例論は無理数も包含する古代の実数論と考えることができます．そして少し強引に言うとすれば，この理論

[18] デデキントの実数論については本書 4.1 節をを参照してください．

は無理数を有理数の極限として定めているとも見られます.

比の話の最後に,『原論』における比の大小の定義を,少し現代風に述べておきます.

『原論』第 5 巻定義 7 比 $a:b$ と $c:d$ について,ある自然数 m, n で $ma > nb$ かつ $mc \leq nd$ となるとき,$a:b$ は $c:d$ より大であると言われる.

この定義は,比の値で言えば

$$\frac{c}{d} \leq \frac{n}{m} < \frac{a}{b}$$

のとき $a:b$ は $c:d$ より大であると言っているので,現代の普通の定義と同じですが,比の値を持ち出さずに定義できていることが重要です.また,大小関係の推移律,「すなわち $a:b$ が $c:d$ より大で,$c:d$ が $e:f$ よりも大ならば $a:b$ は $e:f$ よりも大」という主張もこの定義により,比の値を経由せずに確かめられますが,ちょっとしたクイズとして証明を試みるとよいと思います.

いずれにしても,比を定義 5 のように定義することは,かなり高度な思考に属するものであり,『原論』第 5 巻は難解さでずっと有名だったのです.[19]

「極限」の扱い 極限の話に行く前に,量をある意味で数に関係づける比の理論にずいぶん時間をとってしまいましたが,『原論』において特に極限と関係の深い第 12 巻に進みましょう.この巻では「円の面積は直径の上の正方形の面積に比例する」(命題 2)とか「円錐の体積は同底同高の円柱の体積の 3 分の 1 である」(命題 10)などの量の比に関する等式が証明されています.これらの証明は,比の理論と同じくエウドクソスによると言われる**取り尽くし法**[20] が用いられています.取り尽くし法という言葉の元来のイメージは,後の補題 2.2 で扱っている,円を内接正 2^n 角形 $(n \geq 2)$ で内側から近似して,n を大きくしてどんどん誤差を取り尽くすという感じです.一般的には,未知なるものを既知のもので限りなく近似していくということで極限を考えているわけですが,ギリシャ数学では無限を忌避し

19) 経験すれば分かりますが,『原論』を,もちろん日本語訳でも,読み進めることはとても困難です.中世の大学では,あまり優秀でない学生は第 1 巻の第 5 命題(2 等辺三角形の底角は等しい)で挫折したという伝説があるくらいです.このため古くからいろいろな注釈書が書かれていました.

20) この名称は 1647 年に数学者グレゴワール・ド・サン-ヴァンサン (Grégoir de Saint-Vincent, 1584–1667) により付けられたもので,『原論』では特に名前がありません.

ているので,「$n \to \infty$ として」という言い方はできません.そこで「任意にある量が与えられたとき,誤差がそれより小さいような近似量が存在する」,というまさに ε-δ 論法的な言い回しが採用されるのです(命題 2.3 の証明を見てください).また,量 a が取り尽くし法で「極限として」得られることを示しただけでは一般には不十分で,それが既知の量 b に等しいことを示して初めて a の値が分かったということになります.そしてこのような場合に $a = b$ を示すために,$a < b$ としても矛盾が得られ,$a > b$ としても矛盾が得られるという二重の背理法(伝統的に「二重帰謬(きびゅう)法」と呼ばれます)を用いるのです.そして $a \neq b$ と仮定しただけでは a, b の差はどれだけ小さいのか分からないので,その場合にも矛盾を得るためには,「任意に小さいある量に対して何かが存在して矛盾となる」,という ε-δ 論法的な議論が必要になるわけです.「取り尽くし法」という名称は,単に近似法を意味するのではなく,この二重帰謬法まで含めた論法を指していて,17 世紀のヨーロッパでは *mos veterum*(「古代人の流儀」または「古代人の方法」)とも呼ばれていました.

取り尽くし法の二重帰謬法では比例論の項で登場したエウドクソス・アルキメデスの原理が重要な役割を果たします.実際,取り尽くし法の技術的な支えとなっていたのは,現代で言えば,数列が 0 に収束する十分条件を与える次の命題です.[21]

21) 文献[78] による.なお,この命題はアルキメデスによって,当然認められるべきこととして言及されています.ただし,ユークリッドや『原論』の名前は出していません.

命題 2.1 (『原論』第 10 巻命題 1)**.** 二つの不等な量が定められ,もし大きいほうの量からその半分より大きい量がひかれ,残りからまたその半分より大きい量がひかれ,これがたえずくりかえされるならば,最初に定められた小さいほうの量よりも小さい何らかの量が残されるに至るであろう.

やや込み入っているので数列の場合にこの主張を言い直してみましょう.最初に $0 < a < b$ を満たす正の数 a, b が与えられたとして,数列 $\{x_n\}_n$ を命題の処方により作ると次のようになります.初項 x_1 は,大きいほう b からその半分より大きい量を引いたものとするので $0 < x_1 < b/2$ を満たします.x_2 は x_1 からその半分より大なる量を引いたものとするので $0 < x_2 < x_1/2$

となります．以下同様に，第 n 項 x_n は $0 < x_n < x_{n-1}/2$ となります．現代の高校生ならこれから $0 < x_n < b/2^n$ を導き，したがって $\lim_{n\to\infty} x_n = 0$ であることはすぐ了解できますが，『原論』では極限に言及せずに，「ある n について $x_n < a$ となる」という結論にとどめているのです．また，ここでは「ある n について」としましたが，元の命題の主張が「残されるに至るであろう.」ということなので，気分としては「十分大きな任意の n について」ということと想像されます．

改めて振り返ると，二つの量 a, b $(a < b)$ が出ていますが，これらには特に制約はなく，上の説明の x_n に当たる量（これも x_n で表します）の構成については a は全く関係していません．そして a は任意なので記号を ε に換えてみると，命題の主張は「任意の $\varepsilon > 0$ に対して n を十分大きく取れば $x_n < \varepsilon$ となる」という ε-δ 方式[22] の主張と同じであり，「ユークリッドの昔から ε-δ 論法は使われていた」と言ってもあながち嘘ではないと思われます．

22) 列の場合に動くのは番号 n なので，ε に応じて $n \geq n_0$ ならば x_n が ε より小となるような番号 n_0 が存在する，という形になるため，ε-n_0 論法と言うことがあります．

ところで，命題 2.1 の証明ですが，エウドクソス・アルキメデスの原理から示すことになります．[23] ここでは『原論』の証明の方針となるべく同様にして示してみます．a, b を $a < b$ を満たす同種の量とすると，エウドクソス・アルキメデスの原理により，ある自然数 m で，$b < ma$ を満たすものが存在しますが，$a < b$ なので m は 2 以上です．そこで，b から出発して命題に述べられたようにして $m-1$ 回にわたって引き去る量を順に，$s_1, s_2, \ldots, s_{m-1}$ として，最後に残った量を r と置きます．このとき $r < a$ が成り立つことが次のようにして分かります．$j < m-2$ を満たす自然数については，s_j はそれを引き去る前に残っている量の半分より大きい量なので，引き去った後に残っている量は s_j より小であり，s_{j+1} はさらにその量の一部なので $s_{j+1} < s_j$ が成り立ちます．同様にして $r < s_{m-1}$ も分かり，結局

23) これは実数列について，$1/n$ や $1/2^n$ が $n \to \infty$ で 0 に収束することを証明するときに，アルキメデスの原理の世話になることと同じです．

$$r < s_{m-1} < s_{m-2} < \cdots < s_1$$

が得られます．定義から $b = r + s_{m-1} + \cdots + s_1$ ですが，上の不等式から $mr < b$ となり，一方で $b < ma$ だったので

$mr < ma$ が分かります．これから $r < a$ が得られて証明が完成します．[24)]

[24)] 厳密に言うと，$m = 2$ の場合は $s_{j+1} < s_j$ の証明の部分は意味がなく，$r < s_1$ だけが成り立ちますが，これから $r < a$ が出ます．

命題 2.1 は非常に特殊ですが，『原論』の中では重要な役割を果たします．『原論』での用例の一つは次の補題のようにまとめられます（『原論』では他の定理の証明の一部として述べられています）．この補題は，まさに ε-δ 論法に特徴的な主張ではないでしょうか．

補題 2.2. 円を固定し，それに内接する正 2^n 角形 $(n \geq 2)$ を考えると，それらの面積の差は n を十分大きく取れば事前に与えられた任意の量よりも小さくなる．外接正多角形についても同様である．

証明. 特定の円に内接する正 2^n 角形はすべて互いに合同なので，内接正 2^{n+1} 角形として，正 2^n 角形の頂点全体に，その隣接 2 頂点の間の円弧の中点を全部頂点に追加して得られるものを考えればよい．このとき，正 2^n 角形の隣接 2 頂点の間の円弧と円の中心からできる扇型の中で図 2.1 を参考に考えると，円の面積と内接正 2^{n+1} 角形の面積との差は，円と内接正 2^n 角形の面積の差から，その半分よりも大きい量を引き去った残りであることが分かる（図で線分 CE は線分 DB に平行で，C で円に接している）．よって，命題 2.1 によりこの補題が正しいことが分かる．

外接正 2^n 角形の場合も同様に示される． □

『原論』の話の最後に，取り尽くし法の例として，『原論』第 12 巻命題 2 の主張を少し現代風に述べて，その証明の道筋を見ておきましょう．『原論』では，この命題の直前の第 12 巻命題 1 で，円に内接する多角形の面積は直径の 2 乗に比例することが証明されていて，それを利用していますが，命題 1 の主張自体は三角形に分割して考えれば明らかと言えます．また次に述べる証明は二重帰謬法の典型ですが，等しくないとした場合分けのどちらでも，差の大きさはどれだけ小さいか分からないので，ε-δ 論法的な議論が用いられています．

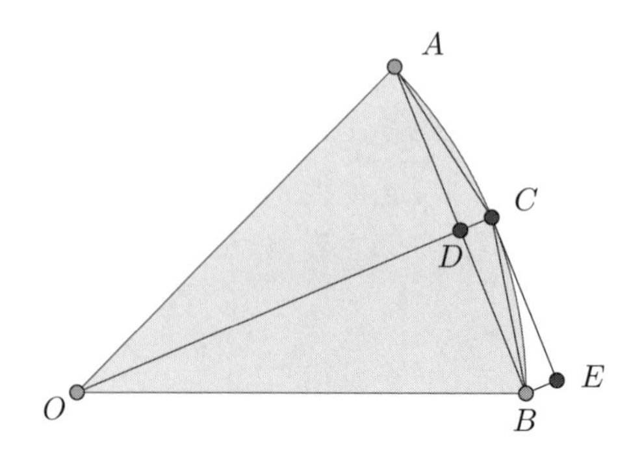

図 **2.1**　正 2^n 角形，正 2^{n+1} 角形と円

命題 2.3 (『原論』第 12 巻命題 2)**.** 半径 r_1, r_2 の円の面積をそれぞれ S_1, S_2 とすると，比 $r_1^2 : S_1$ と $r_2^2 : S_2$ は等しい．

証明. $r_1^2 : S_1$ と $r_2^2 : S_2$ が等しくないとして矛盾を導くことを方針とするが，比が等しくないときは S_2 とは異なる面積 R の図形があって $r_1^2 : S_1 = r_2^2 : R$ となることは認めておく（この点は『原論』では証明なしに認めている）．$R < S_2$ と $R > S_2$ の二つの場合に分けて扱うが，まず $R < S_2$ の場合を考えると，補題 2.2 により，ある 2 以上の自然数 n について，半径 r_2 の円に内接する正 2^n 角形の面積 P と S_2 の差は S_2 と R の差よりも小さくなる．これは P が R より大きいことを意味する．このとき同じ n に対して半径 r_1 の円に内接する正 2^n 角形を取ると，その面積 Q は内接多角形の場合にすでに示されている比例関係から $r_1^2 : Q = r_2^2 : P$ を満たす．$P > R$ と $Q < S_1$ によって，比の大小関係として

$$r_1^2 : S_1 < r_1^2 : Q = r_2^2 : P < r_2^2 : R = r_1^2 : S_1$$

となって矛盾が得られる（p. 28 で述べた比の大小関係の定義に注意）．ここで上式の不等号は，比の値で考えればすぐ成立することが分かるが，『原論』では第 5 章命題 8 で証明されている．

$R > S_2$ の場合は，外接正多角形を用いて同様に矛盾が導かれる．　□

上の証明は現代の私たちから見れば，実質上，内接多角形や外接多角形に対しては成り立つ比例関係を極限移行して円の場合にも成り立つことを示しているものと理解されます．しかし，当時は無限や極限というあやふやで矛盾を招きかねないものは絶対的に忌避していたため，どうしても二重帰謬法のような論法に頼らざるを得なかったのです．

2.1.2 アルキメデス

アルキメデス (BC287?–BC212)[25] は，浮力の原理を発見したときに喜びのあまり裸で飛び出した，という逸話で知られるとおり，物理学上の発見やいろいろな機械の発明でも有名ですが，数学における業績はたいへん大きなものです．当時は解析学という分野はまだありませんでしたが，仕事の内容からすると，今につながる古代最大の解析学者と言うにふさわしいと思います．アルキメデスは，円周率 π の

$$3\frac{10}{71} < \pi < 3\frac{1}{7} \tag{2.1.3}$$

という評価や，放物線の直線による切片の面積，球の体積や表面積の求積などの多数の結果を残しました．これらの結果の証明には，エウドクソス以来の取り尽くし法が用いられていますが，この方法は求める面積なり体積が，あらかじめ答として予想されている値に**等しいことを証明する**ためのものと言えます．[26] このため，まず正しい答を何らかの手段で導いておかないといけないのですが，アルキメデスが導いた，半径 r の球の体積は $4\pi r^3/3$ であるという答は，単なる直観とかひらめきで得られるものではありません．どうやってアルキメデスが正しい答を導いたのかは，長いあいだ謎でしたが，1906 年にデンマークの数学史研究者ハイベア (I. L. Heiberg, 1854–1928)[27] によってアルキメデス自身がその方法を述べている写本が発見されたのです．注目すべきその方法については少しあとに述べることにして，まずはアルキメデスとしては初等的な議論によって証明された結果を見ておきましょう．

25) シュラクサイ（現在のシチリア島シラクーザ）で活躍しました．

26) 問題になっている図形の面積や体積が，その値に一致しないと矛盾が導かれるというのが証明の構造だからです．

27) 『原論』やアルキメデスの諸著作，プトレマイオスの『アルマゲスト』など，ギリシャ数学文献の大半の校訂版を作成するという偉業を成し遂げています．

2.1.2.1 取り尽くし法の適用例

値をどのように予測したかを語らずに，取り尽くし法を適用した比較的簡単な例の一つに円に関するものがあります．

円の面積　『円の計測』という短い論文[28]の最初に「半径 r の円の面積は πr^2 である」という主張が，円周率 π を表に出さない形で述べられています．

28) ギリシャ数学研究家の T. L. ヒースは，おそらく長い論文の一断片が残ったに過ぎないのであろう，と述べています．巻末文献[95, p. 248].

命題 2.4 (『円の計測』命題 1)**.** 任意の円は，次のような直角三角形，すなわち直角を挟む一辺がその半径に等しく，他の一辺が円の周に等しい直角三角形に（面積が）等しい．

証明. ここでは円の半径を r として，アルキメデスの証明に沿った略証を述べる．二重帰謬法の考えに従って，まず命題に述べられた直角三角形の面積が円の面積より真に小さいとする．このとき命題 2.1 により，ある 2 以上の自然数 n があって，円に内接する正 2^n 角形の面積が直角三角形の面積より大となる．この正 2^n 角形の隣接する 2 頂点および円の中心を結んで得られる三角形はすべて合同で，それらの面積の和が正 2^n 角形の面積となる．これらの三角形の高さは r より小で，底辺の長さの和は正 2^n 角形の周囲の長さであり，それは円周の長さより小[29]である．よって正 2^n 角形の面積は問題の直角三角形の面積より小となり，これは正 2^n 角形の取り方に矛盾する．

外接正 2^n 角形を使って，同様にして直角三角形の面積が円の面積より大としても矛盾が導かれるので，結局命題の主張が証明される．　□

29) アルキメデスはここでは証明なしにこれを認めています．

ここまでは取り尽くし法は等式を証明するために用いられていましたが，現代の我々から見ると，それは極限では等式となるような不等式の利用であると思えます．しかし極限状態を考えなくとも，円に内接や外接する正多角形の面積や周囲の長さは，円の面積や円周の長さを下や上から近似しているので，円の面積や円周の長さの近似値を求めることが可能です．『円の計測』命題 3 では，この考えによって，円周率の評価式 (2.1.3) が証明されています．その証明は，内接正 6 角形や外接正 6 角形から始めて倍々に頂点を増やして内接あるいは外接正 96 角形の一辺の長さを数値的に評価することによって行われています．この過程において 3 の平方根の有理数近似が必要となりますが，アルキメデスは

$$\frac{265}{153} < \sqrt{3} < \frac{1351}{780}$$

という独自に得た評価を使用した詳しい計算を実行していて，計算家としてもアルキメデスは極めて有能だったことが分かります．円周率の評価について，詳しくは参考文献[69] にある『円の計測』の原文の翻訳や[7] を参照してください．

取り尽くし法の話の最後に，ε-δ 論法の形式をはっきりと連想させる，アルキメデスによる命題を紹介しておきます．[30]

30）命題の訳文は [69, p. 451], [5, p. 105] にあるものを多少変更しました．

命題 2.5 (『球と円柱について 第 1 巻』命題 3)**.** 二つの不等な量 A, B（A のほうが大きいとする）と円が与えられているとき，円に正多角形を内接，外接させて

$$\text{外接させたときの辺長} : \text{内接させたときの辺長} < A : B$$

となるようにできる．

上の命題で A, B という量は $A > B$ という条件以外は任意なので，現代風に言えば結局その主張は

任意の $\varepsilon > 0$ に対してある正多角形をとると，

$$\frac{\text{円に外接させたときの辺長}}{\text{円に内接させたときの辺長}} < 1 + \varepsilon \text{ とできる}$$

という ε-δ 的な表現になります．なお，この命題の証明はエウドクソス・アルキメデスの原理を用いてなされています．

2.1.2.2 アルキメデスの天秤の方法

さて，p. 33 で言及した，1906 年に発見されたアルキメデスの文書は，アルキメデスから当時の学術の中心であったアレクサンドリア在住の数学者エラトステネスへの手紙の写しです．それは『エラトステネスあての機械学的定理についてのアルキメデスの方法』[31] と名付けられており，略称としては『方法』と呼ばれています．元々のアルキメデスの手紙はパピルスに書かれていて失われており，発見されたのは 10 世紀に羊皮紙に書か

31）この表題は数学史家の間で一致したものではなく，もう少し短くしたものを用いている著者もいます．ここに述べた長いタイトルは佐々木力氏の著書[23] にあるものです．ヒースの英訳[95] では,「機械学的定理」の部分は “mechanical problems” となっていて，ここにもずれがあります．

れた写本ですが，実は12世紀にはアルキメデスの手紙はこすって消されてその上に祈祷書が上書きされていました．それでも幸いなんとか解読できて，アルキメデスの驚くべき技法が明らかになったのです．この写本は発見後しばらくしてまた行方不明になり，90年以上経ってからニューヨークのクリスティーズで競売に付されるという波乱に満ちた運命に見舞われましたが，興味のある方は，現物に接して解読作業の経験もある著者による[21]をご覧ください．また，『方法』の内容を詳しく扱った書として，[56]が刊行されています．

さて，『方法』に述べられた天秤の方法とは，てこの原理を発見したアルキメデスならではのもので，天秤の釣り合いに関する二つの事実を発展させたものです．一つは「釣り合っている天秤の片側にいくつかの重りが異なる位置に下げられているとき，これらの重りの重心の位置に全体の重量をまとめて下げてもやはり釣り合う」ということであり，もう一つは「左右の重りが釣り合っているとき，それ自身が釣り合っているもう一組の重りを左右に付け加えても全体が釣り合う」，ということです．そして，発展させたという意味は，有限個の重りではなく無限小の重りが連続無限個連なる場合に適用したということです．[32] こう述べただけでは分かりにくいと思いますので，実例を少し見てみますが，その前にアルキメデス自身がこの方法をどのように評価していたのかを確認しておきましょう．『方法』の序文では，天秤による力学的方法（当時の言葉では「機械学的方法」）は完全な証明を与えるものではないことを認め，あとから幾何学によって証明しなければならないと述べています．しかし，アルキメデス自身が以前に発表した定理や『方法』で述べる定理も，天秤の方法によって最初に発見されたもので，この方法によってあらかじめ知見を得ておくことは，（幾何学的）証明を容易にするものだったと語っています．そしてこの方法の有用性を確信し，『方法』でその解説をする理由を序文の最後に次のように述べています（三田[69]による訳）：

> この方法がひとたび確立されるや，当代のみならず次代の人びとの中から，私自身がかつて思いもかけなかっ

[32] この考え方は後に述べる，1800年以上も後のカヴァリエリの不可分者の幾何学に通じています．

たようなほかの定理を，この方法によって見いだすことのできる人があらわれてくるであろうと察せられるからです．

残念ながらアルキメデスの方法は直接は伝わらなかったのですが，はるか後の 17 世紀に少し形を変えて不可分者の方法としてよみがえり，アルキメデスの期待どおりに無限小解析の発展を促したのです．

放物線の切片の面積　『方法』の命題 1 では，放物線を直線で切った切片（無限に広がっていないほう）の面積一般を扱っていて，これは天秤の方法の最も分かりやすい使用例です．

命題 2.6 (『方法』命題 1). 直線と放物線によって囲まれる任意の切片は，この切片と同じ底辺，等しい高さを持つ三角形の $\frac{4}{3}$ である．[33)]

ここでは分かりやすくするために放物線の軸に直交する直線で切った場合で説明します．図 2.2 の x 軸の上にある曲線が y 軸に平行な軸を持つ放物線で，この曲線と x 軸で囲まれた図形の面積が求めるものであり，これが三角形 ABC の面積の $\frac{4}{3}$ 倍になっていることを示すことが目標です．さて，天秤の方法を用いると言われても，この図のどこに天秤があるのかとても分かりにくいと思います．実は，線分 HC は図の点 C から放物

33) 命題のこの表現は，正確に言うと別証明を与えている著作『放物線の求積』に述べられた形です．ここで底辺とは放物線によって切り取られた線分，三角形のもう一つの頂点は，その線分の中点を通り放物線の軸に平行な直線と放物線の交点となります．

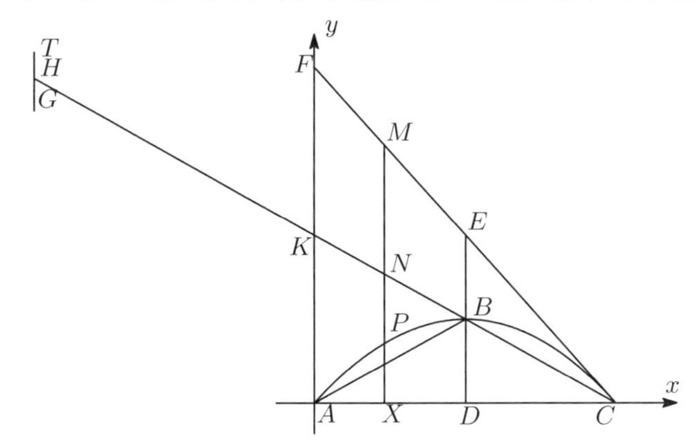

図 2.2　天秤の方法による放物線の切片の求積

線の頂点 B を結ぶ線分を延長したもので，y 軸との交点 K がちょうど中点になるものですが，これが天秤棒（横木）で，K がその支点です．そして，図はこの天秤を真上から見たもので，重力は紙面に垂直に裏へ向かっていると思ってください．また，線分 FC は C で放物線に接しているもので，このとき K は FA の中点になります．したがって，三角形 ACF は横木 HC の上で，不安定ですが，釣り合いの位置にあります．線分 TG が何なのか気になりますが，これは線分 XP を平行移動したもので，H はその中点です．そして，証明は後に示しますが，この位置に置かれた TG と線分 MX は K を支点とする天秤 HC において釣り合うのです．天秤の釣り合いについての事実として，左右の重りが釣り合っているとき，それ自身が釣り合っているもう一組の重りを左右に付け加えても全体が釣り合う，ということがあります．それからすると，X を A から C まで動かして MX を次々と天秤棒に乗せたものは，X によって決まる TG を一定の場所 H に「次々に加えたもの」と釣り合うことになりそうです．ここで MX の全体は三角形 FAC を描きますが，T を中点が H になるように「次々と加える」といっても，幅のない線分を連続無限個加えるという意味がよく分かりません．アルキメデスもこのことは十分自覚しているのですが，しばらく話を進めます．

H に置く前の XP の全体は問題の放物線の切片を形成していると考えられるので，X を動かしたときの TG 全体を H に置くということは，放物線の切片を H に吊るすことであると理解できます．このことから，図 2.3 の釣り合いが成り立つと考えられるのです．この釣り合いは，三角形 FAC の重さ（面積と同一視）全部を重心 Z にまとめて下げても成り立ちます．よく知られているように，$KZ : ZC = 1 : 2$ で，$HK = KC$ なので，$HK : KZ = 3 : 1$ です．一方，K が FA の中点，D が AC の中点なので，$\triangle FAC = 4\triangle ABC$ となります．釣り合いの条件から $HK \times$ 放物線の切片の面積 $= KZ \times \triangle FAC$ なので，結局放物線の切片の面積は $\dfrac{4}{3}\triangle ABC$ であることが分かります．以上で，図 2.2 中の MX と TG の釣り合いの証明を後回しにして，アルキメデスの議論を追ってきましたが，そ

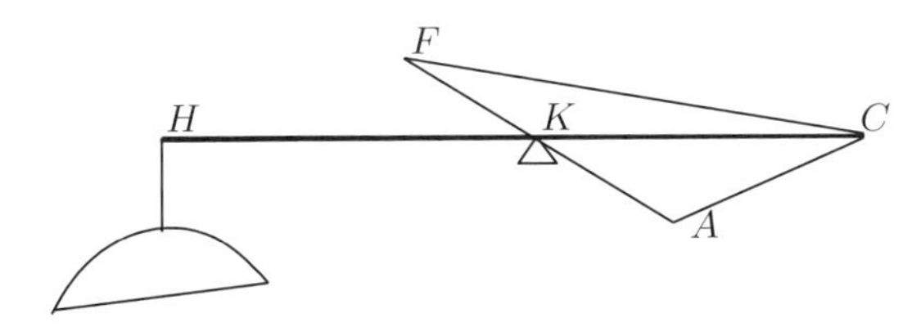

図 2.3 天秤の方法による放物線の切片の求積

れは厳密性という点からはいろいろと問題があります．たとえば，『原論』的に言えば，線分は幅のない長さなので，天秤での釣り合いを考えることに意味があるのでしょうか．三角形や放物線の切片のような面積のある図形に有限の重みを認めるとした場合，線分の重さは 0 と考えるしかなさそうです．また，切片に含まれる線分 XP をいったん TG に移してから，それらを足し合わせて切片を再構成することを認めてよいのか，ということも問題となります．[34)]

[34)] 次元を落として考えると，線分に属する点を寄せ集めれば元の線分になるのかという古くからの問題になりますが，寄せ集めて元の線分の半分の長さにすることも可能．

アルキメデスは命題 2.6 について天秤の方法を説明した後，次のように述べています（三田[69] による訳）：

> ところで，ここに述べたことは，以上の議論によってほんとうに証明されたのではない．それはただ，結論が真であるということを，ある意味で示しているにすぎない．だから，定理は証明されていないということを認めるとともに，結論は真であるという見当をつけながら，幾何学的証明に再出発しなければならない．

そして，自分はすでにその幾何学的証明を得て発表してあると続けるのです．ここに言明した幾何学的証明は，『放物線の求積』（文献[69] に収録）に二通り述べられています．一つは天秤の方法に発想としては近いのですが，切片を線分にまで分割するのではなく，幅を持った短冊状の図形に分解して釣り合いを考え，取り尽くし法で結論を得るやり方です．この方法は現代的に言うと，区分求積法を活用しているのですが，いくつもの補助命題を利用する複雑なものです．もう一つは全く異なる発想で，天秤とは無関係ですが，やはり取り尽くし法を用いるものです．この証明は斎藤[21, pp. 58–61] のほかに，微分積分学の古典的テキストである高木貞治著の『解析概論』([31]) にも紹介されています.

放物線の話の最後に，後回しにしてきた図 2.2 中の MX と TG の釣り合いの証明を考えましょう．アルキメデスはもちろんこれを幾何学的に証明していますが，我々としては，デカルト[35] 以来の武器である座標を用いる解析幾何学によって示します.[36] 図 2.2 の点 A を原点として，問題の放物線はある定数 $a > 0$ によって，$y = x(2a - x)$ という方程式で表されるとします（定数 $c > 0$ を入れて $y = cx(2a - x)$ としたほうが一般的ですが，容易に $c = 1$ の場合に帰着させられます）．このとき C における接線の方程式は $y = 2a(2a - x)$ と表されますから，点 X の座標を $(x, 0)$ とすれば $\overline{MX} = 2a(2a - x)$, $\overline{PX} = x(2a - x)$ です．よって $x \cdot \overline{MX} = 2a \cdot \overline{PX}$ が成り立つことが分かります.[37] 線分 HC 上の点については，K との距離はその x–座標の絶対値の定数倍[38] なので，この等式は MX と，H に置いた PX（すなわち TG）が K を支点として釣り合うことを示しています.

[35] デカルトについては後で扱います.

[36] 放物線の接線の方程式も必要ですが，接線の同定はギリシャ数学ですでにできていました.

[37] $\overline{MX}$ などは線分の長さを表します.

[38] 正確には $\sqrt{1 + a^2}$ 倍.

球の体積　アルキメデスは，天秤の方法によって球の体積が求められることも示していますが，天秤の用い方については放物線の切片の場合に比べてはるかに工夫を要するものです．アルキメデスはこの結果をたいへん誇りに思っていたようで，結果を象徴する球とそれに外接する円柱の図を墓に刻むよう望み，実際に刻まれていたと伝わっています.[39]

[39] [7, p. 12]

命題 2.7 (『方法』命題 2)**.** 任意の球の体積は，その球の大円に等しい底面とその球の半径に等しい高さとを持つ円錐の体積の 4 倍になる．また，球の大円に等しい底面と球の直径に等しい高さとを持つ円柱は，球の体積の $\dfrac{3}{2}$ 倍になる.

球の半径を r とすると，球の大円は半径 r の円ですから，上の命題の後半に述べられている円柱の体積は $\pi r^2 \times 2r$ となり，したがって

$$(\text{球の体積}) = 2\pi r^3 \Big/ \frac{3}{2} = \frac{4}{3}\pi r^3$$

が主張されているのです（命題の前半の主張からも，もちろん同じ結論が得られます）．この事実の天秤の方法による導出は，工夫を要しますが，基本は球を平行平面で切った切り口の円盤の集まりと見なし，円錐も同様に円盤の集まりと見る不可分者の考え方です．まず球を含む円柱の半径を2倍にして考えます．また，以下ではアルキメデスの方法になるべく沿って議論を進めますが，座標を用いる解析幾何学を使用します．[40)]

[40)] もちろん本末転倒にならないように微分積分は用いません．

さて，図形は円柱の軸について回転対称なので，最初から立体として扱うよりも軸を通る平面での切り口を回転させた回転体を考えるほうが簡単です．図 2.4 には，AB を直径とする円と接する長方形が描かれていますが，BC の長さは AB と等しく，これらを AB を軸として回転させることを考えるのです．そして，A を原点とし，直線 AB を x 軸とする直交座標 (x, y) を考え，簡単のため，B の x 座標を 2 とします．このとき円の方程式は $(x-1)^2 + y^2 = 1$ となります．線分 AB 上の点 X を通り x 軸に直交する直線上に図のように点 P, Q を定め，$\ell_1 := \overline{XQ}, \ell_2 := \overline{XP}$ とします．X の x 座標を x とすると，$\ell_1^2 = x^2, \ell_2^2 = 1-(1-x)^2$ なので $\ell_1^2 + \ell_2^2 = 2x$ が分かります．したがって $\pi\ell_1^2 + \pi\ell_2^2 = 2\pi x$ となり，これは図 2.5 の釣り合いが成り立つことを意味します．さらに x を 0 から 2 まで動かして足し合わせると，図 2.6 の釣り合いが成り立つことが分かります（球や円錐が円筒とぶつかり合わないようにするため

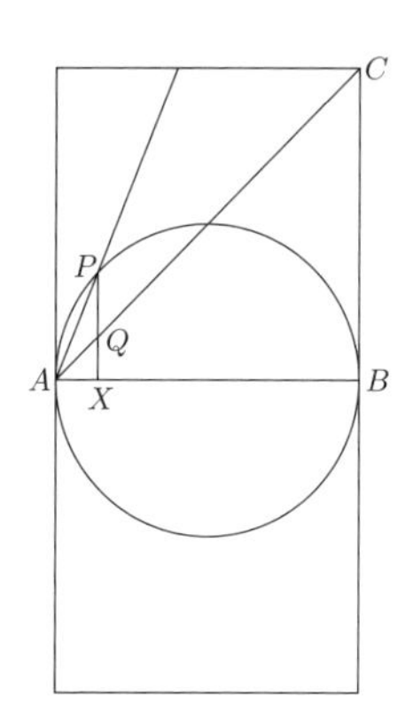

図 2.4　天秤の方法による球の求積

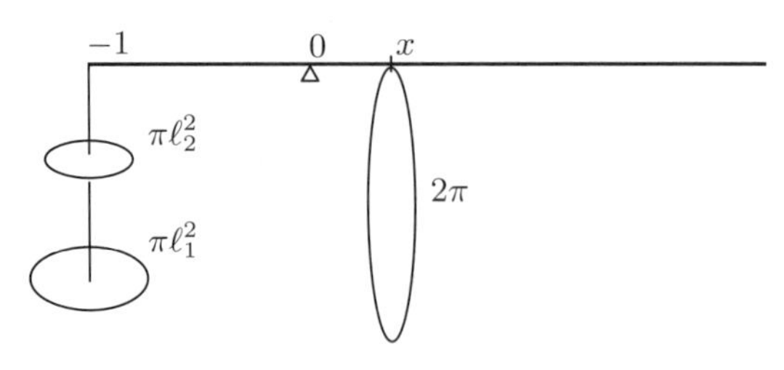

図 2.5 天秤の方法による球の求積 2

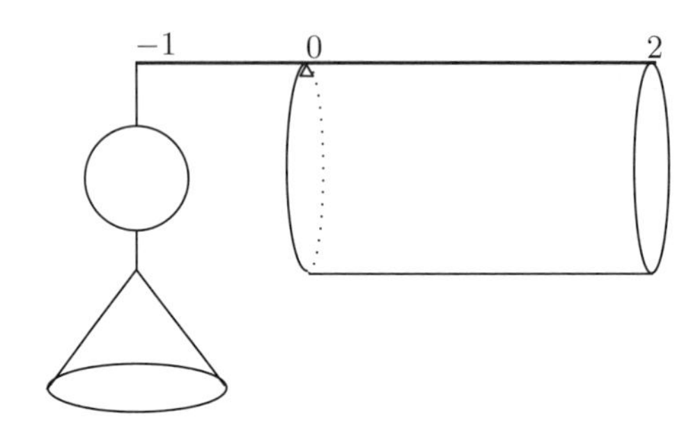

図 2.6 天秤の方法による球の求積 3

に，図の大きさの比率はたいへん不正確です[41]）．この釣り合いの右側の円筒の体積は 4π でその重心の横座標は 1 なので，まとめて横座標 1 のところに 4π のすべてを吊り下げてもやはり釣り合います．左側の球の半径は 1 で，円錐の底面の半径は 2，高さも 2 なので，円錐の体積は $\pi 2^2 \cdot 2/3 = 8\pi/3$ です．[42] よって，釣り合いの式から

$$(\text{単位球の体積}) + \frac{8\pi}{3} = 4\pi$$

が得られ，これから単位球の体積が $4\pi/3$ であることが分かります．『方法』では，この結果から球の表面積が直ちに得られることを推測しています．[43]

天秤の方法によって得られた球の体積について，アルキメデスは『球と円柱について 第 1 巻』[44] の中で詳細な幾何学的証明を与えています（命題 34 とその系）．[45]

[41] 正確な大きさでぶつからないようにするためには，球と円錐をよほど下方に描く必要があります．

[42] 円錐の体積が同底同高の円柱の体積の 1/3 であることは，『原論』第 12 巻命題 10 にあるように，すでに知られていました．

[43] 『球と円柱について 第 1 巻』の命題 33 では別の方法で球面の面積の公式が証明されています．Baron [82, pp. 38–41] による解説が詳しい．

[44] これはアレクサンドリアの数学者ドシテウスへの書簡で，球の体積以外の多数の結果も含んでいます．

[45] [69] は証明なしで命題が述べられています．『球と円柱について 第 1 巻』は，[95] では現代表記によって証明も含めて英訳されています．

2.1.3　ふり返りと展望 1

『原論』とアルキメデスの著作のみを見てきましたが，図形の面積や体積を求める求積問題においては，この時代にすでに，問題を簡単なものの極限として捉えるという考えがあったことが分かります．ただし，実質的には極限[46] を扱っていると見なされる場合も，何かが極限値として定義されるのではなく，既存の量どうしの関係を導く補助として用いられています．また，極限での等式成立の証明は二重帰謬法によるのですが，矛盾を導く根拠は「あらかじめ与えられた任意の量に対して，誤差がそれよりも小さい近似量が取れる」という型の，ε-δ 論法の原型のような，無限大や無限小を持ち出さない主張によってなされていました．現在の ε-δ 論法と異なる点は，当時は数ではなく幾何学的量が主体だったので，ε や δ という数の代わりに幾何学的量が用いられていたことと，δ の代わりになるのは円に内接する正 2^n 角形の列のような単調増加あるいは単調減少する一連の量から選ばれていることです．その意味では ε-δ 論法というよりも，数列の収束に関する ε-n_0 論法に近いと言うほうが正確です．具体的な例としては，補題 2.2 やそれを用いた命題 2.3，命題 2.4 の証明がありました．ε-δ 論法的な主張については他に命題 2.5 を例に挙げましたが，原[54, pp. 8–9] はこれを含む 5 つのパターンを挙げ，それらがユークリッドやアルキメデスの仕事のどこに現れているかを述べています．

46) この時代では，数の極限ではなく量の極限を考えていました．

さらに，アルキメデスの天秤の方法は，平面図形を線分の集まり，立体図形を平面図形の集まりと見なして面積・体積を計算するものと見ることができますが，著作『方法』が失われたためもあり，似たような考えがヨーロッパに登場するのは 1800 年以上も後の話になります．[47] しかし，平面図形を平行な直線で切って，有限個の短冊形の図形の集まりを考えることは全く問題はありませんが，その極限として図形を全く幅のない平行線分の集まりと見なすと，いろいろ問題が出てきます．実際，線分まで分割することはなんとなく認められるとしても，分割された，面積が 0 の線分の集まりから元の図形の面積を求める計算法は，積分法の形成以前には一般的には想像もできなかった

47) この考えは現在の微分積分学で言えば，重積分を累次積分によって計算することに当たりますが，当初は確たる基礎がなかったにもかかわらず，微分積分学の形成には大いに寄与しました．

ことです．アルキメデスは，この難点を物理学的な（当時の用語では機械学的な）天秤の釣り合いの問題に変換することで直観に訴えて乗り越えたのでした．

また，ギリシャ時代から近世に至るまで，大きさのない点を「集めて」線分ができるとか，面積がない線分を「集めて」面積のある図形ができあがるということ自体が哲学上の問題と考えられてきました（連続体問題[48]）．[49] 微分積分学が登場する世紀のヨーロッパでは，このことについては点や線分が「運動して」曲線や曲面が形成されるという運動学的な考えで納得するようになってきましたが，他方では単なる線分ではなく「無限小の幅」を持った線分の集まりで平面図形が得られるという考えも現れ，両者が相まって微分積分学の形成に寄与したのです．

なお，微分に関係が深い接線については，アルキメデスも放物線の接線については既知のこととして証明なしに言及しています（『放物線の求積』命題 2）．後のアポロニウスの円錐曲線論には証明がありますが，結果を知ってから二重帰謬法で示す方式です．

[48] 集合の濃度に関する連続体仮説とは異なるものです．

[49] 区間 $[0,1]$ と区間 $[0,2]$ は，$x \in [0,1]$ を $2x$ へ写せば $1:1$ に対応するので，「同じ個数の点でできている」と言えます．このことは，線分が単にその上の点を「集めたもの」と考えるだけでは不十分なことを示しています．

2.2 ニュートン，ライプニッツ以前の西欧

2.2.1 ギリシャ数学の継承

紀元前 3 世紀に活躍したアルキメデスの後に，取り尽くし法や天秤の方法を受け継ぐ者は実に 17 世紀初頭になるまで現れませんでした．[50] このあまりに長い断絶は不思議なことなので，以下にその事情を少し述べたいと思います．

ギリシャ数学の系譜は紀元後 3 世紀のディオファントスの数論や，紀元後 4 世紀始めまで活躍したパップスのギリシャ数学を集大成するような仕事まで続くと考えられていますが，残念なことに実用を重んじたローマ帝国には，ギリシャ数学はほとんど受け継がれなかったのです．ギリシャ数学を継承したのはビザンティン帝国（ビザンツ帝国）とアラビア発祥のイスラーム帝国でした．アラビア（イスラーム）文明の数学はギリシャ

[50] グレゴワール・ド・サンヴァンサンによって「取り尽くし法」という名前が付けられたのは 1647 年でした．

数学を継承しましたが，独自にも発展させ，その代数学[51] は “algebra” というアラビア語由来の名称が定着していることから分かるように，ヨーロッパに大きな影響を与えました．[52]

ギリシャ数学を忘れて，数学については眠っていたような西欧でしたが，二度にわたるルネサンスによって力強い発展を開始しました．最初のルネサンスはまだあまり有名でないと思いますが，**12 世紀ルネサンス** と呼ばれるもので，イスラーム勢力のイベリア半島への進出や十字軍をきっかけとしてアラビア文明（イスラーム文明）に接した西欧が，当時先進的だったアラビア文明を通して，ギリシャの数学と哲学を発見したのです．12 世紀ルネサンス以前の西欧はユークリッドもアルキメデスも知らなかったし，プトレマイオスもヒポクラテスやガレノス[53] も知らなかったのです（伊東[4] の第 1 講参照）．[54] 12 世紀ルネサンスでは，多数のギリシャ語文献あるいはそのアラビア語訳からラテン語への翻訳だけでなく，アラビア独自の成果の翻訳も行われました．伊東[4] の第 5 講末尾には，12 世紀に行われたこれらの翻訳のリストが載っていますが，その中にはユークリッド『原論』やアルキメデスの『円の求積』,『球と円柱について』がありました．また, [14] の第 8 章 p. 329 にはアラビア語からの多くの翻訳が行われたスペインのトレドでの翻訳は，アラビア語 → スペイン語 → ラテン語のように 2 段階で行われたと述べられています．また同書 p. 330 の表によると，13 世紀にはアルキメデスの著作は上記以外にも『螺旋について』,『放物線の求積』,『浮体について』などが翻訳されたということです．この時期のアラビアに学ぶということを象徴する人物の一人が，フィボナッチという別称で有名なピサのレオナルド (Leonardo Pisano, 1170–1250) です．この人はピサ生まれで，幼少期から今のアルジェリアで育ってアラビア語を学び，現地の学校で数学を身につけ，さらに各地でイスラーム学者から数学の知識を吸収しました．その後ピサに戻ってから『算板の書』（*Liber Abaci*,1202 年刊）[55] などの数学書を著しましたが，この書によってインド・アラビア数字を用いた筆算による計算法が西欧に初めて紹介されました．彼は『原論』の様々な版も参

[51] 文字式が使われていない「言語代数」と言われるもの．

[52] 佐々木[23] は，アラビア数学は継承の過程で古代ギリシャ数学の特性を抜本的に変容せしめたと言い，「その意味で，アラビア数学なくして，中世ラテン数学，あるいはその後継形態である近代ヨーロッパ数学を理解することはできない」とまで述べています (p. 238)．

[53] プトレマイオスは古代最高の天文学者・地理学者，ヒポクラテス，ガレノスは医学者．

[54] ユークリッド『原論』については，証明もない抜粋・要約でしたが，ボエティウス (480-524) によるラテン語訳はありました（三浦[68, p. 238]）．

[55] この本の問題でフィボナッチ数列が導入されましたが，中国の剰余定理や完全数なども論じられています．

照して，幾何学についての書も著していますが，その仕事はアラビア数学の単なる紹介ではなく，西欧中世における初の独自の業績として高く評価されます．

次いで，一般にルネサンスとして知られている，14 世紀から 16 世紀のイタリアを中心とした美術や文芸の動向の中で，数学にも大きな変革が起こってきます．それには 12 世紀ルネサンスの成果が基礎になったのではないかと思いますが，一つ確かに言えることは，12 世紀から大学が数多く誕生し，そこでは新しく得たユークリッドの幾何学やプトレマイオスの天文学も論じられたことです（ハスキンズ[53, 第十二章]）．ガリレオやカヴァリエリが大学に職を得ていたことも想起されます．一方で，1453 年に滅亡することになるビザンティン帝国に保存されていた文献はルネサンスに大きく寄与しました．しかしそれらの過去の知識ばかりでなく，商業や軍事を始めとする社会の発展，活発化も新しい数学をもたらす力となったと言えます（山本[75]）．この中でギリシャ数学の文献が，知識階級のものだったラテン語訳から各国の世俗語に訳されたことは数学の普及の現れであり，活版印刷の発明はそれをさらに推し進めました．[56] たとえば，3 次方程式の解法を巡るカルダーノとの争いでよく知られたタルタリア (Tartaglia, 本名 Niccolò Fontana, 1500–1557) は，1543 年にユークリッド『原論』のイタリア語訳を出版しました．タルタリアはまた同年に，13 世紀のラテン語訳[57] を編集して（ラテン語のまま）『アルキメデス著作集』も出版しました．これに含まれている『浮体について』は，さらに 1551 年にイタリア語訳も出しています．このようなルネサンス期のアルキメデス復興は，天文学で有名なケプラーやガリレオ[58] などの仕事にもつながりました（[50, pp. 186–187] 参照）．当時の学者の著作を読むと，ユークリッドやアルキメデス，アポロニウスの成果についての知識がいかに常識になっていたかが分かります．少し時代は下りますが，数学史家のカール・ボイヤーは，フェルマーについて言及する中で，1620 年代当時には，現存する古典的論文に書かれた情報に基づいて，失われた古典を「復元」する作業は当時人気のあった娯楽の一つであった，とすら述べています（[66, p. 115]）．

[56] 下村寅太郎は，ギリシャ科学の古典が近代科学の形成に影響を与えるようになったのは，その俗語訳が印刷され始めた 1530 年以降と述べています[25, p. 395].

[57] ムールベーケのウィレム（またはギヨーム）によるもの.

[58] ガリレオ・ガリレイ (Galileo Galilei, 1564–1642).「ガリレオ」は姓ではなく名ですが，ルネサンス期のイタリアの著名人はミケランジェロ，ダンテなどのように名で呼ばれることが多いです.

以上のようにルネサンス期にギリシャ数学の知識が広まるなかで，数学は天文学や今で言う物理学，工学などに不可欠の道具となりましたが，やはりギリシャ以来の幾何学の問題が微分積分法を生み出す母体となりました．原[54] は微分積分法（無限小解析）の形成に関わった数学者として 40 名あまりを挙げていますが，本書ではごく少数の重要と思われる人物の仕事のみ紹介します．余談ですが，[54] その他による微分積分法誕生前夜の数学の紹介を読むと，議論に用いられる図の複雑さに強い印象を受けます．これに比べると，微分積分法が数式の計算 (*calculus*) によって問題を解けるようにしたことがいかに大きな進歩であったかを実感できると思います．また，微分積分法の開拓者たちはユークリッド『原論』やアルキメデスにおける極限の取り扱いである取り尽くし法や二重帰謬法を熟知し，それを前述したように「古代人の流儀 (*mos veterum*)」と呼んでよく言及していました．初期にはその方法で証明することもありましたが，[59] この方法は証明にはよくても，何かを発見するにはあまり向いていませんでした．それに対して，微分積分法（無限小解析）は発見の技法 (*ars inveniendi*) として絶大な威力を発揮し，それが生み出し続ける多数の結果はいちいち古代人の方法で再確認するまでもなく正しく，有用だったのです．こうして結果的には古代人の方法は用いられなくなっていきましたが，怒涛のような発展の後で，無限小を用いていた微分積分法の論理的基礎付けが改めて検討されるのは，19 世紀に入ってからのことになるのです．

[59] [14, p. 541] のトリチェッリについての記述，[54] の第 2 章を参照のこと．

なお，近世における数学の発展は，文芸復興という意味でのルネサンスより後に起こり，微分積分法は科学革命の世紀と言われる 17 世紀に誕生しましたが，それに先立つ 16 世紀における数学の発展については，広く技術や科学との関連の中で述べている山本の労作[75] が興味深いです．

2.2.2 古代との背景の違い

西欧は古代ギリシャの数学を長い時を隔てて受け取ることになりましたが，[60] 17 世紀に始まる微分積分法（無限小解析）は古代の求積法や接線についての研究をはるかに凌駕するに至りま

[60] アルキメデスの時代から数えると，12 世紀ルネサンスではほぼ 1300 年以上の差，本格化したルネサンス期では 1700 年くらいの差．

した．その発達を促進した要因としては，精密な暦や航海術のために必要だった天文学の発展や，土木建築および商業の活発化などで，次第に精密な計算ひいては数学の需要が大きくなったことが考えられます．[61] しかし数学内部のことに限って言えば，数（実数）概念の成熟と数式の使用という二つのことが非常に重要だったと思われます．ユークリッドの時代は数と量の世界は完全に別のものと考えられていて，ただ比を通して両者はつながっていました．特に「1 は数ではない」[62] とされていたことからも分かるように，それぞれの数の個性を捨象して有理数という体系を考えるにはほど遠い状態でした．そこから現在のような，数直線と同一視されるような実数像に至るまでには，社会の様々な分野での数的処理の必要性の増大という背景がありますが，アラビア数学では 10 世紀に 10 進小数がすでに利用されていました ([50, p. 130])．しかしながら西欧では 15 世紀になってもなお数学書に「1 は数ではない」と記されていました ([77, p. 82])．そのような中で現代の考え方に向かって決定的に歩を進めたのはブルッヘ（現ブラッセル）生まれのステヴィン (Simon Stevin, 1548–1620) [63] が 1585 年に出版した『算術』(*L'Arithmetique*) と『十分の一法』(*De Thiende*) です．『算術』の中でステヴィンは「1 は数である」と大文字で文字通り大書して，旧来の考えを否定していますが，それだけではなく,「数は決して不連続量ではない (NOMBRE N'EST POINT QUANTITE DISCONTINUE)」とやはり大文字で強調しました．さらに,「任意の累乗根は数である (racine quelconque est nombre)」と言明し,「不条理な，不合理な，変則的なあるいは説明不能な，または隠れた数は存在しない」[64] と宣言しました．そしてこのような実数の捉え方から,『算術』の冒頭には定義 2 として「数は，それによってそれぞれの事物の量を表すものである」と述べています．これは，比を持つ量ならば，単位の量を決めれば他の量は数で表される（比の値として数が定まる）と主張していて，もはや数だけで量の問題を扱えるという宣言になっています．

以上のようなステヴィンの実数観は，小数表示によって量の測定を必要に応じていくらでも精密化できるという実践が背景

[61] その一端は山本[75]に述べられています．

[62]『原論』第 7 巻定義 2 では，数とは単位からなる多である，となっていて，1 と呼ばれる単位自身は数ではありません．

[63] 築城術，水力学，会計学など多方面で活躍した．

[64] [77, p. 91] にある仏語原文からの拙訳.「隠れた数」は原文では “nombres sourds” であり，数学用語としては整数係数の代数方程式の解で無理数のものを指す古い用語．しかしこの意味の数が存在しないとするのはおかしいので，形容詞 “sourd” の意味（聾の，隠れた，沈黙した，ぼんやりした等々）を生かして訳しました．すべての実数は 10 進小数でいくらでも近似できるという意味で，隠れたものではないと考えることができます．

にありますが，それは中間値の定理によって方程式の近似解を求められるという認識にもつながっていました．後者は，x の多項式 $f(x)$ に対して $f(a) < A < f(b)$ ならば a と b の間に $f(x) = A$ の解 x が存在するということから，10 進小数でいくらでも解を近似できるということです．平方根については開平という計算法がすでに知られていましたが，簡単のために平方根を例に取ると，たとえば $1.4^2 < 2 < 1.5^2$, $1.41^2 < 2 < 1.42^2$, $1.414^2 < 2 < 1.415^2$ から $\sqrt{2}$ の 10 進小数展開を次々に求められます．ステヴィンは『十分の一法』によって 10 進小数表示を提唱し，小数を使えば分数は不必要で，いかなる計算も自然数の計算と同様にできることを主張しました．確かに位取りにさえ気をつければ，有限小数の計算は自然数の計算とまったく同じです．また，4/3 などの分数は有限の 10 進小数では表せませんが，ステヴィンは必要な精度に応じて切り捨てればよいと述べています．ステヴィンの提案した表示は，12.034 を 12⓪0①3②4③ と書くものでしたが，無駄が多いので現在のように小数点だけを明記する形が普及したのです．詳しくは山本[77] の第 3 章, [50] の関連項目を参照してください．

ステヴィンが一人で唱道しただけで新しい実数観や 10 進小数表記が普及するものではなく，のちに広く受け入れられたのは，その素地が存在したからに違いありません．たとえば，対数を初めて本格的に考案し対数表を作り上げたネイピア (John Napier, 1550–1617) は直線と線分のそれぞれの上をある運動法則で動く 2 点の対応として対数を定義しました．それから対数の高精度数値計算へ進んだことは，ネイピアがステヴィンと同様に，直線上の点の位置と数の関係を捉えていたことを示していると思います．また，ネイピアはステヴィンの 10 進小数についても知っていて，現在のようなピリオドを用いた小数表示の利用も始めていました．[65)]

65) ネイピアが出版した対数表とその使用法を解説した本では小数は使用されていませんでしたが，没後出版された対数表制作の理論書では小数が用いられました（山本 [77, p. 149]）.

数式の使用　現在では数式を使用した広義の計算はあたりまえのものであり，計算機でも処理できるようになって大変な威力を発揮していますが，ルネサンスの頃まではとても不自由でした．西欧ではアラビア数字が広まってきたのさえこの頃ですが，未知数を表すために「もの」を表す普通名詞（イタリア語では“cosa”，ラテン語では“res”など）が用いられていました.[66] その後，徐々に記号の使用が進んできましたが，17世紀半ばには本格化し，無限小解析が誕生するころにはその恩恵を受けられたのです.

66) 代数学発祥の地であるアラビアでも財に関係する普通名詞が用いられていた.

数や量を表す文字の使用については，ヴィエト (François Viète, 1540–1603) が1591年の著書で未知量，既知量ともにアルファベットの大文字（未知量は母音字，既知量は子音字）で表現することを提案し，その有効性を強く主張しました．しかしヴィエトは次元の斉次性にこだわり，A が長さを表す未知量とすると A の2乗は面積の次元を持つのでこれに加えることができるのは面積の次元を持つ量だけとなります．そのため現在の2次方程式 $x^2+x=2$ すらそのままは表現できず，x にわざわざ長さの次元を持つ量を掛け，右辺の2も単位面積の2倍と表現しなくてはなりませんでした．これに対し，デカルトは解析幾何学を導入した『幾何学』（1637年）で，長さ x の線分と長さ y の線分の積を，比例関係を用いることで，長方形ではなく線分として作図できることを示しました．その結果 x と x^2, x^3 などが次元を区別することなく平等に扱えるようになったのです．また，デカルトは現在のように変数名に小文字を用い，既知量はアルファベットの前のほうの文字，未知量は x, y, z のように後ろのほうの文字を使うようにしました．実際，『幾何学』での文字の使用法は確かにこのとおりになっていますが，約束としてはっきり述べられてはいません．デカルト自身も初期には小文字を既知量，大文字を未知量を表すために用いることを提案しています（没後出版の遺稿『精神指導の規則』)．なお，x^3, x^4 などは現在と同じですが，2乗だけは x^2 ではなく xx と書くほうが普通でした（ニュートン，ライプニッツはもちろん18世紀半ばのオイラーもそうでした)．文字記号以外の演算記号や等号なども17世紀半ばにようやく普及してきて数学の発展に大いに寄与しました.[67]

67) 数学における文字や記号使用の歴史について，[86] はたいへん詳しいです．非常に簡略なものとしては[46] の第2章3節があります.

接線影，法線影　古代との背景の違いということからは少しずれますが，無限小解析の発展の重要な要因となった接線問題の

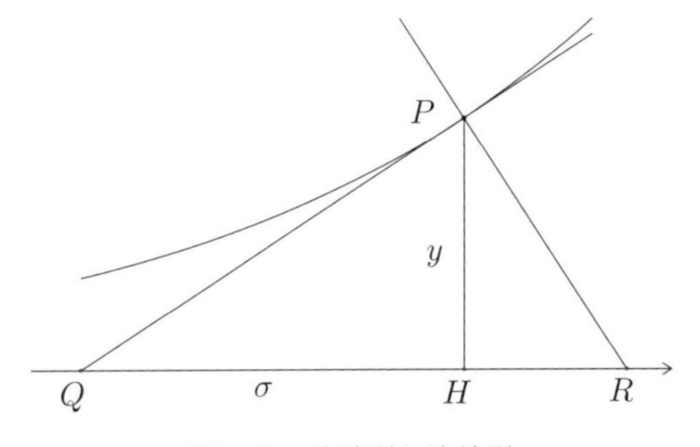

図 **2.7**　接線影と法線影

理解に必要な用語をここで説明しておきます．現代人は，接線といえばまずその傾きを考えますが，それはユークリッド以来の幾何学から見ると少し間接的な存在です．実際，傾きとは接線上を横軸方向に単位の長さ進むときに縦軸方向にどれだけ進むかという，長さの比なので，量そのものよりも抽象的な概念です．そのため，無限小解析が発展を始めるころには，接線の傾きの代わりに**接線影**というものが第一に考えられていました．図 2.7 において，曲線上の点 P における接線が横軸と交わる点を Q とします．このとき直線 PH が横軸と直交するとして，線分 QH あるいはその長さ $\sigma := \overline{QH}$ が P における接線の接線影です．P の縦座標を y とすると，y/σ が接線の傾きですが，接線影は比ではなく幾何学的量であることに注意しましょう．接線と表裏一体の法線についても，図の線分 HR またはその長さが**法線影**と呼ばれていて，デカルトは法線影を求めることを第一に考えていました．

2.2.3　ケプラー

太陽系惑星の運動法則の発見で著名なケプラー (Johannes Kepler, 1571–1630) ですが，原[54, § 0.1] は，ケプラーの著作とともに微分積分法の前形態としての「無限小幾何学」が始まる，と述べています．ケプラーの用いた幾何学的無限小はカヴァリエリらの不可分者に無限小の幅や厚みが付いたものと考えられますが，ニュートンやライプニッツの微分積分法につながるものと評価できます．また，不可分者そのものについてもカヴァリエリよりも先行していると考えられます．

ケプラーと幾何学的無限小　ケプラーは『葡萄酒樽の新立体幾何学』(*Nova stereometria doliorum vinariorum*, 1615)[68] で無限小幾何学の考えにより，種々の図形（特に多数の回転体）の面積や体積を計算しています．この書物の最初の部分ではアルキメデスによって得られていた結果を幾何学的無限小という見方から再証明しながら，葡萄酒樽の話のための近似値を得ています．その中で最も初等的なものは円の面積が (半径)×(円周)/2 であることの証明です．[69] ケプラーの考えを現代の立場から無理がないように修正すると次のようになります．円をその中心を通る直線で細かく等分に切り分けて並べ直し，図 2.8 の上のようにします．こうすると，底辺が少し丸いことを除けば，高さがほぼ円の半径に等しく底辺の長さの合計が円周に等しい三角形が多数得られます．これらの小三角形は高さが等しいので頂点を図 2.8 の下の図のようにまとめられて，その面積の合計は，ほぼ高さが円の半径で底辺が円周の直角三角形の面積になります．そして無限小まで分解すれば誤差はなくなり証明が終わります．しかしケプラーの元来の記述は無限小を大胆に押し出したもので，「円周は点と同じだけの部分，すなわち無限の部分を持つ．その各々は半径と同じ長さの等辺を持つ 2 等辺三角形の底となるから，円の中には無限個の三角形が含まれる」([96, p. 68],[54, p. 38]) というように展開されます．つまり上では現代風に極限移行の話にしましたが，ケプラーはいきなり無限個の状態を考えているのです．有限の長さが無限個に等分

68) 自分が 2 度目の結婚をした秋に，一本の棒を一度だけ挿し入れて葡萄酒樽の体積を量る方法を知って興味を持ち，研究を始めた結果をまとめたもの．

69) ただし，ケプラーの目的はこの事実から，円の面積と直径を辺とする正方形の面積の比がおおよそ 11 : 14 であることを示すことなのです ([96, p. 68).

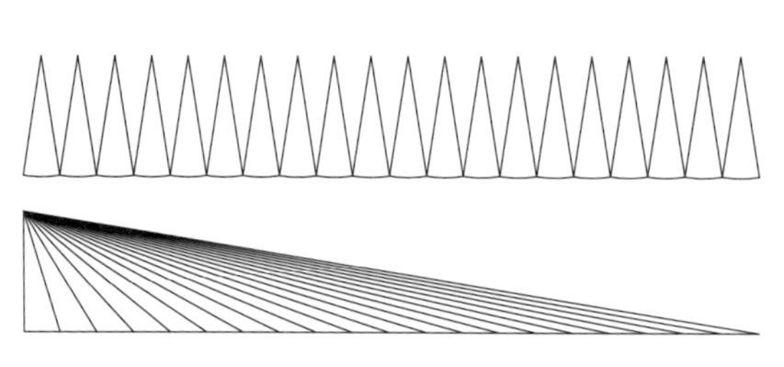

図 2.8　ケプラーによる円の面積計算

された状態というのは想像不可能と思われますが，ケプラーはこの考えがアルキメデスによる円の求積の真意であると考えたようであり，この『葡萄酒樽の新立体幾何学』の序文では，円の話を含む第1部の結果はすべてアルキメデスの書物から完全に証明できる，とも取れるようなことを書いています（[96, p. 62]）. [70] また球を，球の中心を頂点とし，球面の無限小部分を底に持つ錐の集まりと考えると，球面の面積から球の体積が容易に求められるというアイデアを述べていますが，類似の考えはアルキメデスが『方法』の中で[71] すでに述べています.[72]

『葡萄酒樽の新立体幾何学』の第1部には「アルキメデスへの補遺」と題する付録があり，アルキメデスにはなかった求積問題を解いています.

ケプラーはこの本の第2部では，最大最小問題[73] を多数考察しています．それについては，最大最小値が実現されている場合では，その前後ではほとんど感知できないくらい値が変化しないということを言っています（[96, p. 230]）．これは実質的には，x の関数 $f(x)$ が $x = a$ で極値を取れば $f'(a) = 0$ となる，というフェルマーの定理の先駆であると評価する人もいます.

なお，すでにヴィエトの著書が1591年に出版されていましたが，1615年刊の『葡萄酒樽の新立体幾何学』にはまだ数値計算以外の数式はまったく使われておらず，現代人には非常に読みにくいものです.

70) [105, p. 188] やそれを引用した[92, p. 103] では，もっとあからさまにそう主張していますが，[96] の英訳は婉曲な述べ方です.

71) 命題2の証明の最後に，球の体積と表面積の関係を利用して体積から表面積を求めています.

72) 杉浦光夫による日本数学会機関誌『数学』第4巻1号巻頭言によれば，この発想はケプラーから数十年後には和算家の関孝和も持っていたそうです.

73) その一つは，対角線の長さが一定の円柱の中で体積が最大のものは何か，というもの（[96, Theorem V in part II]）.

惑星の運動法則と不可分者　『葡萄酒樽の新立体幾何学』では幾何学的無限小の考えが展開されていましたが，ケプラーが惑星運動の第1法則（惑星軌道は太陽を焦点とする楕円）と第2法則（面積速度一定，あるいは角運動量保存則）を発表した『新天文学』(*Atromonia nova*, 1609)[74] を少し見てみましょう.

この著書には『原論』，アポロニウス，アルキメデス，プトレマイオスなどのギリシャ文明の成果が引用されていますが，第40章における第2法則の導出が興味を引きます．この段階では，ケプラーは惑星の運動速度の大きさは太陽からの距離に反比例するという間違った法則を信じていました．さらに，離心円とい

74) 原題はギリシャ語の単語も含み，とても長いものです．岸本による日本語訳[19] も出版されています.

う旧来の軌道モデルも利用することで，惑星がその軌道上のある部分を移動するのにかかる時間が，その軌道部分の多数の点について太陽への距離の和を取れば近似的に計算できると論じました（『新天文学』での議論が山本[76, 第 12 章 13 節] に紹介されています）．しかし注目すべきは距離，というより太陽と惑星を結ぶ線分，と面積を結びつける次の下りです ([19, p. 389])：「離心円上の点は無限に多く，そこまでの距離も無限に多いと分かったとき，離心円の面の中にはこれらの距離がすべて含まれているという考えが心に浮かんだ．かつてアルキメデスも直径に対する円周の比を求めたとき円を無限に多くの三角形に分割したことを思い出したからである．これがアルキメデスの背理法の隠れた力である」．この考えが不可分者または無限小三角形のどちらを指しているのかちょっとあいまいですが，カヴァリエリの先駆になっているとも考えられます．実際，カヴァリエリは同時代のギュルダンから，不可分者の考えは独自のものではなくケプラーらにすでにあると非難されました ([1, p. 158])．

なお第 2 法則についてケプラーは，後の『コペルニクス天文学概要』第 5 巻で正しい証明を与えていますが,[75] そこでは『新天文学』での距離の和を考えたことが誤りで，微小三角形の和を考えるべきだったことを認めています（山本[76, p. 1077]）．

[75] その証明は，原 [54, pp. 42–44] に紹介されています．

注 2.8. 惑星運動に関するケプラーの法則の発見は，ティコ・ブラーエによる肉眼での限界精度（角度の誤差およそ 1 分以下[76, 11 章 3 節]）の観測データをケプラーの卓越した数理的能力で整理して得られたものであり，余談ながら今日で言えば優にノーベル賞級の仕事でしょう．なお，火星軌道のプトレマイオスのモデルによる計算とティコによる観測データのズレは角度 8 分ほどであり，ティコ以前の観測では検出不可能でした．

数的な極限　これまでケプラーが幾何学の問題について無限小を考えていたことを見てきましたが，実はケプラーは対数についても，数的な意味での極限を利用して理論構築から数表の作成まで行っていました．天文学の膨大な計算を実行した計算家ならではの仕事と思いますが，この仕事の動機は山本[77] によると，ケプラーがネイピアの対数表が出てまもなくそれを使って仕事をしていたところ，対数の理論がはっきりしなかったため[76] まわりの学者に信用されなかったからとのことです．[77] 山本[77, 第 7 章] に従ってケプラーの対数について簡単に紹介します．

まず対数とは，正の実数 x, y に対して比の値 x/y とは異なる何らかの値 $\left[\dfrac{x}{y}\right]$ を対応させて，比の積が和に対応するようなものとします．すなわち，$x, y, z > 0$ に対して

$$\left[\frac{x}{y}\right] = \left[\frac{x}{z}\right] + \left[\frac{z}{y}\right] \tag{2.2.4}$$

が成り立つものとします．この式で $x = y = z$ として $\left[\dfrac{x}{x}\right] = 0$ が得られ，また $\left[\dfrac{y}{x}\right] = -\left[\dfrac{x}{y}\right]$ も得られます．それらから $x/y = u/v$ ならば $\left[\dfrac{x}{y}\right] = \left[\dfrac{u}{v}\right]$ となることが示されます．よって，1 変数関数 $f(t)$ を $f(t) := \left[\dfrac{t}{1}\right]$ で定義すると，当初は 2 変数関数と見た $\left[\dfrac{x}{y}\right]$ は実は $f(x/y)$ と書けることが分かります．[78] また，自然数 n に対して

$$\left[\frac{x^n}{y^n}\right] = n\left[\frac{x}{y}\right] \tag{2.2.5}$$

が成り立つことも示されます．ケプラーはこのような原理的なことから出発して，ネイピアの対数を再構成し，対数表まで数年で作り上げたのです．ここで注意すべきこととして，対数の基本性質 (2.2.4) を満たす $\left[\dfrac{x}{y}\right]$ には定数倍の任意性があることが挙げられます．このことと $f(1) = \left[\dfrac{1}{1}\right] = 0$ を利用して，ケプラーは大胆に t が 1 に十分に近いときは $f(t) = t - 1$ としてよいとします．[79] 読者のみなさんは，$f(t)$ が $t = 1$ で微分可能と分かっていればまだしも，そうでないとすると大胆すぎると感じると思いますが，ケプラーはあまり頓着しなかったようです．結果が分かってから見ると，ケプラーは $\ln t = \ln(1 + (t - 1))$ を $t - 1$ で近似したことになるので，十分良い近似となっています．[80]

ケプラーが計算したものは，自然対数 $\left[\dfrac{x}{1}\right]$ ではなく，ネイピア

[76] ネイピアによる対数の理論書は対数表よりも遅れてネイピアの没後に出版されました．

[77] ケプラーの対数表は 1624 年，1625 年に出版されていますが，1620 年の書簡ではすでに自分で計算した対数に触れています（山本[77, p. 181]）．いつケプラーが対数の研究を始めたのか[77] だけでは明確には分かりませんが，ネイピアの対数に初めて接したのは 1617 年（[77, p. 171], [104, p. 185]）なので，長くて 7 年くらいで対数表の完成に至っており，しかも対数に専念していたわけではないのは驚異的です．

[78] f の連続性を仮定すると，実は f が通常の対数関数の定数倍であることが示されます．

[79] 山本[77, p. 177] では「x が z に十分近いとき，$\left[\dfrac{z}{x}\right] = C(z - x)$ とることができる」とありますが，数学的には疑問があるので，より納得しやすい 1 変数の話に改変しました．ただし，山本はこのあたりのケプラーの議論は不明瞭であると述べています．

[80] $\ln t$ は t の自然対数を表します．

の対数の定義に沿った $R\left[\frac{R}{x}\right]$ という形の関数であり，$R = 10^5$ として対数表を作成しました．そしてその計算方法は，当時でも手計算が可能だった，平方根を繰り返し求める方法によりました．具体的に言うと，$x > 0$ に対して数列 $\{x_n\}_{n=0}^{\infty}$ を $x_0 = x,\, x_{n+1} = \sqrt{Rx_n}$ によって定めると，この数列は単調増加または単調減少で R に収束します．そして $R/x = \left(R/x_n\right)^{2^n}$ $n = 1, 2, \ldots$ が分かるので

$$\left[\frac{R}{x}\right] = 2^n \left[\frac{R}{x_n}\right] \tag{2.2.6}$$

となります．n が十分大きいとき $R/x_n = (R/x)^{1/2^n}$ は 1 に近い[81] ので，$f(t)$ の近似を用いると

$$\left[\frac{R}{x_n}\right] = \frac{R}{x_n} - 1 = \frac{1}{x_n} \cdot \left(R - x_n\right)$$

と書き換えられ，これから

$$R\left[\frac{R}{x}\right] = \frac{R}{x_n} \cdot 2^n \left(R - x_n\right)$$

という近似式が得られます．x_n が $n \to \infty$ で R に収束するので，上式からさらに

$$R\left[\frac{R}{x}\right] = 2^n \left(R - x_n\right) = 2^n R \left\{1 - \left(\frac{x}{R}\right)^{1/2^n}\right\} \tag{2.2.7}$$

という近似式が得られます．$x = 0$ の近傍で e^{-x} を $1 - x$ で近似したときの誤差を評価すれば，$n \to \infty$ のときに (2.2.7) の最右辺が $R\ln(R/x)$ に収束することを示せますので，微積分に自信のある方は試してみてください．さらに $f(t) := \left[\frac{t}{1}\right]$ が $t = 1$ で微分可能であることを認めれば，(2.2.6) の右辺が $\ln(R/x)$ に収束することが証明できます．辿った道は少し異なるかもしれませんが，ケプラーも結局 (2.2.7) に到達し，$R = 10^5$, $n = 30$ として $R\ln(R/x)$ の数表を作成しました．

以上のようなケプラーの論理的追求力や計算力には敬意を抱かざるを得ません．ただ現代の目からすると，やはりもう少し極限移行を確認してほしい気がしますが，当時はその必要性は感じられなかったのだと思います．しかし，もしも感じていた

81) $a > 0$ に対して $\lim_{n\to\infty} a^{1/n} = 1$ であることを思い出していただきたい．

ら ε-δ 論法の使用例ができていたかもしれません.

2.2.4 不可分者をめぐるイタリアの数学者たち

アルキメデスの天秤の方法を述べた著作『方法』は 20 世紀に再発見されるまで失われていましたが, 17 世紀前半のイタリアでカヴァリエリ (Bonaventula Cavalieri, 1598–1647)[82] を中心として, まさにそれを受け継いだかのような方法による面積や体積の計算が展開されました. かれらの方法は不可分者 (*indivisible*) の方法と呼ばれました. カヴァリエリの不可分者論は 1635 年刊の大著『不可分者による連続体の幾何学』と 1647 年刊の『幾何学の 6 つの演習』にまとめられていますが, これらは非常によく読まれたと言われています.[83] 不可分者とは, ギリシャ哲学の原子論にさかのぼる概念ですが, カヴァリエリらの用いた不可分者は原子ではなく, アルキメデスが放物線の切片の面積を求めるためにそれを平行線分の集まりと見なしたように, 研究対象の図形に含まれる 1 次元低い図形を指していました. このことはカヴァリエリの原理として有名な次の主張によく現れています：平面に二つの図形 A, B と直線 ℓ があって, ℓ と平行な任意の直線 ℓ' について, A との交わりと B との交わりが一定の比 $\alpha : \beta$ の線分をなしているならば A の面積と B の面積も $\alpha : \beta$ の比をなす. 天秤の方法によってここに述べたカヴァリエリの原理を証明することも容易にできます. このときの A と ℓ' の交わりである線分がそれぞれ A の不可分者と呼ばれますが, それらの全体をカヴァリエリは「すべての線 (*omnes lineae*)」と呼んでいます.「すべての線」は連続無限個あるので, 当時はそれらと図形の面積の関係を明確に述べることは不可能でしたが, すべての線の「和」が面積であると捉えられていたようです. これについて, ブルバキ[62, p. 209] は現代化した形でカヴァリエリの主張の要旨を次のように述べています：たとえば二つの図形があって, 一つは $0 \leq x \leq a$, $0 \leq y \leq f(x)$ で表され, もう一つは, $0 \leq x \leq a$, $0 \leq y \leq g(x)$ で表されているという場合, 縦座標の和 $\sum_{k=0}^{n-1} f(ka/n)$, $\sum_{k=0}^{n-1} g(ka/n)$ は, 十分大きい n に対して, その二つの面積の比に望み通りの近い比

82) イタリアの数学者・天文学者, ガリレオの弟子. 対数や三角法の書も著しています. 生涯を通じイエス会というカトリックの修道会に属していました.

83) カヴァリエリの著書は, 17 世紀の幾何学的積分論ではアルキメデスに次いで数多く引用されましたが ([82, p. 123]), 実際にはトリチェリによる解説を通して普及しました.

となる.[84] そしてここでカヴァリエリは $n=\infty$ として極限値に移り,「すべての縦座標の和」の比について語るのです.

立体の場合は, 平行平面で切った切り口が不可分者となりますが, ガリレオの弟子でカヴァリエリより年少のトリチェリ (Evangelista Torricelli, 1608–1647) は, 不可分者の取り方をもっと自由に考え, 双曲線 $xy=1$ を y 軸の周りに回転した, 無限に広がった曲面に囲まれた図形の $y \geq a$ ($a>0$ は定数) の部分 V の体積が有限であることを示しました. 計算を容易にするために, 半径 $1/a$, 高さ a の円柱を V の底面に付け足した図形を V' とします. 正確に言うと, V' は図 2.9 に示されている, 曲線 $y=1/|x|$ の $y \geq a$ の部分と y 軸に平行な 2 線分からなる曲線を y 軸の周りに回転して得られる回転体です. このとき y 軸を中心とする半径 r の円筒面と V' が交わるのは $0 \leq r \leq 1/a$ のときで, その交わりの面積は $r>0$ では $2\pi r \times 1/r = 2\pi$ と一定になります. 不可分者の方法では, このことは r の定める上記の円筒面が与える V' の不可分者と, 半径が $\sqrt{2}$ で高さが $1/a$ の円筒を高さ r で切った切り口の円が与える, それに対応する不可分者が等しい面積を持つことを示しています. よって V' の体積は円筒の体積 $2\pi/a$ となる, というわけです. カヴァリエリも曲がった不可分者 (同心円の族) を用いてアルキメデスの螺旋[85] が囲む面積を計算しています. ガリレオもまた, 等加速度落下運動において到達距離が時間の 2 乗に比例することの証明に不可分者の議論を用いています ([23, p. 448]).

84) ここに登場する和は, 小区間の幅 a/n を掛ければ, f, g が連続あるいは単調の場合には $n \to \infty$ のときそれぞれの積分に収束することは, 現在ではよく知られているとおりです.

85) ある定数 $a>0$ によって, 極座標で $r=a\theta$ で表される曲線. カヴァリエリはこの曲線の $0 \leq \theta \leq 2\pi$ の部分と動径 $\theta=0$, $r \geq 0$ で囲まれる部分を計算した. これはアルキメデスがすでに求めていたものです. [1, p. 101] 参照.

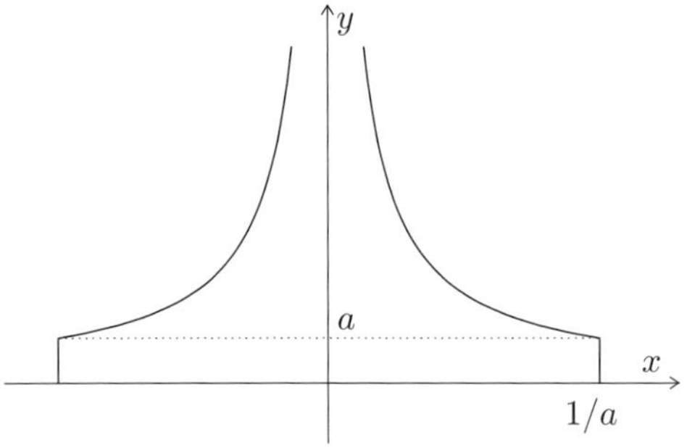

図 2.9 トリチェリによる無限領域の体積計算

不可分者の理論は現代の目で見れば，累次積分によって1次元上の積分を計算することですが，関数の積分という概念が全くない時代には，一般的に正当化することは不可能でした．また，ε-δ 論法との関連で言えば，不可分者は極限に「行き着いてしまったもの」なので結びつきがあまりありません．つまり平面図形の場合で言うと，2本の平行直線の間に挟まれた領域を考えて，それらの直線の間隔を0に近づけていくなら，極限の問題であり区分求積法につながりますが，不可分者はその2本が一致してしまった場合なのです．仮想的なものであれ，0ではない無限小の幅を持った線分を考えるならば無限小 (infinitesimal) に近づきますが，実はトリチェリはそのようなものの必要性を述べていました ([14, p. 541])．トリチェリの論点は以下のようなものです．[86] 図 2.10 の長方形 $ABCD$ において，対角線上の点 E に対応して $\triangle ABD$ の不可分者 FE と $\triangle BCD$ の不可分者 EG が構成され，$FE : EG = AB : BC$ となる．この場合にも不可分者が1対1に対応するからといってカヴァリエリの原理を適用すると，$\triangle ABD$ と $\triangle BCD$ の面積比は $AB : BC$ になってしまい，正方形でない場合は矛盾となります．この矛盾の解消のため，トリチェリは不可分な線分にも厚みがあると考え，上の例の対角線が $y = kx^{n/m}$（m, n は自然数）の表す一般放物線になったとき，同様に考えた縦と横の不可分者の厚みの比が考えている一般放物線上の点における接線の傾きと関係していることを見いだし，そのことから逆に接線を作図できることを示しました ([1, p. 118])．

86) カヴァリエリも本質的に同等な例で矛盾が出ることをギュルダンに指摘され，『幾何学の6つの演習』では不可分者の分布は同等でなければならないと述べました（ゾナー[104, p. 221]）．

なおトリチェリは，放物線の切片の面積の計算を不可分者の

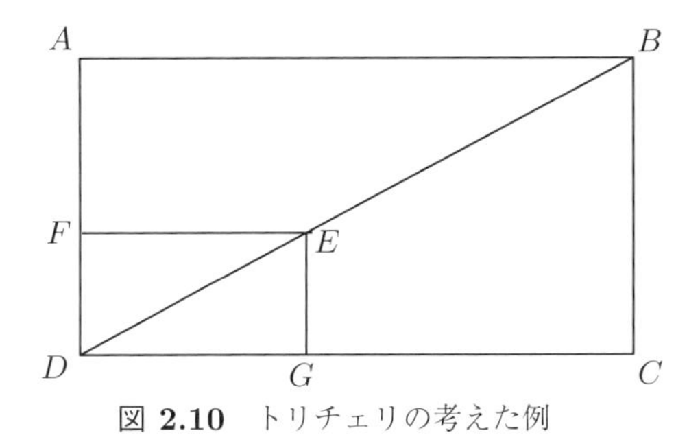

図 2.10　トリチェリの考えた例

方法で10通り，取り尽くし法による方法で11通りも示していましたが ([1, pp. 109–112],[23, p. 445])，目的は新しい不可分者の方法の優位性を示すためだったと言われています．

以上のような限界もありましたが，カヴァリエリは不可分者を利用して，グラフの下の面積の意味で，9までの自然数 n について

$$\int_0^a x^n\,dx = \frac{1}{n+1}a^{n+1}$$

が成り立つことを示しました ([105, p. 214]).[87] さらにトリチェリは n が有理数の場合にも上記の等式を示していました ([14, p. 541])．イタリアではイエズス会との確執のため不可分者論の系譜は断絶しましたが（[1] 参照），カヴァリエリらの仕事はヨーロッパに広く知られ，微分積分法への一歩を進めることになりました ([1, p. 118])．

87) カヴァリエリによる $n = 2$ の場合の証明は[54, p. 113] に，$n = 2, 3, 4$ の場合が[23, pp. 425–427] にありますが，自明とは言えません．

2.2.5 デカルト

デカルト (René Descartes, 1596–1650) は「我思う故に我あり」で有名な『方法叙説』(*Discours de la Méthod*, 1637)[88] の著者としてよく知られていますが，無限小解析の発展の基礎に大きく関わっています．一つは 2.2.2 節で述べたように数を次元の呪縛から解放したことと文字式の使用により数式をかなり自由に書けるようにしたことです．そしてこれは幾何学の問題に座標を持ち込んで代数学の問題に転化する，いわゆる解析幾何学に直結していました．これらとともに『幾何学』(*La géométrie*,1637)[89] に述べられていたのは，曲線上の与えられた点における法線を求める問題の解決法でした．法線を求めることは接線を求めることと同等であり，それは無限小解析の開拓者を鼓舞した問題でした．『幾何学』はオランダのファン・スホーテン (Frans van Schooten, 1615–1660) によってラテン語に翻訳され版を重ねました．この訳書にはファン・スホーテンと周辺の人々による補遺が加えられ，ニュートンやライプニッツによっても読まれました．

88) 書名の訳には他に『方法序説』があって，こちらのほうが多数派ですが，原語の “discours” には序論という意味はありません．『方法叙説』は，その方法を適用した試論である『屈折光学』，『気象学』，『幾何学』と一体になって出版されたため，序論的位置付けであるのは確かですが，かといって方法の本論があるわけではないのです．

89) 原 亨吉 氏による翻訳[42] があります．

デカルトの法線決定法は，無限小を使わずに代数的に求めるものでしたが，簡単な場合に説明しておきます．曲線 C が x の

多項式 $f(x)$ によって $y = f(x)$ と表されているとします．このとき $P(a, f(a))$ における C への法線を求めるために，横軸上の点 R を中心とする円を考え，R が横軸と求める法線の交点であれば，適当な半径 r に対する円は曲線に接するはずだということを利用します（図 2.11 参照）．この条件は，R の横座標を b, 円の半径を r とすると，円と曲線の交点を求める連立方程式

$$y = f(x), \quad (x-b)^2 + y^2 = r^2$$

から y を消去して得られる x についての方程式[90] が $x = a$ を重根（重解）に持つことと言い換えられ，それから b, r が決定できるのです．曲線が x, y の多項式 g によって $g(x, y) = 0$ と定まっている場合（すなわち代数曲線の場合）にも適用できますが，一般にはとても面倒です．このため，ファン・スホーテンの弟子フッデ (Jan Hudde, 1628–1704)，スリューズ (René François Sluse, 1622–1685) らによって改良が研究されました．その結果は実質的には，x の多項式 $g(x)$ について，$g(x) = 0$ が $x = a$ を重根に持つなら $g(a) = g'(a) = 0$ となることを利用するものでした．

デカルトの法線決定法は適用対象が代数曲線に限定されますが，デカルト自身は無限小のようなあやふやなものが必要ないことに大いに利点を見いだしていました．デカルトは後述のフェルマーの導入した無限小解析の萌芽と言える研究は批判していましたが，『幾何学』の普及と，それが代数曲線という限界[91] を見せていたことがかえって無限小解析の発展を促したように

90) x についての多項式が 0 になるという形となります．

91) 当時知られていただけでも，アルキメデスの螺線やサイクロイドは代数曲線ではありません．

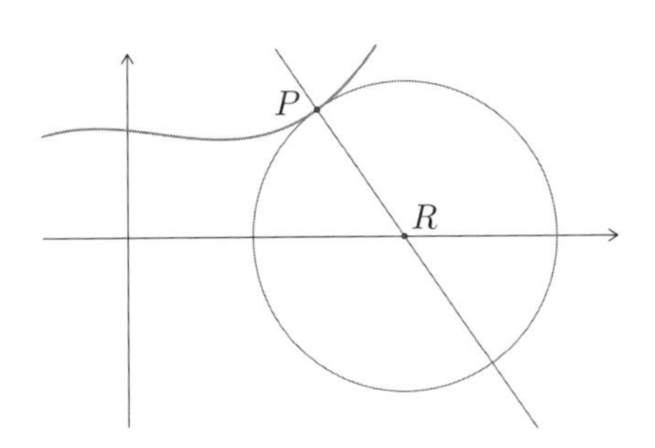

図 **2.11**　デカルトの法線決定法

思われます.

なお, デカルトはその若き日 (1618 年) にオランダでベークマン (Isaac Beeckman, 1588-1637) からステヴィンの仕事について教示を受け, 落体の法則を決定するのに不可分者を使用しましたが, 不可分者の方法は彼にとっては近似的なもので精密な方法ではないという位置付けだったと言われています ([82, p. 163]).

2.2.6 フェルマー

フェルマー (Pierre de Fermat, 1601–1665)[92] は, n が 3 以上の自然数ならば, $x^n + y^n = z^n$ を満たす自然数 x, y, z は存在しない, というフェルマーの最終定理[93] で有名ですが, デカルトに並ぶ解析幾何学の創始者であり,[94] 無限小解析において先駆的な仕事をしました. 解析幾何学については, カッツ[14] の第 11 章第 1 節などを参照していただくとして, ここでは無限小解析に関することを扱います.

フェルマーは, デカルトの『幾何学』の内容を知ってから, 自分が得ていた接線決定法を含む論文「最大と最小を探求する方法, 曲線の接線について」をメルセンヌ[95] に送りました. それがさらにデカルトに伝えられると, デカルトはただちにメルセンヌに宛てて, フェルマーの接線決定法は誤りであるとする手紙を送りました. こうしてデカルトとフェルマーの相互批判が始まり, その後も和解することはなかったのですが, 批判の応酬については高瀬[36] をご覧いただくことにして, フランス国立図書館によるフェルマー全集第 1 巻[106] のディジタル化文書によってフェルマーの研究を見ていきます. ただし, フェルマーは完全な説明を与える論文を発表しない人だったため, 真意をはかりかねるところがあります.

フェルマーは最初に, 長さ b の線分を二つに分けてそれぞれの長さが x と $b-x$ であるとしたとき, それらを縦横とする長方形の面積 $x(b-x)$ の最大値を考えます. そこで, x が最大値を与える長さとすると, x を少しずらした $x+e$ に変えても面積はほとんど変わりません.[96] つまり $x(b-x)$ と $(x+e)(b-x-e)$ はほぼ等しいわけですが, 実はフェルマーはこのような直観的正当化は何も述べずに, これらが *adaequalitas* というほぼ等しい

92) フェルマーは法律家で, 父の遺産により, トゥールーズの高等法院判事の地位を買い取り, 姓に "de" を付けることを許可されました.

93) 1994 年に提出された論文により, イギリスの A. ワイルズが証明して本当に定理になりました.

94) フェルマーの解析幾何学はまだ同次元性に捉われていました ([8, p. 276]).

95) マラン・メルセンヌ (Marin Mersenne, 1588–1648). フランスの修道士で, ヨーロッパ中の学者を網羅する交流の結節点であったが, 彼自身も数学と物理の研究に献身しました.

96) ケプラーの『葡萄酒樽の新立体幾何学』について最後に述べたことを想起していただきたい.

関係にあるとして変形を続けるのです．*adaequalitas* には「向等」や「擬等値」という訳がありますが，もともとは古代のディオファントスの著作に由来する言葉です．ここでは *adaequalitas* を $\simeq$ で表すことにしますと，$x(b-x) \simeq (x+e)(b-x-e)$ となりますが，両辺を展開して，等号の場合と同様に両辺から共通する項を除いて移項すると，$eb \simeq 2xe + e^2$ が得られます．これを e で割ると $b \simeq 2x + e$ となり，e を除くと $b = 2x$ となって，最大値は $x = b/2$ で取られることが分かります．*adaequalitas* の詳しい意味の説明や，最後に e を取り除いてよい理由として e を 0 に近づけると言うような説明はまったくないのが困ったところです．好意的に考えると，無限小あるいは極限を考えていると解釈できますが，この論文だけではなんとも言えません．なお，フェルマーは若い頃ヴィエトの弟子と交流し，終生ヴィエトの記号法を用いていましたので，たとえば上述の $eb \simeq 2xe + e^2$ は B in E adæquabitur A in E bis+Eq と書かれていて読みにくいです．

上の最大値問題に次いで，フェルマーは放物線の接線も adaequalitas を用いて求めています．ここではフェルマーの図の記号を少し変えて，解析幾何学に頼ることにしてフェルマーの議論を説明します．図 2.12 において，O が座標原点，放物線は $x = y^2$ で表されているとします．このとき点 B における接線が横軸と交わる点 E に対して $\overline{EO} = \overline{OC}$ であることを示したいのです．C の座標を $(x, 0)$ として，それを少しずらした点 I を $(x-e, 0)$ とします．E の座標を $(-t, 0)$ とすると，三角形の相似から

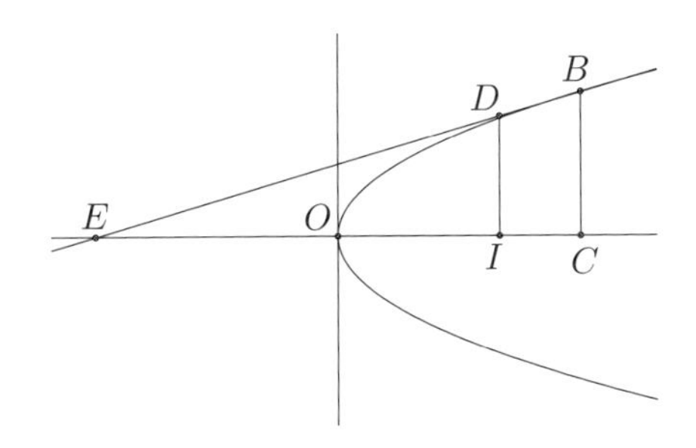

図 **2.12**　フェルマーの接線法

$$\frac{t+x-e}{t+x} = \frac{\overline{DI}}{\overline{BC}}$$

ですが，D は放物線の上方にあるので

$$\frac{\overline{DI}^2}{\overline{BC}^2} > \frac{x-e}{x}$$

です．よって

$$\frac{(t+x-e)^2}{(t+x)^2} > \frac{x-e}{x}$$

となり，分母を払って

$$x(t+x-e)^2 > (x-e)(t+x)^2$$

が得られます．ここで簡単のため $z := t+x$ と置いて（z は以前に説明した接線影です）t を消去すると

$$x(z-e)^2 > (x-e)z^2 \tag{2.2.8}$$

となり，そこで突然ながら不等号を $\simeq$ にして，最大値問題のときと同様な操作をすれば，$-2exz + xe^2 \simeq -ez^2$ から $2xz = z^2$ すなわち $z = 2x$ となって，$\overline{EO} = \overline{OC}$ が証明されました．フェルマーはここに述べたことしか書いていないのですが，(2.2.8) の左辺から右辺を引いたものを考えると，それは $e = 0$ で最小値 0 をとるので，それに対して最大最小の方法を適用したものと考えることができます．

この方法は，フェルマー自身も気付いていたように，$y = f(x)$ で表される曲線に対して容易に拡張できます．デカルトはこのフェルマーの接線法が，直接には $y = f(x)$ と表現される曲線にしか適用されないことを指摘し，フェルマーに自分が研究していた葉線 $x^3 + y^3 = pxy$ の接線を決定することを求めました．フェルマーはすぐには回答できなかったものの，工夫を重ねて解決しました．デカルトとフェルマーの論争については，高瀬[36] の第 2 章に解説があります．上垣[8, pp. 284–286] によると，この論争の中でデカルトは接線を割線の極限と見る新しい接線決定法を発見したということです．[36] には，フェルマーの方法による楕円などへの接線の計算法も紹介されています．

フェルマーは adaequalitas を用いた方法について詳しいことは何も書き残していないので，無限小あるいは 0 に向かう極限値を考えていたとは断定しにくいですが，この点については数学史家の間でも完全に一致はしていないように見受けられます．これは，次に述べるパスカルが熱烈に無限小の活用を擁護していることと対照的です．

ともあれ，フェルマーは曲線の求長では区間を n 等分した極限を考えていますし ([82, pp. 227–228])，また，定積分 $\int_0^a x^\alpha\,dx$（$\alpha > 0$ は有理数）の計算では $0 < \theta < 1$ から定まる $[a\theta^n, a\theta^{n-1}]$ $(n = 1, 2, \dots)$ という区間による $[0, a]$ の無限分割を利用して得られる無限級数の計算に持ち込んで計算する ([14, §12.2.3],[70, p. 176]) など，極限を自在に使った新しい結果は同時代人に大いに刺激を与えました．

2.2.7 パスカル

パスカル (Blaise Pascal, 1623–1662) は「人間は考える葦である」という句を含む哲学的・宗教的断章集『パンセ』で有名ですが，数学，物理学[97] で業績を残し計算機の製作まで行っています．数学では射影幾何学で早熟な才能を示し，数学的帰納法の定式化，確率の研究など様々な分野に足跡を残していますが，無限小解析の分野でも貢献しライプニッツにも影響を与えています．無限小解析は彼の最後の仕事であるサイクロイド（パスカル自身はルーレットと呼んでいた）に関する諸問題（切片の囲む面積，重心，回転体の体積など）の解決に用いられ，研究結果をアモス・デットンヴィルという筆名を用い，『デットンヴィルの手紙』(*Lettres de Dettonville*, 1658–1659) というタイトルで出版しました．これは友人カルカヴィ (Pierre de Carcavi, 1600–1684)[98] との書簡集という体裁を採っています．この書は多数の結果を含んでいますが，最も初等的でかつ無限小解析の主張がよく現れている「4 分円の正弦について」という話題を紹介します．なお以下の話はフランス国立図書館 (Bibliothèque nationale de France, `https://gallica.bnf.fr/`) が公開している[101] のデジタル資料に基づいています．

97) 物理学では，真空の存在を示す実験，流体の圧力に関するパスカルの定理が知られています．

98) カルカヴィはフェルマー，デカルト，パスカル，ホイヘンスなど当時の多くの数学者と知り合い手紙で活発に交流していました．

さて，4 分円の正弦の問題とは何かというと，現代の言葉では

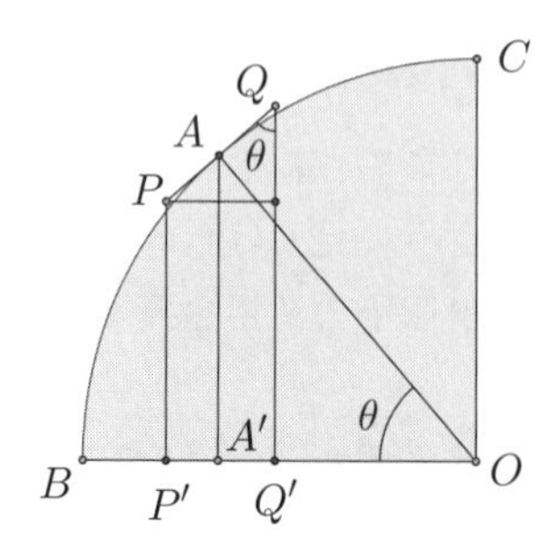

図 **2.13**　4 分円の正弦問題

$\int_0^{\pi/2} \sin\theta\, d\theta$ を求めることです．そのためにパスカルは図 2.13 のように 4 分円上の点 A における接線の無限小部分 PQ を考え，P, Q の横軸への垂線の足を P', Q' とします．$\angle AOB$ を θ と置くと $\angle PQQ'$ も θ であることが分かるので，$\overline{PQ}\sin\theta = \overline{P'Q'}$ となります．当時は正弦とは三角関数 $\sin\theta$ のことではなく，A から横軸に下ろした垂線 AA' を指しているため，パスカルは $\overline{PQ}\sin\theta = \overline{P'Q'}$ を「PQ と 正弦 AA' からできる長方形の面積は $P'Q'$ と円の半径からできる長方形の面積に等しい」というように述べています（記号はパスカルの描いた図とは変えてあり，表現も趣旨は変えずに変更しました）．これをもとにしてパスカルは次の命題[99] を主張しますが，その証明は一気に無限小の話になります．

[99]「4 分円の正弦」の章の Proposition I.

命題 2.9 (Pascal の Proposition I)**.** 4 分円の任意の部分円弧に対する正弦の和は，円弧を横軸へ正射影した区間と半径の積になる．

ここで「正弦の和 (la somme des sinus)」と言われているものは現代の感覚では理解しにくいものです．カヴァリエリのように，線分としての正弦の和とすると，問題の円弧の下にある部分の面積と解釈されますが，パスカルが定義しているものは円弧を無限に等分して，その無限小円弧とそれに対する正弦との積を作って足し合わせたものです．なぜこのようなものを考えたのかというと，当時はいろいろな図形について重心を求めることが問題とされていて，パスカルの言う「正弦の和」は円弧の微小部分の横軸に対する回転モーメントの和に他ならず，これにより円弧の重心の横軸からの距離が求められるからです．また，この和に 2π を掛けると円弧を横軸を中心に回転した回転面（4 分円の場合は半球面）の面積になります．ここではパスカルの証明を原文とは少し変えて，4 分円弧全体の場合に限定し，無限小円弧と無限小接線の関係の説明を追加して略述します．なお，点 D, E はそれぞれ P, Q とほとんど重なってしまうため図 2.13 の中には記入されていませんが，線分 OP, OQ と円弧との交点が D, E です．

> まず 4 分円弧を無限個の等しい無限小円弧に分け，その一つの端点を D, E とし，中点を A とする．このとき図 2.13 のように A での接線を考え，P, Q は OD, OE を延長した直線とその接線の交点とする．このとき線分 PQ と円弧 DE は同じと見なせて，円弧 DE の長さと正弦 AA' の長さの積は $\overline{PQ} \cdot \overline{AA'}$ で置き換えられ，これは少し前に見たように $\overline{P'Q'} \cdot \overline{OB}$ と等しくなる．これらを無限小円弧のすべてについて加えると，$P'Q'$ の和が線分 OB になるので，求める和は半径の 2 乗になる．

この大胆な証明の直後に “Avertissement”[100] として次のことが書かれています．記号は原文からずれていますが，それを除くとほぼ原文通りです．ただし「(無限小)」は筆者が補いました．

100) 前書きという意味もありますが，ここではリマークに相当するものと思われます．

> 私が $P'Q'$ の和が OB になるとか，接線 PQ が小円弧 DE に等しくなると言っても，驚くには当たらない．というのも人は，考える正弦が有限個のときはこの等式が本物ではなくても，それでも無限個のときには本物の等式になることを十分わかっているからである．なぜなら，(無限小) 接線の和と円弧 BC の差や，(無限小) 円弧 DE の和と円弧 BC の差は任意に与えられた量よりも小さいからである．$P'Q'$ の和と BO についても同様である．

この主張は，無限を用いる手法への信頼と ε-δ 論法的な正当化への示唆がありますが，この書物のもっと前のほう[101]にある Avertissement はさらに強いことを言っています．

101) フランス国立図書館の資料では，第 1 部の 10 ページ目．

> 私がこの Avertissement を書きたかったのは，不可分者の本当の規則によって証明されたことは古代人の流儀によって厳密に証明もできるということと，二つの方法は語り方が異なるだけで，その意味するところを前もって知らせておくならば，理性的な人々を困惑させるものではないことを示したかったからである．

さらに続けて，「こういうことであるから，私はこの後に**線分の和**あるいは**平面の和**といった不可分者の言葉を何のためらいもなく用いるであろう」[102] とまで言っています（原文での字体の変更を太字で示しました）．ただし，この言葉は何らかの批判に対する反論として，ことさら強くなっている可能性もあります．

102) 綴りを現代式に改めた原文は以下のとおり：*Et c'est pouquoi je ne ferais aucune difficulté dans la suite d'user de ce langage des indivisibles* la somme des lignes, *ou* la somme des plans.

ともあれ，命題 2.9 から $\int_0^{\pi/2} \sin\theta\, d\theta = 1$ が分かります．そしてこの結果から，図 2.13 の 4 分円を OB を軸に回転させてできる半球面の面積は $2\pi \cdot \overline{OB}^2$ であることが示され，アルキメデスが古代に求めた球面の面積が無限小を用いて得られるのです．ちなみに『デットンヴィルの手紙』にはアルキメデスへの言及が多数含まれています．

ここに紹介した文章だけから判断してはいけませんが，パスカルは無限への極限移行に関する ε-δ 論法的な議論まで分かっていたような印象を受けます．しかしやはり不可視な無限小を第一の手段として，それだけで話をするには不十分と感じますが，読者のみなさんはどう思われるでしょうか．

注 2.10. 4 分円の正弦の話は，$\cos\theta$ の導関数が $-\sin\theta$ であることを知っている現代人にとっては，$x = -R\cos\theta$ とすると $dx = R\sin\theta\, d\theta$ となるという変数変換の話に過ぎませんが，無限小に持っていけば微分を知らなくても幾何学から同じ結果を得られるわけです．パスカルはこの話以外にも，実質的には積分の変数変換公式や部分積分の特別な場合を示しています（[105, p. 242–244],[102]）．しかしパスカルは数式を使用した代数計算をまったく用いていないので，原文を読解するのはかなり困難です．

2.2.8 ロベルヴァル，ウォリス，バロウ

無限小解析に寄与した数学者はまだまだ多数いますが，この項ではニュートン，ライプニッツに先行する人たちとして最後に 3 人を取り上げ，ごく簡単に紹介します．なお，この 3 人の没年はパスカルよりも後ですが，活躍時期は重なっています．

ロベルヴァル (Gilles Personne de Roberval, 1602–1675)　ロベルヴァルはコレージュ・ロワイヤル（現在のコレージュ・ド・フランスの前身）の教授として，当時のフランスとしては珍しい数学の専門職に就いていた人で，いろいろな業績を挙げていますが，ここでは不可分者と，運動の概念を利用した接線決定法について述べておきます．

不可分者については，ロベルヴァルは実はカヴァリエリよりも早く到達していたものの，発表は没後の 1693 年とずっと遅かったのです．また，カヴァリエリと異なり，ロベルヴァルの不可分者は無限小と同じく，次元を保っていた（線分の不可分者も線分）のです ([50, p. 246],[82, pp. 153–156])．ロベルヴァルは不可分者を利用した成果として，サイクロイドの囲む面積を最も早い時期に求めています．

$a>0$ を定数として, 図 2.14 の上側の曲線はパラメーター θ が 0 から π までを動くときのサイクロイド $(a\theta-a\sin\theta, a-a\cos\theta)$ を表しています．下側の曲線は $(a\theta, a-a\cos\theta)$ $(0\leq\theta\leq\pi)$ を

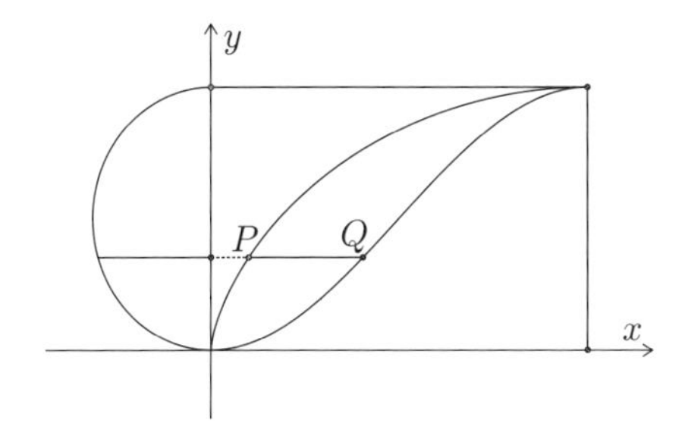

図 2.14　ロベルヴァルによるサイクロイドの面積計算

表していますが，これはパラメーターなしで $y = a - a\cos(x/a)$ と書けます．この補助曲線の導入がロベルヴァルのアイデアの鍵です．ここで注意すべきは，下側の曲線によって長方形 $[0, a\pi] \times [0, 2a]$ がちょうど 2 等分されることです（対称性に注意すれば分かります）．図中の点 P, Q はパラメーターの同じ値 θ に対応していて，線分 PQ は水平で長さは $a\sin\theta$ となります．そしてロベルヴァルは PQ の長さと，中心を $(0, a)$ に置いた半径 a の円の半分（$x \leq 0$ の部分）を P と同じ高さの水平線で切った切り口が PQ と同じ長さの線分となることに気付きました．したがってカヴァリエリの原理から，図の上下の曲線で挟まれた部分の面積は半円の面積 $\pi a^2/2$ であることが分かります．したがって，

$$
\begin{aligned}
&\text{サイクロイドの下の面積} \\
&= \frac{1}{2} \cdot (\text{長方形の面積}) + (2\ \text{曲線の間の面積}) \\
&= \pi a^2 + \frac{\pi a^2}{2} = \frac{3}{2} \cdot \pi a^2
\end{aligned}
$$

となります．よって 1 周期で考えると，サイクロイドと横軸で囲まれた部分の面積が $3\pi a^2$ であることが示されました．

もう一つの業績は，時間とともに点が動いて曲線が描かれると考えることによって，接線を運動の瞬間速度から求めたことです．ただし一般に，このためには運動を単純な運動に分解する必要があり，その場合は実は単純な運動の瞬間速度からもとの運動の瞬間速度は必ずしも簡単には求まりませんが，ロベルヴァルが扱ったサイクロイドの場合には幸いにもうまくいくのです．半径 a の円が水平線上を転がるとして，サイクロイドは時刻 t のときに $(at - a\sin t, a - a\cos t)$ にある点が描く曲線と考えられます．この点の運動は水平方向に円が速度 a で横軸の正の方向に動くという運動と，円が角速度 1 ラジアンで時計方向に回転するという運動の合成です．両者の瞬間速度はそれぞれ $(a, 0)$, $(-a\cos t, a\sin t)$ なので，加えると $(a - a\cos t, a\sin t)$ となり，直接に $(at - a\sin t, a - a\cos t)$ を成分ごとに微分した結果と一致し，正しい速度を与えます．

ウォリス (John Wallis, 1616–1703)　ウォリスの無限小解析への貢献は，著書『無限算術』(*Arithmetica infinitorum*, 1656) において，幾何学的な極限に代えて**算術的あるいは代数的な計算における極限移行を焦点に据えた**ことと思われますが，その基礎には不可分者の考えがありました．実際，ウォリスは『無限算術』の巻頭の献辞で，カヴァリエリの不可分者の幾何学を「無限の数論」(Arithmetica infinitorum) として数論化することを明示しています（中村[49, p. 115]）．[103] また，ウォリスは不可分者論を普及させたトリチェリの著書を読んで魅了されたと言われています ([104, p. 314])．とは言え，ウォリスによる不可分者の理解はカヴァリエリのものとは違っていました．原[54, p. 26] によれば，一方ではウォリスは平面図形を等間隔な平行線で切り分けるとき，平行線の数を増していけばそれらの間隔は「任意の指示し得る量より小となるであろう」といい，この場合の平行線がカヴァリエリの不可分者であると認めながら，他方ではそれらは「まさしく全体がもとの図形の高さに等しくなるような」間隔を持つと述べています（引用は[54] から）．[104] このことと，『無限算術』と同年に出版した『接触角について』での「すべての真の量より小さいものは非量 (*non-quantum*) である」という主張を合わせ考えると，ウォリスは無限小を「無限に小さいが 0 ではない何者か」と見なしていたと思われます．しかし『無限算術』の実際の議論を見ると，ウォリスは厳密な基礎付けを気にすることなく，非常に大胆に結論に踏み込んでいます．例を

$$\int_0^a x^k\,dx = \frac{a^{k+1}}{k+1} \tag{2.2.9}$$

の「証明」に見てみましょう．『無限算術』の Proposition 42. Corollary では $k = 3$ の場合が示されています（述べ方は少し異なりますが本質は同じです）．この命題の証明をストルイク[105, pp. 245,246] の英訳で辿ってみます．図 2.15 中の曲線は $y = x^3$ のグラフです．この図はウォリスの図の上下を逆にして見やすくしましたが，記号は元と同じにしてあります．そしてウォリスが述べていることは，$y = x^3$ のグラフの下の部分は無限個の線分 TO から構成され，他方，長方形 $ATOD$ は

[103] 原[54, p. 176] も，ウォリスは不可分者論が自分の出発点であることを認めていたと述べています．

[104] [82, p. 206] も同様のことを述べています．

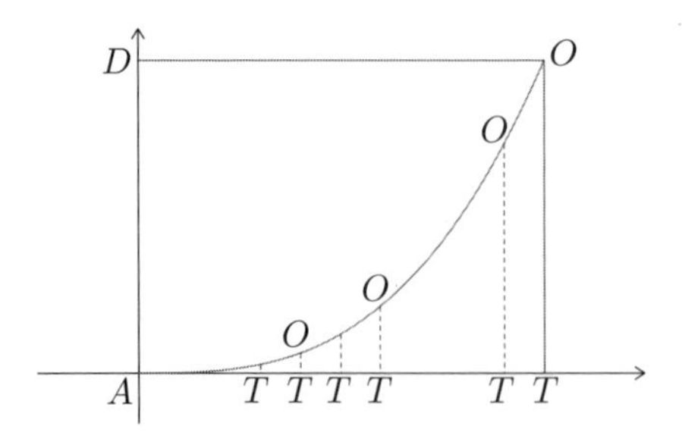

図 **2.15**　ウォリスの積分計算

同数の最も長い TO から構成されているのだから，事前に示してあった

$$\lim_{n\to\infty}\frac{0^3+1^3+2^3+\cdots+n^3}{n^3+n^3+n^3+\cdots+n^3}=\frac{1}{4} \tag{2.2.10}$$

により，グラフの下の部分の面積は長方形の 1/4 になる，ということだけです．基本的には，カヴァリエリによる「図形に含まれる平行線分全体」の（何らかの意味での）和が平面図形の面積となる，という考えに基づいています．[105] しかし，点 T を等間隔にとらないと (2.2.10) の極限をとる前の形と結びつきませんし，しかも最初から無限個とっていると言っているので，(2.2.10) の極限移行との関係が説明できません．また，T の間隔は 0 でない無限小だと考えているようです．

105) 現代の私たちには，区分求積法の考えで $(k/n)^3$ $(k=1,\ldots,n)$ の和に小区間の幅を掛けたものを考えるほうが自然ですが，分母に n^3 の和を持ってくるウォリスはカヴァリエリ的に考えていたに違いありません．

以上のように疑問の残る証明ですが，ウォリスは「帰納法」（数学的帰納法ではなく，いくつかの例で確かめただけですべてを認める）により，(2.2.9) を k が正の有理数であるときにも主張しました．さらにウォリスは円周率の表現を得るため，$\int_0^1(1-x^2)^{1/2}\,dx(=\pi/4)$ を求めることを目指します．そのために，k が有理数の場合の (2.2.9) を使って $f(p,q):=\int_0^1(1-x^{1/q})^p\,dx$ を 10 以下の非負整数 p, q に対して計算しました（実は現代の微分積分学を用いれば，$x=y^p$ と変数変換するとベータ関数とガンマ関数の関係 ([71, pp. 210–211]) により $f(p,q)=p!q!/(p+q)!$ であることが分かります）．ウォリスは $1/f(p,q)$ の表を眺めてパスカルの三角形が出現することから $f(p,q)$ の一般形を推測しました．そしてそれから p, q が半整数（1/2 の整数倍）のときの $f(p,q)$ は有理数または $f(1/2,1/2)$ の有理数倍で書けると推測し，最終的には有名なウォリスの公式

$$\frac{4}{\pi} = \frac{3 \cdot 3 \cdot 5 \cdot 5 \cdot 7 \cdot 7 \cdots}{2 \cdot 4 \cdot 4 \cdot 6 \cdot 6 \cdot 8 \cdots}$$

を導きました．ウォリスによるこの公式の導出について詳しくは，原[54, pp. 178–179] や上垣[8, pp. 304–310] または エドワーズ[92, pp. 170–176] などを参照してください．

ウォリスの数学に対して，フェルマーは不完全な帰納法を批判しましたが，ウォリスは自分の目的は知られた結果を証明する新しい方法を示すことではなく，未知なるものを探求したり発見したりする方法を示すことであると応えました ([92, p. 176])．

なお，無限大記号 ∞ はウォリスの『円錐曲線論』(*De sectionibus conicis*,1656) によって初めて導入され，数ヶ月後に出版された『無限算術』の中でも使用されました ([82, p. 206])．

バロウ (Isaac Barrow, 1630–1677)　バロウはケンブリッジ大学トリニティカレッジの初代ルーカス教授[106]で，僧職に就くためニュートンに席を譲った人です．彼自身も幾何学に優れ，無限小を用いた考察もしていましたが，その若き日には学位取得後にフランス，イタリア，トルコなどを勉学のため訪れていました．フランスではロベルヴァルに会い，イタリアではガリレオの最後の弟子であるヴィヴィアニ (Vincenzo Viviani, 1622–1703) などに会って，不可分者の理論に触れていたのです．[107]

バロウは教授職に在ったときの講義録を 3 冊出版していますが，そのうちの『幾何学講義』(*Lectiones Geometricae*,1670)[108] の始めの 5 講[109] では無限小や点の運動による曲線の生成を論じています．そして「不可分者の方法は最も手早く，正しく用いられれば確実性に何ら劣ることなく間違いがない」と言っています ([82, p. 241])．しかし 13 の講義中の第 10 講で示されている，微分積分学の基本定理に相当する命題の証明はまったく幾何学的です．ストルイク[105, pp. 255–256] の英訳によって，まずその主張を見てみましょう．図 2.16 は記号以外はほぼバロウの元の図のとおりですが，横軸の上下では縦軸の正の方向が逆になっていて，下にある曲線は $z = f(x)$，上にある曲線は $y = F(x)$ とします．ただし，バロウの時代には関数とそのグラフという観念はなかったので，バロウはあくまでも曲線を主

106) ケンブリッジ選出の国会議員だった Henry Lukas が 1663 年に寄贈した土地付き寄金によって設けられた，トリニティカレッジの教授職．

107) トルコでは神学とギリシャ正教について学び，船旅では海賊に襲われたり火事にあったりという苦労を重ねました．

108) この本の序文では，ニュートンが自身の結果を提供して協力してくれたことに触れています([105, p. 259] の脚注 5)．

109) 最初の 5 講は実際に行われた講義ではなく，出版者の要求で追加されたものです（原[54, p. 220]）．

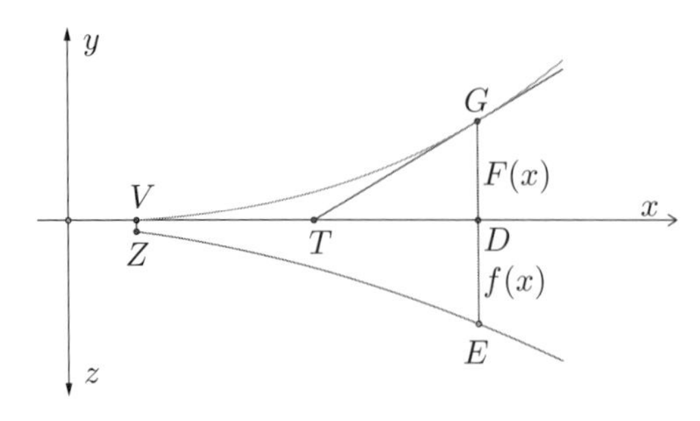

図 2.16　バロウによる微分積分学の基本定理

体に語っていました．本質的には $F(x)$ は $f(x)$ の原始関数なのですが，バロウはまだ量の次元に気を遣っているので，R を前もって定まった線分として，「R と GD を二辺とする長方形の面積が，曲線 $VZED$ の囲む面積に等しい」（D は任意）と仮定しています．これは V の x 座標を a として

$$F(x) = \frac{1}{R} \cdot \int_a^x f(t)\,dt \qquad (2.2.11)$$

が成り立つことを意味しています（R を線分の長さの意味に流用しています）．また，バロウは $f(x)$ が狭義単調増加であることを仮定しています．したがって，今日の私たちには明らかですが，$F(x)$ は下に凸なので $y = F(x)$ の接線はグラフと 1 点だけ共通点を持つ直線となります．バロウはギリシャ数学と同じく，接線をこの性質によって定義していました．そしてバロウは，点 T が $DE : DG = R : TD$ を満たしているならば，直線 TG は上側の曲線の接線であることを主張し，それを幾何学的に証明[110] しています．等式 $DE : DG = R : TD$ は

$$\frac{F(x)}{TD} = \frac{f(x)}{R}$$

と書けますが，直線 TG が $y = F(x)$ への接線ならば，上式左辺は微分係数 $F'(x)$ と一致します．よってバロウは (2.2.11) と合わせると，$f(x)$ の不定積分の導関数が $f(x)$ となる，という微分積分学の基本定理（の特別な場合）を証明したと見なせます．バロウは関数を用いず，微分係数の概念もないので，たいへん間接的な主張になっていますが，逆にそれでもこの基本

[110] 直線 TG が $y = F(x)$ のグラフの下にあることを示しています．

定理に到達したことは不思議なくらいです．この点について，カッツ[14, p. 566] は点の運動の軌跡として曲線を捉え，速度と接線の関係を認識したことが要因ではないかと推測しています．

バロウは第 10 講では，上の基本定理に続けて法線に関する結果などいくつかの定理を幾何学的に表現して証明した後に，一転して付録としてフェルマーを思わせる無限小を用いた接線決定法を紹介しています．この付録の追加についてバロウは，「ある友人の助言によるが，これまで議論してきたものよりも有益で一般的に思われるので，私は喜んでそうする」と述べています ([105, p. 259]).[111] 紹介されている方法は次のようなものです．図 2.17 において，TM は曲線 AM の M における接線，TP が接線影です．接線影の長さを決定するために，バロウは曲線の無限に小さい弧 MN を考え，$MR = a$, $NR = e$ と置きます．フェルマーの接線法は e だけを導入していたのに対して，縦軸方向の a も導入しています．e と a の関係を求めるために直線 AP を x 軸とする直交座標 (x, y) を導入します．曲線 AM が $f(x, y) = 0$ という方程式で記述されたとすると，$M(x, y)$, $N(x - e, y - a)$ が曲線上にあるので $f(x, y) = f(x - e, y - a) = 0$ となりますが，これからバロウは次の規則によって接線影を求めます．

111) この友人は，序文で名指されているニュートンと思われます．中村[49, p. 129] は，ニュートン自身がそれを認めている書簡があると述べています．また，ここで紹介した言葉の直前には付録の価値を疑うようなことを述べていて，バロウの判断が揺れているようです．

- (Rule 1) 計算において a, e の 2 次以上の項（$k \geq 2$ に対する a^k, e^k や ae）は取り除く；
- (Rule 2) Rule 1 の操作後，e または a を含まない項は取り除く（移項すれば 0 になるはずだから）；
- (Rule 3) 最後に得られた式において e, a をそれぞれ TP,

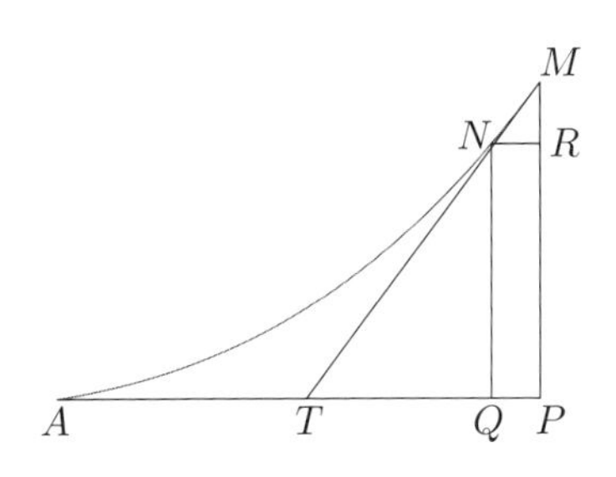

図 **2.17** バロウと無限小三角形

MP で置き換える.

Rule 3 によって接線影が求められますが，この Rule 3 はライプニッツ流に述べるなら，無限小三角形 $\triangle MNR$ の頂点 N はそもそも接線上にあると考えられ，$\triangle MNR$ と $\triangle MTP$ が相似だから置き換えが許される，となるわけです．この点についてバロウは Rule 3 の直後に，「もしも曲線の無限小の弧が計算に関係してくるならば，（弧の大きさが無限小である故に）接線の無限小の部分，あるいはそれに同等な線分によって弧を置き換えてよい」と述べています ([105, pp. 259–260])．この接線決定法の適用例として，バロウはデカルトの葉線 $x^3 + y^3 = axy$ や $y = a\tan x$ など 5 個の例を挙げています.

また，バロウは第 11 講で微分積分学の基本定理の第 2 の形である $\int_a^b f'(x)\,dx = f(b) - f(a)$ に相当する命題を幾何学的な形で示しています．バロウはさらに，やはり幾何学的な形によって，現在で言えば

$$\int_a^b g(\varphi(x))\varphi'(x)\,dx = \int_{\varphi(a)}^{\varphi(b)} g(y)\,dy$$

となる変数変換公式も，$\varphi(x)$ が単調増加な場合に証明しています ([62, p. 215]).

2.2.9　ふり返りと展望 2

西欧近世はギリシャ数学を新知識として受け取り，その水準の高さに驚かされたのですが，取り尽くし法に見られる厳密な論証に感銘を受ける一方で，アルキメデスの発見の背後には何か隠された解析技法があるのではないかと疑ったのでした.[112)] これまでに見てきたように，西欧はその後ギリシャ数学を熱心に学び，特にアルキメデスと，古代人の流儀による論証を意識しながら曲線の接線あるいは様々な図形の面積や体積，重心などを求める問題などに挑んでいきました．その際にはアラビア由来の代数や独自に育んだ実数概念が，それまでにはなかった道具として大きな力を発揮しました．その中で，西欧の数学は不可分者と無限小という概念に達しましたが，これらは探し求めていた古代の解析技法であるとも言えます．実際，不可分者

112) アルキメデスの『方法』が伝わっていなかったので，実際に隠された形になってしまった部分は確かにありました.

はアルキメデスの天秤の方法の再発見であるとも考えられ，無限小もケプラーが感知していたようにアルキメデスに潜在していた発想かもしれません．しかし無限を忌避したギリシャ数学では，無限小そのものは考えずに，極限移行を背理法で扱って，有限の範囲で議論していました．他方，カヴァリエリは不可分者である線分の n 乗を考え，代数も使用して $\int_0^a x^n\,dx$ を求めるなどして，ギリシャ数学の発想を超えていました．

結局，ニュートンとライプニッツによる無限小解析の包括的な発展以前の17世紀半ばまでに，西欧ではギリシャ数学の範疇に収まらない議論によって，微分積分学の基本定理や部分積分の公式の特別な場合までが導かれていました．しかしながら無限小や不可分者に基づく議論は，古代人の流儀と呼ばれた厳密な論証とは距離があり，やはり完璧とは言えないものです．実際，ひとつひとつの不可分者の意味は分かってもその和の意味はよく分からず，無限小は存在も不確かで，実際に0とどう違うのか分からないのですから．この不完全さの意識はニュートン，ライプニッツ以後18世紀に至っても残ったまま解析学が大発展し，19世紀になってようやく ε-δ 論法によって解消されることになります．この解消は，ギリシャ的厳密性あるいは古代人の流儀への回帰と言ってよいと思います．

次の段落ではニュートン，ライプニッツの時代直前の同時代人が無限小や不可分者を用いた議論についてどのように考えていたのかを，改めてふり返ってみます．

不可分者と無限小に対する当時の感覚　これまでに紹介してきた人たちの中では，デカルトだけが例外的に無限小に否定的でしたが，その他にカヴァリエリは慎重派で，『6つの幾何学問題』(*Exercitationes geometriae sex*, 1647) の中で「厳密性は数学よりも哲学の関心事である」と述べて不可分者の本性についての深入りを避けていました ([92, p. 104])．これは，厚みや幅のない，もとの図形より次元が一つ下がった不可分者の和を厳密に意味づけることは不可能だったためと思いますが，カヴァリエリは不可分者を計算結果を得るための道具として用いることに意を注いでいました．また，フェルマーは代数的無限小に当たるものを導入しながら，無限小や極限については沈黙していました．これらに比して少し時代が下がった17世紀後半には，パスカルは無限小や不可分者を用いることを積極的に肯定し，無限小を用いて得られた結果は，その気になれば古代人の流儀で厳密に証明できると言い切っていました．後半の主張に関して，スコットランドのグレゴリー (James Gregory, 1638–1675) は無限小三角形を用いて得た，曲線の長さをある積分で表現する定理などを実際に二重帰謬法で示しました ([14, pp. 562–563])．バロウも微分積分学の基本定理は幾何学的に証明していましたが，これらの例は，パスカルの口ぶりとは裏腹に，やはり幾何学に基づいて古代人の流儀で示すことが真正の証明であるという考えが広くあったものと思われます．実際，サイクロイドの伸開線がまたサイクロイドになる[113] ことなどを示したオランダのホイヘンス (Christiaan Huygens, 1629–95) は，無限小を用いて求めた，放物線の弧の求長や回転放物面の面積計算を取り尽くし法により完全に証明しようとしました．しかしあまりの煩雑さにそれを諦め，[114] 次のようなことを述べるに至りました：[115]

113) 拙著[71] p. 286 問13とその解答参照.

114) [54, pp. 192–194].

115) [82, p. 223] によるホイヘンス全集 XIV, p. 337の一部の英訳をさらに私訳. *cf.*[54, pp. 3–4].

> カヴァリエリ流の方法は，それを証明と認めると自分を欺くことになるが，証明に先立つ発見の手段としては役に立つ．（中略）最初に来るもの，最も重要なものは発見がいかにしてなされたかということである．最も満足感を与え，発見者に対して求められるのはこの知識である．したがって，その結果を最初に明るみに出した考え方，そしてそれを最も容易に理解できるような考え方を提供することが望ましい．そうすれば書くほうも読むほうも手間が大いに省かれる．

これに続けてホイヘンスは，もしも古代人の流儀で厳密に記述され続けるとしたら，数学者には幾何学における膨大に増加し続ける発見全部を読む時間がないことに留意する必要がある，という趣旨のことを述べています．しかしホイヘンスの『振り子時計』(*Horologium oscillatorium*,1673) は，帰謬法による古代人の流儀で証明した部分と証明をまったく放棄して結果だけを述べた部分を含む形で出版されました.

結局, 不可分者や無限小は発見の技法として次々と成果を挙げながらも, 証明にはうまく接続しないという状態が続く中で, 無限小解析は次の段階に進むことになったのです.

2.3 ニュートン

ニュートン (Isaac Newton, 1642–1727) は, よく知られているように数学のみならず物理学においても不朽の業績を挙げた人ですが, 特に地上と天上に共通する力学法則を樹立したことは革命的と言えます. そしてその力学を支えたのは, ニュートンが進化させた無限小解析です. 進化の内容には, 微分と積分の逆関係を明確に認識して体系的に考え, 無限級数も同時に用いたことや, 個別の求積や接線問題を離れて微分方程式を立てて解を求めるという視点の導入があります. また, 後に説明しますがニュートンは主著『プリンキピア』(正式名称は『自然哲学の数学的諸原理』(*Principia Mathematica Philosophiae Naturalis*)) では, 無限小よりも極限に比重を置いて理論を構築しています.

ニュートンの仕事を明らかにする上では, ニュートンの残した膨大な数学についての遺稿が, 近年になって D.T. Whiteside によって[109] として整理[116] 出版されたことが重要です. このおかげで, 今や無限小や極限に対するニュートンの考えの変遷が明らかになってきました.[117] 原[54] や高橋[37] はこの[109] に基づいて, 詳しくニュートンの数学の形成過程を述べています. 以下でも[109] を適宜参考にしますが, 膨大かつ長期にわたるニュートンの仕事のうち, 特に無限小や極限に関わりが深いことのみに集中します.

116) ラテン語の遺稿は英語による対訳付きの形になっています.

117) その中では, ニュートンが自分の数学の発展について後年に述べたことは, 遺稿に照らすと矛盾する部分があることも分かりました ([109, pp. 145–153).

2.3.1 流量と流率：無限小の使用

ニュートンは 1661 年にケンブリッジ大学トリニティカレッジに入学しましたが, 数学に関する遺稿は 1664 年から始まっています. それによると, 最初期にウォリス『無限算術』やデカルト『幾何学』のファン・スホーテンによる付録付きのラテン語訳第2版を消化し，独自の研究に向かっていることが分かります．また，これらを読む前提として，ヴィエトの数学を受け継ぐ書として当時普及していたオートリッド (William Oughtred, 1574–1660) の『数学の鍵』(*Clavis Mathematicae*,1631) も読んでいましたし，当時の学生としてユークリッド『原論』はすでに学んでいました．『無限算術』や『幾何学』[118] の影響は確かに大きかったのですが，ニュートンの研究は短期間に長足の進歩を遂げ，1666 年 10 月論文 (The October 1666 Tract on Fluxions) と呼ばれる，タイトルなしの英文の論文草稿に成果がまとめられました．[119]

[118] デカルトによる本文のみならず，特にフッデらによる補足も重要でした．

[119] この論文へのウォリスやデカルトなどからの影響については，[109] 第1巻，p. 154 に図式化されていますが，バロウからの影響についてはかなり否定的です．

1666 年 10 月論文は物体の速度 (velocity) に関する話から始まっています．この論文の段階では，ニュートンはすべての変量を基本的には時間の関数と見なして，物体運動の瞬間速度と同様な瞬間変化率を考え，変量の無限小は瞬間変化率と無限小時間の積で与えられるとするのです．[109, Vol. I, p. 41] では，少し現代的に述べると，次のように述べられています：直線上を動く2物体の座標を x, y とし，その速度をそれぞれ p, q とすると，瞬間 (moment)o[120] に描く無限小線分は po, qo なので x, y はそれぞれ $x+po$, $y+qo$ に変化する．p や q は後には x, y の流率と呼ばれ，$\dot{x}$, $\dot{y}$ と書かれますが，それはかなり後のことになります．ニュートンが問題とするのは，x, y が $f(x,y)=0$ という関係を満たしながら変化しているときに p, q が満たす関係を求めることや，その逆でした．この問題は，xy 平面上で方程式 $f(x,y)=0$ で定められた曲線の各点において，接線の傾き q/p を求めることや，dy/dx を知って y を求める問題と同じです．これについて，ニュートンは $x^3-abx+a^3-dy^2=0$[121] という例で説明しています．$x^3-abx+a^3-dy^2$ を $f(x,y)$ で表すと，$f(x+po,y+qo)=0$ も成り立つので，$(x+qo)^3$ などを展開して $f(x,y)=0$ を用いると

[120] ニュートンがこの o を時間の原子的単位と考えていたのか，それとも任意に小さくできるものと考えていたのか，10 月論文の記述だけからははっきりしません．

[121] ここでは d は単なる定数です．原文では dy^2 は dyy と書かれています．

$$-abpo+p^3o^3-dq^2o^2+3p^2xo^2+3px^2o-2dqyo=0$$

となります．ここでニュートンは上式を o で割って，さらに o が残る項は無限に小さい (infinitely little) であるから，と言って

$$-abp + 3px^2 - 2dqy = 0$$

としています．現代の偏導関数記号を使えば，この関係は $pf_x + qf_y = 0$ と表されますが，ニュートンは $f(x, y)$ が x, y の多項式の場合にこの式を得るアルゴリズムを記述しています．

このようにニュートンは無限小時間（瞬間）と，瞬間的な速度という直観的な概念を利用して，接線問題などを解いたのですが，上の議論で気になるのは，「瞬間 o」とは何かということと，時刻が t から $t + o$ に変化したとき $x(t+o) = x(t) + po$ としてよいかということです．[122] o が有限の大きさの場合，$x(t+o) = x(t) + po$ は一般にはまったく成り立ちません（成り立つのは $x(t)$ が（局所的に） t の 1 次関数の場合だけ）．無限小だからよいのだ，といっても釈然としません．また，そもそも速度も直観だけが頼りの存在でした．これらの問題もニュートンは後に無限小を出発点にしない議論へ移行した理由の一つではないかと想像されます．この移行に関する本人の理由付けを，後の p. 87 に少し紹介してありますので参照していただきたいと思います．

122) 時刻 t における x の値を $x(t)$ で表しています．

無限小に関する疑問はともかく，ニュートンは 1665 年にはバロウの『幾何学講義』にあったような形での微分積分学の基本定理もすでに得ていたましたが ([109, Vol. 1, p. 313]), [123] 1666 年 10 月論文では「不定積分の微分が元の関数になる」というもっと直接的な主張に対して，流率の考えに基づく証明を与えています ([109, Vol. 1, p. 427])．そして $(dy/dx =)q/p = cx^{5n-1}\sqrt{a + bx^n}$ から y を x の関数として求めるような例を多数列挙しています．また，流率の関係から流量の関係を求めるという，現代的に言えば微分方程式を解くという問題に早くから取り組んでいる[124] 点は，それまでの人にはなかったことです．

123) バロウの『幾何学講義』の出版はその後の 1670 年．

124) たとえば次を参照してください：[109, Vol. 1, pp. 363–368].

ニュートン独自の仕事は無限級数の利用に始まりましたが，それをまとめた『無限個の項を持つ方程式による解析について』(*De Analysi per aequationes numero terminorum infinitas*, 1669) と，1666 年 10 月論文を統合し改良した『級数と流率の方法について』(*De Methodis serierum et fluxionum* 1670–71)

は初期の流率論の集大成ですが，出版は没後になってしまいました（英訳版 1736 年，ラテン語原著 1779 年）．『級数と流率の方法について』において流量 (*fluens*) と流量 (*fluxio*) という言葉が導入されますが，ドット記法 $\dot{x}$ は 1691 年になって用いられます．流率についての話は，1666 年 10 月論文とは用語が異なるだけで基本的には変わっておらず，「無限に短い時間 (infinitely small period of time) に増加する流量の無限に小さい部分 (indefinitely small parts)」([109, Vol. III, p. 79]) という言葉遣いをしています．なおニュートンは当初は絶対的な独立変数として時間を採用していましたが，『級数と流率の方法について』では一つの変数を時間に比例して等速で動くものとして，それを時間の代わりに用いるようにしました．理由は長さと時間のように種類の異なる量の比は考えられないという，ステヴィン以前のような旧来の考えからです (原[54, p. 294]).

無限小三角形　バロウの『幾何学講義』の中に，間違いなくニュートンと思われる「友人」からの助言による，無限小三角形を利用して接線を求める話がありましたが，ニュートン自身が無限小三角形を利用した例が 1665 年の手稿にあります（[109] の第 I 巻，pp. 278–279）．図 2.18 は元の図に記号を含めてなるべく似せて描いたものですが，直線 de は e における曲線への法線で，c は b から無限小 o だけ離れた点，f は e における接線上にあって横座標が c の点です．また，re は横軸と平行です．

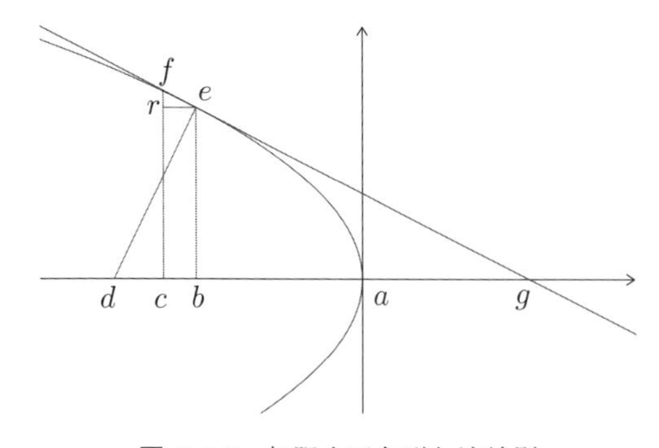

図 **2.18**　無限小三角形と法線影

ニュートンは cb が無限小 (infinitely little) としているので三角形 $\triangle erf$ も無限小 (infinitely little) と言っています．このとき $\triangle ebd$ と $\triangle erf$ が相似であることを利用して法線影 $v := db$ を求めるのですが，ニュートンは曲線が楕円の場合に例を取って条件を，定数項のない，o の多項式が 0 になるという形に表して o で割り，なお残っている o の掛かった項は「有限な項に比すれば消える」(“if compared to finite termes they vanish”) と言って o の掛かっていない項だけ残して結論を得ています．現代人に分かりやすいように，図の点 a を原点として横座標を x，縦座標を y として，$y = f(x)$ で曲線が表されているとします．ただし，無限小 o だけ b をずらした点 c が b の左側にあるので，x 軸の正の方向は左向きとしておきます．点 b の座標が $(x, 0)$ とすると，三角形の相似から，法線影 db を v とすれば $o : (f(x+o) - f(x)) = f(x) : v$ となり，これから

$$v = f(x) \cdot \frac{f(x+o) - f(x)}{o}$$

が導かれます．$f(x)$ が x の多項式ならば，ニュートンの処方どおりに上式の割り算を実行して残った o を 0 と置けば，正しい結果 $v = f(x)f'(x) = y \cdot \dfrac{dy}{dx}$ が得られます．

2.3.2 『プリンキピア』の数学：最初の比と最後の比

前項で見たように，ニュートンは 1660 年代には流率の概念を用いて，接線問題などの微分積分学の様々な問題を解きました．特に x, y の多項式 $f(x, y)$ によって $f(x, y) = 0$ で表される平面曲線については，数式を駆使し，偏導関数に相当する記号[125] などを導入して曲率半径の公式まで得ていました ([54, p. 267])．そのようなニュートンがかなり後の 1687 年に出版した力学の大著『自然哲学の数学的諸原理』(*PhilosophiæNaturalis Principia Mathematica*)（以後『プリンキピア』と略称する）は，数式や流率を基礎とする微積分[126] を駆使して書かれていると思われて当然です．ところが『プリンキピア』に現れる数式は，四則演算や平方根程度のものがごく少数で微積分の数式はなく，その代わりに 200 以上もの幾何学的図版が掲載されているのです．そして太陽系の惑星の運動に関するケプラーの三法則は，流

125) たとえば f_x そのものではなく，xf_x をまとめて一つの記号で表していました．

126) ニュートン自身は流率法と呼んだ．

率によらず「最初の比」(*prima ratione*),「最後の比」(*ultima ratione*) と呼ばれる幾何学的な極限についてのいくつかの主張に基づいて証明されています.[127] この「最初の比」と「最後の比」はいろいろの意味で使われていますが，現代的に解釈すると，両者は基本的には同じものと思われます．時間 t に依存する量 $x(t)$, $y(t)$ があって，$x(t_0) = y(t_0) = 0$ とするとき，$t > t_0$ では $x(t) > 0$, $y(t) > 0$ とすると，t_0 で 0 の状態から生まれた量 $x(t)$, $y(t)$ の比が考えられ，それを延長すれば生まれ出る瞬間の比

$$\lim_{t \to t_0 + 0} \frac{y(t)}{x(t)} \quad \text{（右側極限値）}$$

が x と y の最初の比となります．同じく $x(t_0) = y(t_0) = 0$ で $t < t_0$ では $x(t) > 0$ かつ $y(t) > 0$ とするならば，$t < t_0$ が t_0 に近づくとき $x(t)$, $y(t)$ は（0 に向かって）消えゆく量であり，

$$\lim_{t \to t_0 - 0} \frac{y(t)}{x(t)} \quad \text{（左側極限値）}$$

が最後の比となります．両者は本質的には同じもので，生まれつつある量または消えつつある量の比の究極の値です．たとえば,『プリンキピア』第 1 編の補題 11 の主張内容は次のようになります：図 2.19 の曲線が A で有限な曲率を持つとすれば，B が A に近づくとき BD/AB^2 はある有限な値に近づく（系として BD/BC^2 も同様であることが述べられています)．結論部分はニュートンのもとの表現（河辺[15, p. 93] による訳）では，

127) ニュートンは始めに微積分を用いて証明し，後に幾何学的な証明に書き換えたのではないかという意見がありましたが，今では否定されています ([37, pp. 198–200]).

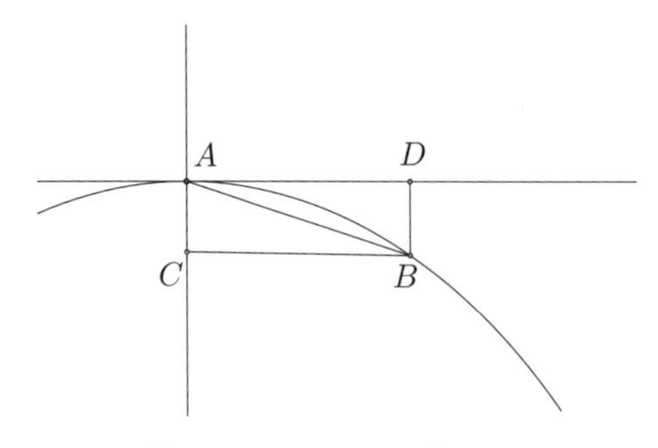

図 **2.19**　ニュートン補題 XI

「しだいに消滅してゆく接触角の対辺[128]は，極限ではその対辺と接点との間に含まれる弧[129]の 2 乗に比例する」となっていて，消えつつある量の比の話になっています．曲線を $y=f(x)$ と表せば，問題の極限値は f の 2 階微分係数で表されますが，ニュートンは代わりに曲率中心を持ち出しています．そして実質上は，図の B を通り直線 AB に垂直な直線と直線 AC との交点と A の中点が，曲線の A における曲率中心に近づくことを利用して問題の比の収束を示しているに等しいのですが，そうしておらずニュートンの証明は分かりにくいものになっています．その証明は，図の点 B が A に十分近ければ異なる B 同士に対して，問題の比の差がいくらでも 0 に近くなることを示しています．これは数列の場合で言えばコーシー列になっていることが証明されているのと平行で，現代的にはこれで収束が証明されたとしてよいのですが，消えゆく量の比そのものの収束とは距離があります．この証明はこの少し後に紹介する補題 2.11（『プリンキピア』の補題 1）を事前に用意したためらしいのですが，ちょっと不思議です．あまり数式を使わないようにするためかもしれませんが，当時の人々がどう思ったのか知りたくなります．

128) 図の BD のことですが，ニュートンは BD が接線に直交していない場合も考えています．

129) 図の線分 AB を指しています．

また，消えつつある量の比とは言えないような場合も，面積（積分）評価のために準備しています．『プリンキピア』第 1 編の補題 3 は，図 2.20 の曲線に対して，その下の部分の面積を S として，次のことを主張しています．AE を有限個の小区間に分割し，その各々における曲線の高さの最大値を高さに持つ

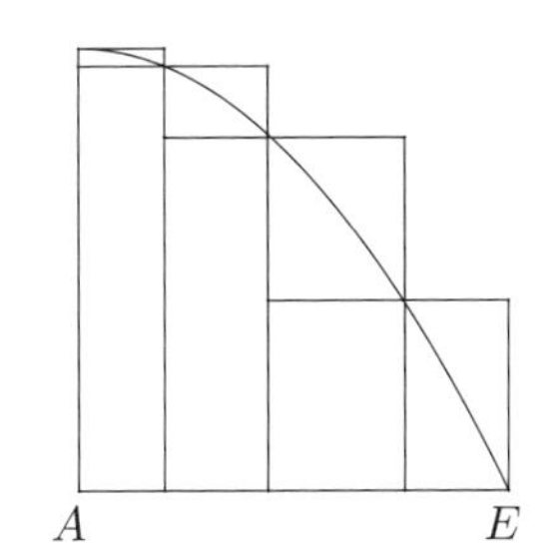

図 2.20　ニュートン補題 III

長方形の面積の和を $\overline{S}$，最小値を高さに持つ長方形の面積の和を $\underline{S}$ とする；このとき小区間のすべての幅を無限に小さくするとき，$\underline{S}, S, \overline{S}$ の任意の二つの比の極限は 1 となる．現代の言葉で言えば，ニュートンは関数の定義域の分割に対する過剰和と不足和 ([70, p. 131]) を導入し，単調関数の積分可能性を示していることになります．この補題は，無限小を用いずに，有限の量から構成される量の極限として積分を捉えていると理解されますが，このような考えはケプラーの第 2 法則（面積速度一定）の証明（『プリンキピア』第 1 編，第 1 章命題 1・定理 1）にも見られます．

上に紹介した『プリンキピア』の補題 11 を見ると，ニュートンは現代的な極限の概念を持っていたように感じられますが，これを含む補題群の先頭にある補題 1 を見ると少し微妙な点もあります．

補題 2.11 (『プリンキピア』補題 1)**.** いくつかの量が，またいくつかの量の間の比が，任意の有限な時間中たえず相等しくなる方向に向かい，その時間の終わりに近づくほどますます任意に与えられた差に対するよりもたがいに近づくとすると，それらの量ならびに比は極限においては相等しい．[130)]

130) [15, p. 87]

この補題を見ると，ニュートンも比と比の値とを区別していることが分かります．この補題の，量に対する部分を現代的に述べると，時間 t の関数 $x(t), y(t)$ が $\lim_{t\to t_0-0}\bigl(x(t)-y(t)\bigr)=0$[131)] ならば $\lim_{t\to t_0-0} x(t) = \lim_{t\to t_0-0} y(t)$ が成り立つことを主張しているようにも思えますが，この主張は $x(t), y(t)$ の極限値の存在を前提にしないと成り立たないことは明らかです．補題の仮定が，t, s が独立にそれぞれ t_0 に近づくとき $x(t)-y(s)$ が 0 に近づく，という意味ならば結論は正しいのですが，それには実数の完備性の認識が必要となります．『プリンキピア』補題 11 の証明を見ると，ニュートンは後者の解釈を採っていたように思われますが，ニュートンの議論は厳密には極限値の存在を含めた論証にはなっていません．[132)]

131) $\lim_{t\to t_0-0}$ は t が t_0 より小さいほうから t_0 に近づくときの極限（左極限）を表します．

132) ただし，ε-δ 論法の生みの親であるコーシーでも，「コーシー列は収束する」という主張を無条件で認めているくらいですので，ここでニュートンを責めるのは行き過ぎでしょう．

ニュートン自身はこれらの補題群のあとの注解 (Scholium) で，最初の比や最後の比による証明を導入した意義を述べています．かなり長いので，詳しくは河辺[15, pp. 94–97] あるいは原[54, pp. 312–315] を参照していただきたいですが，その中で，導入目的は古代の幾何学者の流儀である帰謬法による長い証明の労を省くためであり，また不可分者を用いればもっと短くなるがそれは粗雑で幾何学的ではないからこの途を採った，という趣旨のことを述べています．そして，それによって不可分者の方法と同じことがより一層安全に利用できるようになると主張していますが，それに続く次の言葉は無限小を使用しないと宣言していて，注目されます ([15, p. 98])：

> 今後，量を微小部分からなるかのように考えるとか，直線のかわりに短い曲線を使おうとかいう場合，不可分量を意味するのでなく，消滅してゆく可分量と解していただきたいのです．確定した部分の和や比ではなく，和や比の極限といつも考えてほしいのです．

高橋[37, 第 4 章] が詳しく検討していますが，ニュートンは早くも 1670 年代始めには，デカルトに始まる記号代数を用いた，数式計算としての無限小解析ひいては流率論に疑念を持ち，ユークリッドを範とする幾何学的方法で流率論を組み立てることを目指すようになりました．流率論を『原論』のような公理的な体系に整えることを試みては未完に終わった手稿が残されています．そして『プリンキピア』第 1 編では最初の比，最後の比による幾何学的議論のみでケプラーの法則の証明まで成し遂げましたが，[133] 流率が不要になったわけではなく，『プリンキピア』第 2 編（抵抗のある媒質中での物体の運動が主題）では，幾何学的な取り扱いながら流率を使用しています．また，『プリンキピア』では無限小の使用を極力避けていましたが，第 2 編の命題 10・問題 3 では無限小を明示的に使用しています．

133) ただし流率をなるべく表に出さないようにしたためか，ニュートン力学の第 2 法則は加速度を使えずに，「運動（質量と速度の積）の変化は，及ぼされる機動力に比例し，その力が及ぼされる直線の方向に行われる」という積分形の近似的な形に述べられていました．

さらに，ニュートンは 1704 年の『光学』(*Opticks*) の付録として自身の流率論を初めて公刊しましたが，この付録は 1691 年から 92 年にかけての冬に執筆され，1703 年に出版に備えて部分的に改定された『曲線求積論』(*De Quadratura Curvarum*) に基づいています．そのよく知られた序文は高橋[37, p. 255] に引用されていますが，ほんの一部だけ以下に記します（原文は[109]

Vol. VIII, pp. 106–111).

> ここで私は数学的量が極めて小さい部分からなるとは考えず，それが連続的な運動によって生成されると考えるのである．線はその小さい部分をつなぎ合わすことによってできるものではなく，点の連続的な運動によって描かれるのである．面は線の運動によって生成され，立体は面の運動によって生成される．（中略）これらの運動あるいは増加の速さを流率 (fluxion) と名付け，ここで生成される諸量を流量 (fluent) と名付けて，私は（中略）それを曲線の求積に応用したのである．
>
> **流率は，微小な等しい時間内に生成される流量の増加にほぼ近い．**[134] 正確に言うならば，流率は誕生せんとする増加の最初の比 (prima ratio) である．（後略）

[134] ラテン語原文の Whiteside による英訳は次のとおり．Fluxions are very closely near as the parts of their fluents begotten in the very smallest equal particles of time.

引用中の太字は筆者によりますがこの部分は，前項で触れた，流量 x の流率を p とすると無限小時間 o の経過による x の変化量が po そのものであるとすることの問題性をニュートンが意識していたことを示しています．

ともあれ，ニュートンはまず流率法によって微分積分法に関する多大な成果を挙げましたが，それに満足せず，無限小の代わりに「最初の比」，「最後の比」という極限概念を基礎にして『プリンキピア』を書き上げました．流率（瞬間速度）について精細に論じようとすると，当時の考えでは無限小時間である瞬間（モーメント）o が登場することになり，これではさらなる分析や幾何学的な表現は不可能です．そのため，ニュートンは直観的な流率を無定義概念とせずに，より深い基礎にある極限概念によって定義する方向に進み，ε-δ 論法に一歩近づいたと言えるでしょう．その一方で，あまりに幾何学化に向かったことで見通しの良さと柔軟性を失ったように思います．

2.4 ライプニッツ

ライプニッツ (Gottfried Wilhelm Leibniz, 1646–1716) はラ

イプツィヒに生まれ，ドイツで哲学と法学を修め法学博士となりましたが，当時のドイツにおける数学の水準は低く，独学でデカルトの『精神指導の規則』やスホーテン訳の『幾何学』を学んでいたものの，1672年にマインツ選帝侯の外交使節の一員としてパリに駐在[135]するようになった当初は，先端的な数学の知識は欠けていました．しかし，科学アカデミーの招待でパリに長期滞在していたホイヘンスに出会ってから啓発されて76年までのパリ時代に，独自の無限小解析の中核的なアイデアを得たのです．パリ時代以前のライプニッツが数学について研究していたわずかなことの一つは，階差数列と元の数列との関係 $\sum_{k=1}^{n}(a_{k+1}-a_{k})=a_{n+1}-a_1$ に関することでした．この単純な事実の一つの応用がホイヘンスに評価されたのですが，この事実は微分積分学の基本定理の本質でもあるのです．[136] 実際，ライプニッツは1695年のヨハン・ベルヌーイへの書簡で，数列の部分和と差分の逆関係が発想のもとであったと述べています([84, p. 21])．また，ホイヘンスはライプニッツにパスカルの著作を読むことを勧め ([54, p. 334],[17, p. 152])，それに従ったライプニッツは『四分円の正弦』にたいへん刺激を受け，特性三角形と名付けた無限小三角形を用いるアイデアを大いに展開することになったのでした．[137]

[135] 当時ドイツにとって脅威だったルイ 14 世治下のフランスに対して，エジプト征服を勧めて圧力をそらすという，ライプニッツの献策を実現させることが目的でした．

[136] 和を積分，階差を微分と考えると，「微分して積分すると元に戻る」という主張になります．

[137] この話はライプニッツ自身が晩年の回想で述べています ([88, Chap.2, §1])．

ライプニッツの数学の経時的発展については，林[55] や原[54] あるいは原典の翻訳（[88] または[26]）に委ねて，ここではライプニッツによる無限小解析の特徴である微分 dx, dy などの記号の運用や，特性三角形を用いて得られた結果の一端を略述し，その後，微分についてのライプニッツの考えについて検討します．後者については，H.J.M. ボスの論文[84] を大いに参考にしています．なお，本書では触れませんが，ライプニッツの業績は数学にとどまらず，自然学，哲学，神学など多岐にわたっていて，日本語訳の著作集は 13 巻に上ります．[138]

[138] 無限小解析関係はこのうちの 2 巻に収まっています．

2.4.1 微分 dx, dy と特性三角形

図 2.21 は，曲線上の点 P における接線 PA と法線 PB を描いたものですが，y は点 P の縦座標です．他の小文字のアル

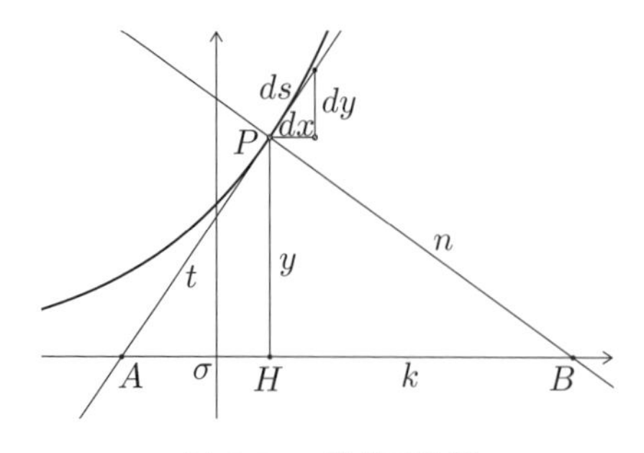

図 **2.21**　特性三角形

ファベットは大文字の名前を持つ隣接する 2 点を結ぶ線分の長さを表します．たとえば σ は線分 AH の長さで，P に対する接線影を表し，k は線分 HB の長さであり，P に対する法線影を表します．そして dx, dy, ds という無限小の長さの三辺を持つのが P における特性三角形であり，dx, dy の辺はそれぞれ横軸と縦軸に平行です．また，ds の長さを持つ辺は接線上にあるものとしますが，無限小なので曲線の一部と一致していると見られます（ここは微妙なところなので後の項で少し詳しく説明します）．この特性三角形と $\triangle AHP, \triangle PHB$ は相似なので，$dx : dy : ds = \sigma : y : t = y : k : n$ が成り立ちます（このように断言されると疑問が生じてくると思いますが，しばらく我慢してください）．この関係の一部である $dx : dy = \sigma : y$ に注目すると，P の座標を (x, y) として，(x, y) と $(x + dx, y + dy)$ がともに曲線上にあることと dx, dy が無限小であることから $dx : dy$ が求められれば，接線影 σ が分かり，接線 AP が求められます．これは初期のニュートンの論法そのものです．また，$dx : ds = y : n$ に注目すると $y\,ds = n\,dx$ となり，積分すると $\int y\,ds = \int n\,dx$ が得られます．$\int y\,ds$ は曲線の横軸に対する回転モーメントであり，この等式はその計算を横座標 x に関する積分で置き換えるという一種の変換定理ですが，これは曲線が四分円のときのパスカルの議論の一般化です．[139] また $ds = (n/y)\,dx$ とすれば曲線の弧長の計算が x に関する積分で表現されることになります．さらに，$dx : dy = \sigma : y$ は $dy : dx = y : \sigma$ と書き直せますが，比の値 y/σ は接線の傾き

139) 四分円のときは n は一定で，円の半径に一致します．

なので，dy と dx の比が接線の傾きを与えます．これは独立な意味を持つ dx, dy に対して定まる dy/dx が接線の傾きとなることを意味します．つまり，ライプニッツにとっては現在言われるような，「dy/dx は全体として初めて意味があり，dx や dy はそれだけでは意味がない」ということではなかったのです．

最後に $dx : dy = y : k$ に注目すると $k\,dx = y\,dy$ となりますが，これから $\int k\,dx = \int y\,dy$ が得られます．ここで積分を考える曲線の部分の x 座標が 0 から a まで，y 座標が y_0 から y_1 までとすると，$\int_0^a k\,dx = \int_{y_0}^{y_1} y\,dy = \frac{1}{2}y_1^2 - \frac{1}{2}y_0^2$ が分かります．よって，たとえば $\int_0^a x^n\,dx$ を求めたいとするとき，法線影 $k(x)$ が x^n に一致する関数 $f(x)$ が見つかれば $\int_0^a x^n\,dx = \frac{1}{2}f(a)^2 - \frac{1}{2}f(0)^2$ となって求める積分が計算できます．ここで $f(x) = bx^k$ という形の関数で曲線 $y = f(x)$ の法線影が x^n になるものを求めると，

$$k = \frac{1}{2}(n+1), \quad b = 1 \Big/ \sqrt{\frac{1}{2}(n+1)}$$

とすればよいことが分かるので，$\int_0^a x^n\,dx = a^{n+1}/(n+1)$ が得られます．[140] この結果からライプニッツは，求積の問題が微分方程式の解を求めることと関連していることを意識したということです．

140) この部分は [92, p. 244] を参考にしています．

特性三角形を用いた以上の考察の応用例としてライプニッツが示した具体例のほとんどは，当時すでに他の数学者によって得られていたものを知らずに導いたものだったのですが，ライプニッツが一つのアイデアを様々な角度から徹底的に調べて応用可能性を追求する姿勢はその後の発展を導きました．

2.4.2 変換定理と円の算術的求積

この項ではライプニッツが微分（無限小）を用いて得た，初期の結果[141] であり，よく知られている変換定理とその応用について説明します．ライプニッツの変換定理は，特性三角形とは異なる無限小三角形を利用する独自の工夫によるものであり，有名なライプニッツの公式

141) 林[55, p. 44] は 1673 年には得られていたと推測しています．

$$\frac{\pi}{4} = 1 - \frac{1}{3} + \frac{1}{5} - \frac{1}{7} + \frac{1}{9} - \frac{1}{11} + \cdots$$

の導出につながったものです．[142] ライプニッツはこの結果を得られたことを非常に喜んだようです (佐々木[23, pp. 481–482])．

その変換定理ですが，図 2.22 のように原点を通り上に凸な曲線に対して，原点と曲線上の点 (x_0, y_0) を結ぶ直線およびその曲線で囲まれる部分の面積 A を別の関数の積分として表すものです．図のように横座標 x を持つ点 P における接線が縦軸を切る点を S とし，その縦座標を $t(x)$ とすると，$t(x) = y - x\dfrac{dy}{dx}$ であることは容易に分かります．曲線に対して，P を頂点とする特性三角形 PQR を考えると，もう一つ無限小三角形 OPQ が考えられ，その面積は $PQ \cdot OT/2$ です．ここで $\triangle PQR$ と $\triangle OST$ が相似であることから，$OT : t(x) = dx : PQ$ なので $PQ \cdot OT = t(x)dx$ が得られます．これから問題の部分の面積 A は $\frac{1}{2}t(x)dx$ の和であることが分かります．これを発見したときはライプニッツはまだ積分記号を導入していませんでしたが，積分記号を用いれば $A = \frac{1}{2}\int_0^{x_0} t(x)\,dx$ となります．よって，原点と $(x_0, 0)$, (x_0, y_0) のなす三角形の面積と合わせて

$$\begin{aligned}\int_0^{x_0} y(x)\,dx &= \frac{1}{2}\int_0^{x_0} t(x)\,dx + \frac{1}{2}x_0y_0 \\ &= \frac{1}{2}\int_0^{x_0} \left(y(x) - x\frac{dy}{dx}\right) dx + \frac{1}{2}x_0y_0\end{aligned}$$

が得られ，これが変換定理 (transmutation theorem) です．最後の式を見ると，形を複雑にしただけにも思えますが，これを最初の積分と等値して変形すると

$$\int_0^{x_0} x\frac{dy}{dx}\,dx = [xy(x)]_0^{x_0} - \int_0^{x_0} y(x)\,dx$$

となり，変換定理は部分積分の公式の特別な場合に他ならないことが分かります．曲線として，$(1, 0)$ を中心とする半径 1 の四分円 $y = \sqrt{2x - x^2}$ $(0 \leq x \leq 1)$ を考えると，$t(x) = y - x\dfrac{dy}{dx} = x/\sqrt{2x - x^2}$ なので，変換定理から

$$\frac{\pi}{4} = \frac{1}{2}\int_0^1 \frac{x}{\sqrt{2x - x^2}}\,dx + \frac{1}{2}$$

です．$t(x)$ は $x \in [0, 1]$ で単調増加で $t(0) = 0$, $t(1) = 1$ であ

[142] この公式はスコットランドのグレゴリーが 1671 年の書簡に記した逆正接関数 (arctan) の級数展開の特別な場合であり，14 世紀のインドの数学者マーダヴァにも知られていました（カッツ[14, pp. 557–559]）．

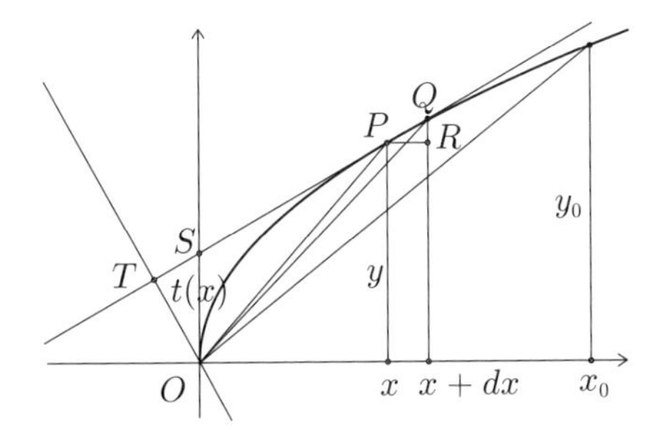

図 **2.22**　変換定理

り，xz 平面で曲線 $z = t(x)$ を考えると，それは逆関数を用いて $x = 2z^2/(1+z^2)$ でも表されます．そして正方形 $[0,1] \times [0,1]$ をその曲線で二つに分けてそれぞれの面積の和を考えると

$$1 = \int_0^1 t(x)\,dx + \int_0^1 \frac{2z^2}{1+z^2}\,dz$$

となります．ここで $0 \leq z < 1$ で成り立つ級数展開

$$\frac{z^2}{1+z^2} = \sum_{n=0}^{\infty} (-1)^n z^{2n+2}$$

を用いて項別積分（ライプニッツやニュートンはこれを認めていました）することによって

$$\frac{\pi}{4} = 1 - \sum_{n=0}^{\infty} \frac{(-1)^n}{2n+3} = \sum_{n=0}^{\infty} \frac{(-1)^n}{2n+1}$$

が得られるのです．

2.4.3　微積分計算のアルゴリズム

微分あるいは無限小とは何か，という問題にはライプニッツ自身も最終的な解を与えられなかったのですが，その活用法の基本については，記号 d や $\int$ の使用や微分積分学の基本定理の認識，微分方程式の解法例などを含めて 1677 年[143] までには完成していました．しかし公刊されたのは遅く，1684 年以後になります．*Acta Eruditorum* という 1682 年にライプツィヒで創刊された月刊学術誌の 1684 年 10 月号に，まず微分法についての簡略な論文が掲載されました．そのタイトルはたいへん長く，『分数量にも無理量にも妨げられることのない極大・極小

143) たとえば，曲線の下の部分の面積について，それは縦座標 y と微分 dx の定める無限小長方形の和であるとして $\int y\,dx$ という記号を確定したのは 1677 年のことです（[88, § 16]）．

ならびに接線を求めるための新しい方法．およびそれらのための特異な計算法』[144] というものです．この論文においても dx の定義は揺れ動いていたのですが（次の項参照），d の代数的な作用については次のような性質が述べられており，実際的な微分計算を可能にしています：

- $da = 0,\ d(ax) = a\,dx$
- $d(x+y) = dx + dy$
- $d(xy) = y\,dx + x\,dy$
- $d\left(\dfrac{x}{y}\right) = \dfrac{y\,dx - x\,dy}{y^2}$
- $d(x^n) = nx^{n-1}dx$
- $d\left(x^{1/n}\right) = \dfrac{1}{nx^{(n-1)/n}}$

上式で，a は定数を表し，n は 0 でない正負の整数を表します．ここでは表現を現代化していますが，原文では加法と減法を区別して $d(z-y+w+x) = dz - dy + dw + dx$ と述べていたり，$d(x/y)$ に関する等式の右辺の分子は $\pm y\,dx \mp x\,dy$ になっていたりします．最後の複号表現については，x/y が増加するときは $\pm y\,dx \mp x\,dy$ が正となるほうを選ぶようにというような説明がありますが，複号なしでその目的は達成されているので，不可解です．[145] さらには，定数の微分が 0 ということと積の微分法則から複号なしの商の微分法則が導かれるので，ますます疑問が増します．実際，1684 年より後の，年代がはっきりしない手稿（[88, § 17]）においてライプニッツは上の規則の証明を与えていますが，そこには複号は出てきません．また，上記の微分法則の証明は与えられていませんでしたが，論文の第 6 節では「dx, dy, dv, dw, dz は x, y, v, w, z の瞬間的な差分すなわち増分ないし減分に比例すると見なされ得るという，今まで十分には注目されなかったこの一点を考察しさえすれば容易であろう」と記されており，ニュートンの流率的な感覚に訴えているのかもしれません．ともあれ，ライプニッツは実例を挙げて，$f(x,y)$ が x, y の代数演算およびベキ根で組み立てられた式の場合に，曲線 $f(x,y) = 0$ に微分法則を用いて $dx : dy$ を計算して接線が求められることを示しています．その際には $d\sqrt{x^3+x}$ を求めるために $s := x^3 + x$ という変数を導入して微分法則を用い，$d\sqrt{x^3+x} = d\sqrt{s} = 1/2\sqrt{s}\,ds$ を得た後に再び微分法則から $ds = 3x^2 + 1$ として $d\sqrt{x^3+x} = (3x^2+1)/2\sqrt{x^3+x}$ を

144) 高瀬[34, p. 149] による訳．

145) [26, p. 297] の脚注には，複号の理由を「縦線，横線ともに正の値のみを考えていたからである」としていますが，差が負になるときの演算結果の解釈が特殊なようです．しかし微分には正負の値を認めていて，釈然としません．

得るような,「置換微分」(現代で言う合成関数の微分)が使われています. これがタイトルにある「分数量にも無理量にも妨げられない」という計算法なのです.

微分計算のアルゴリズムを与えた後に, ライプニッツは縦線 v の微分 dv の符号と v の増減の関係に注意し, v が極値を取る点では $dv = 0$ であることを述べています. さらに「差分の差分」として詳しい定義もなく ddv という記号を導入し, 曲線の凹凸と ddv の符号の関係に触れています ([26, p. 298]). また, 微分算の応用として三つの問題の解が与えられていますが, そのうちの二つは現在でもよく知られている光の屈折に対するスネルの法則と, 接線影の長さが一定な曲線を求めるドゥボーヌ (Florimond de Beaune, 1601–1652) の問題です. スネルの法則の導出では, フェルマーと同じく考えられる経路のうち光路長 ω が最小となるものを求めるのですが, 最小の場合には $d\omega = 0$ となることを当然のこととして解を求めています.

1684 年の論文では積分がまったく論じられていなかったのですが, 1686 年の *Acta Eruditorum* 7 月号の論文では積分記号 $\int$ が導入され, 積分が微分の逆演算であることが述べられています. しかしこの論文では積分自体の扱いはとても少なく, ライプニッツの主要な論点は, 超越的な曲線の問題を扱う上での自己の接線法の優位性の主張でした ([26, pp. 319–330]). 不定積分は面積という意味では当時としては存在に何も疑念がなく, それが微分の逆算法に帰着されるならば, 積分計算の一般論を取り立てて詳説する理由はなかったのかもしれません. この論文よりかなり後の結果ですが, ライプニッツの積分論への重要な寄与として, 部分分数展開を用いる有理関数の積分の一般論[146)]があります ([54, p. 368–370]). 他の業績としては包絡線の研究や微分方程式の応用などが挙げられます. 微分方程式に関して, $\dfrac{dy}{dx} = \dfrac{f(x)}{g(y)}$ という形の方程式を $g(y)\,dy = f(x)\,dx$ と変形して両辺を積分して解く「変数分離法」が知られていますが, ゾナー[104, p. 419] はライプニッツがこの方法を懸垂線の方程式を解く際に使用していたことを指摘しています. dx, dy が独立に意味を持っていたライプニッツの見地からはこれは自然なこ

146) [70, 定理 4.21]

とだった，とゾナーが述べているのは興味深いです．

ライプニッツは，ニュートンにおける力学に匹敵するような，微分積分を用いた大理論は樹立しませんでしたが，優れた記号の採用によって微分積分を見通しのよい計算の体系に向けて整備し，幾何学や物理学の様々な問題に取り組む非常に強力な手段を与えのです．これは解析幾何学が幾何学の代数化をもたらした上に立って，幾何学的な量のアルキメデス的な取り扱いを代数化したものと言えます．実際ライプニッツは数学での師匠格であるホイヘンスに宛てた 1691 年 9 月 21 日付けの手紙で次のように書いています ([23, p. 488])：

> 先生，先生が正しく判断されますように，私の新しい計算法でよりよく，便利なのは，一種の解析によって，しばしば偶然にしか働かないどんな想像力をも行使することなく真理を導き出すことである，というのは真理であり，それは，ヴィエトとデカルトがアポロニウスを超えてわれわれに提供してくるのと同じ便宜をアルキメデスを超えて提供してくれるのです．

またライプニッツの，記号を用いたアルゴリズム重視の思考法については初期からの論理学・哲学思想との関連も指摘されています（林[55, 第 1 章] 参照）．

注 2.12. *Acta Eruditorum* とは，ラテン語の辞書によれば「学者（あるいは学術）の活動」という意味ですが，日本語訳は『学術論叢』，『学術紀要』あるいは『学術記録』などがあって定訳はないようです．編集にはライプニッツも関わっていました．この雑誌は，当時フランスで発行されていた *Journal des Sçavans* やイタリアの *Giornale de letterati* を範として創刊されました（これらの雑誌名の意味は *Acta Eruditorum* と本質的には同じで，直訳すれば『学者の雑誌（定期刊行物）』というところです）．

2.4.4 ライプニッツの微分と無限小

ライプニッツというと，特性三角形が有名で，無限小を積極的に活用したという印象が強いと思いますが，無限小とは何かという点については公刊された論文ではほとんど説明せず，手稿や手紙では無限小は作りもの (*fictio*) であると述べたりしています．実際，ライプニッツの微分法に関する初の公刊論文 (1684) は，微分の定義が論文中でも揺れ動いていて，挙げられた応用例の不十分な記述も重なり，それに取り組んだヤーコプ・ベルヌーイ (Jakob Bernoulli, 1655–1705) から謎（エニグマ）と評されました．高瀬は[34] の第 3 章でこの論文を丁寧に読み解いていますが，そこで言われているように，ライプニッツは論文の始めでは dx, dy は曲線の接線の存在を前提に，有限な普通の量として定義しています．現代風に述べると，$f(x)$ が微分可能として曲線 $y = f(x)$ を考えたとき，x の（無限小でない）普通の増分 dx に対して，$f'(x)\,dx$ を dy と定め，y の *differentia* と呼んでいます．[147] この定義自体は，曲がった空間の間の写像の微分の定義として，現代の多様体論で用いられるくらいでそれなりに意味があります．しかし後には接線の定義に関連して「この無限小の距離は常に dv のような既知の *differentia* か，それに対する関係すなわちある既知の接線によって表される」と述べて，いつの間にか *differentia* は無限小になっているのです．接線を用いて有限の大きさの dy を定義したのでは，接線を求める役には立たず，どうしても無限小に進まないとならないのですが，ライプニッツにとって曲線の接線とは，まず曲線を無限小の辺からなる無限多角形と見なして，その辺を延長した直線なのでした ([26, p. 301],[34, p. 180])．

147) [26, p. 296], [34, p. 173]

ライプニッツの微分の概念には，ここに述べたように二つの異なる要素が混じり合っていますが，まず無限多角形という観点から検討してみましょう．

無限多角形としての曲線と微分　平面曲線についてロベルヴァルやニュートンなど多くの人は，点が運動して描かれるものという見方をしましたが，他方では曲線を無限小の辺からなる無限多角形と見なすという考えもそれ以前からありました．この考えはたとえばヴィエト ([54, p. 22]) やバロウ ([104, p. 322]) に見られますが，点の運動という見方に終始したように思えるニュートンにさえもありました ([37, p. 166])．ライプニッツはこの見方に立っていたのですが，真面目に考えると，無限多角形の頂点での接線は定まるのかということなどいろいろ疑問が出てきます．また有限な普通の多角形では，ある頂点にはそのすぐ隣の頂点が，向きを決めれば一つ定まりますが，無限小の辺を持つ無限多角形となると，すぐ隣の頂点は考えられません．しかし有限多角形の場合から類推して無限多角形の場合も頂点の向き付けられた連鎖 (progression)[148] が意味を持つとしてみましょう．こうすると，一つの頂点 P に対して，それから曲線の向きの方向に「一つ進んだ」隣接頂点 P' が考えられます．「一つ進んだ」という形容は無限多角形の場合には意味をなしませんが，ここは目をつむることにして，P' の x 座標から P の x 座標を引いたものを dx とします．同様に隣接頂点の y 座標の差を dy とします．このとき dx, dy は無限小の数で，比 $dy : dx$ の値が P での接線の傾きを与えるわけです．また，頂点 P の連鎖からはその x 座標の連鎖と y 座標の連鎖が定まりますが，dx, dy はそれらの連鎖の差分（階差）と考えられ，数列とその差分に関して成り立つことが類推として成り立つことが期待されます．このような見方に関してボス[84, p. 13] は，およそ 1680 年以後について，「ライプニッツの無限小解析の基本概念は，有限数列の計算を実無限の場合へ外挿 (extrapolation) したものと理解するのが最も適切である」[149] と述べ，続けて「ここで外挿という言葉を使うのは極限移行のいかなる考えも排除するためである」としています．そして無限多角形の頂点の連鎖からできる横座標，縦座標の連鎖は，**「『隣接項』の差が 0 に近づくのではなく，無限小に固定されていると考えるべきである」**と主張しています．「外挿」と言われてもまったく判然としないのですが，実はライプニッツの初期の数列研究や d^2y, d^3y などの高階微分を考え合わせると納得できる点がいろいろとあります．そしてボスはまさに，数列とその差分や和分（部分和）の数列がライプニッツの無限小解析の原点であると主張しています．なおボスがライプニッツの 1680 年以後の考え方に限定していることは，チャイルド[88] による次の指摘と整合しています．すなわち，曲線を無限多角形と見た場合に，その頂点の連鎖が一つには決まらず，dx や dy も同一点について一意的には定まりません．それでも，比 $dy : dx$ は曲線上の各点で一意に

148) 少し後の注 2.13 を参照してください．

149) 筆者による拙訳．以下同様．

定まり接線の傾きを与えるわけですが，チャイルドは[88, § 14]の脚注 183 で，dx, dy の一意性がなくても問題がないという認識をライプニッツが明らかにしたのは，ようやく 1676 年 11 月の手稿内だったと述べているのです．そして，1684 年の論文で述べた微分演算 d に関する等式もやはり dx, dy の選ばれ方によらず成り立ちます．

注 2.13. “progression” は一般には点列や数列と訳されますが，無限小の辺を持つ無限多角形の頂点に，順序よく番号を付けるのは不可能なので，「連鎖」としました．なお，ライプニッツはラテン語で “progressio” と表現していました．

以上のように説明すると，隣接頂点の意味とか，頂点以外の点で dx などは定まるのかなど，書いているそばから論理的欠陥があらわですが，さすがにライプニッツはこのような説明はしていません．ボスもライプニッツの無限小解析の根底にある，変数の連鎖のような概念については，ライプニッツや彼の初期の支持者の書いたものにあからさまには表現されていないことが問題であると認めています ([84, p. 12])．したがって，ボスの言うように変数の連鎖が無限小解析の根底にあることを示すわずかな資料を見つけるとともに，根底にあるとした連鎖の考えが導く方向が現実の展開とどのくらい一致しているかを確認することでボスの説の正しさをある程度立証するという運びとなります．以下ではこの方向に沿っていくつかのことを見ていきます．

ライプニッツの考え方を示す例としてボスはまず 1697 年にライプニッツがウォリスに宛てた手紙を引用しています ([84, p. 13])：

> 数列の差分と和分の考察は，私が差分は接線に，和分は求積に対応すると気付く最初の洞察を与えてくれました．

さらに 1684 年 12 月の *Acta Eruditorum* 誌の論文から，ライプニッツが自身の解析における無限小多角形の重要性について述べた次のくだりを引用しています ([84, p. 14])：

> 現在までに用いられているあれこれの方法は，**曲線図形は無限辺を持つ多角形と見なされるべきである**，という私が曲線について評価[150]するとき使用している一般原理からすべて導かれると思う．

150) 原文は "measure".

階差数列の部分和が元の数列を与える ($\sum_{k=1}^{n}(a_{k+1} - a_k) = a_{n+1} - a_1$) ということの類推から $\int dx = x$ を得たり，[151] 逆に部分和の階差が元の数列に戻るということの類推から $d \int y\, dx = y\, dx$ を導いた ([84, § 2.9]) ことも裏付けとなるでしょう．また，1684 年論文発表前の，執筆日の記載がない手稿の一つに，「和と差が互いに他の逆である」ことを「算法の原則」として掲げて，次の表を付したものがあります ([54, p. 358])：

151) 当時は積分定数は書かないのが普通でした．

差		1		2		3		4		5			dx
数列	0		1		3		6		10		15		x
和		0		1		4		10		20		35	$\int x$

次に，無限多角形の頂点の連鎖が背景にあると強く思わされるのは高次微分 $d^n x$ ($n \geq 2$) の使用です．1684 年の論文でもライプニッツは 2 次の微分 ddv に言及していますが，dx が無限多角形の頂点の x 座標のなす連鎖の差分（階差数列）であると考えると，自然に 2 階の階差数列[152]として $ddx = d^2x$ が考えられます．d^2y についても同様ですが，さらに 3 階の階差数列に対応する d^3x などがいくらでも考えられます．ここで注意していただきたいのは，無限多角形と見たときの頂点の連鎖が念頭にあれば d^2x などは自然に思いつきますが，そうでないと d^2x に意味を見いだすのが難しいことです．曲線上の 1 点で無限小変位 dx, dy を考えるのは自然ですが，dx の差である d^2x は，1 点での dx と別の点での dx の差となります．しかし「別の点」の位置やそこでの dx が決まらないと d^2x は定まらず，それを無理に決めるのはとても不自然です．この不自然さは，最初から無限多角形の頂点の連鎖が与えられていると思えば，ある程度は解消されます．といってもその連鎖は一意的に決まるものではないのでどうしても不自然で幾何学的には意味がない部分が残ります．このため，ライプニッツの次世代のオイラー

152) 数列 $\{a_n\}_n$ の 2 階の階差数列の第 n 項は，$(a_{n+2} - a_{n+1}) - (a_{n+1} - a_n) = a_{n+2} - 2a_{n+1} + a_n$ で与えられます．

は高次微分を完全に追放する方向に進みました ([84, § 5]).

注 2.14. 曲率の議論などでは自然に 2 次の微分が登場しますが，高次の微分を生かすために，当時の人は dx, dy あるいは $y\,dx$ など 1 次の微分で表される量の一つが一定，という条件を付けて議論しました ([84, § 3.1.2],[92, pp. 262–264]). 現代の目からすると，dx が一定というのは，x を独立変数と考えて他の変数を x の関数と考えることに等しいのです．このような条件なしに考えると，2 次の微分は意味を持たないと言って過言ではありません．たとえば xy 平面上の曲線について $d^2y = 0$ という条件を考えると，dx が一定として y を x の関数と見たときは d^2y/dx^2 は 2 階導関数になるので，$d^2y = 0$ という条件は，曲線が実は直線である，という条件となります．しかし dy が一定という条件で考えると $d^2y = 0$ はいつでも成り立つので，曲線の形状については何も言っていません．ちなみに $dx\,d^2y - d^2x\,dy = 0$ は，どのような連鎖の場合でも曲線が実は直線であるという条件として有効です．

無限小の存在　ライプニッツの微分法の基礎には，曲線を無限多角形と見る考えがあったというのはかなり納得できますが，それに伴う無限小の実在性は論文の形では，はっきりとは認めていませんでした．確かにライプニッツは初期の研究においては，特性三角形や変換定理の証明に見られる無限小三角形のような幾何学的無限小を実在するもののように扱っていました．しかし 1684 年の *Acta Eruditorum* 論文では無限小三角形は登場していません．一方，早くからライプニッツの数学を受け入れ微分積分学に大いに貢献したヨハン・ベルヌーイ (Johann Bernoulli, 1667–1748) を始めとして，ヨーロッパ大陸の数学者には無限小の存在を受け入れる人が多かったのです．エドワーズ[92, p. 265] は，ベルヌーイ兄弟[153] のようにライプニッツの数学を直ちに支持した人々は無限小の数学的実在を批判することなく受け入れ，基礎に関するその疑念のなさがおそらく微分積分学とその応用の急速な発展を促進したのだろう，と述べています．実際，ヨハン・ベルヌーイから個人教授を受けたフラン

153) 兄ヤーコプと弟ヨハン．

スのロピタル (Guillaume de L'Hospital, 1661–1704) が 1696 年に出版したライプニッツ流微分積分学の最初の教科書は，無限小と微分についての次のような記述に始まっています（[99] のフランス国立図書館によるディジタル化文書に従う）．

> 定義 I. 変量とは絶えず増加または減少するものであり，定量とは他が変化する中で同一であり続けるものである．（後略）
> 定義 II. 変量がそれによって増加または減少する無限に小さい部分は，その量の微分と呼ばれる．[154)]（後略）

この定義 II では，無限小は増加または減少の原子的な単位であると言っているような印象を受けますが，これでは『原論』の「点とは部分を持たないものである」（第 1 巻定義 1）という定義と同じく，議論の基礎にはまったく不十分なことが分かると思います．[155)] また，続いて要請 (Demande ou Supposition) の I では，無限小の差しかない二つの量は同一視できると述べ，要請の II では，曲線は無限個の無限小線分の集まりと考えられると述べています．

154) ロピタルの原文は以下のとおり：La portion infiniment petite dont une quantité variable augmente ou diminue continuellement, en est appllée la *Différence*.

155) 省略した部分も，いきなり「無限に近い (infiniment proche) 縦線」を用いた例示があるだけで，定義が補完されてはいません．

注 2.15. ロピタルはフランスの貴族で，爵位によって Marquis de L'Hospital と呼ばれることも多いですが，フルネームはたいへん長いです．不定形の極限に関する有名なロピタルの定理 ([70, p. 90]) は，実はヨハン・ベルヌーイが発見したものです（高瀬[32, § 1.7]）．なお，ロピタルの教科書のタイトルは「曲線理解のための」と副題の付いた『無限小の解析』(Analyse des infiniment petits) であり，微分積分の誕生と曲線との深いつながりを示しています．また，この本の序文は格調高く，アルキメデスから始めてこれまで本書で述べてきた数学者の寄与をふり返っています．そしてこの書は冒頭に挙げた二つの要請に基づいていて，それらは明白で注意深い読者に何の疑念も招かないと信じているが，すでに知られたことは手短にして主に新しいことに集中するように提案されていなかったら，古代人の流儀で証明することができただろうと述べています．このすぐあとにも触れますが，オランダのニーウェンテイトによる高次微分の批判にも言及し，ライプニッツ自身が反論していなかったら自分がしているところだったと述べています．

同じくフランスの数学者ヴァリニョン (Pierre Varignon, 1654–1755) はライプニッツの無限小解析にいちはやく賛同し，フランス科学アカデミーでロル (Michel Rolle, 1652–1719)[156] との間に生じた無限小解析についての論争では，無限小肯定の論陣を張りました．[157]

一方，ライプニッツ本人は論文では積極的に無限小の存在を肯定することはあまりなかったのですが，オランダのニーウェンテイト (Bernard Nieuwentijdt, 1654–1718) による高次微分が不合理だという批判に対しては，1695 年 7 月の *Acta Eruditorum* 誌上で，自分は dx, dy のような無限小線分をそれら自身として真の量と認めるだけでなく $dx\,dx, dx\,dy$ のようなそれらの積やさらに高次の積も認める，と述べています．しかし，そうするのは第一にこれらが推論と発見のために有用であるからだ，という便宜主義的と受け取れる言葉が続いていました ([84, p. 64])．発表論文以外では変換定理の証明を含む多数の機会に dx などを無限小として扱っていましたが，原[54, pp. 354–355] によれば，1684 年に発表することになる，微分法についてのまとまった論考の準備を始めた 1677 年頃には，無限小ではない微分 dx の使用例があります．すなわち，現代風に言えば，曲線 $y = f(x)$ が与えられたとき，<u>有限の大きさの</u> dx に対してやはり有限の大きさの dy を $dy = f'(x)\,dx$ で定めるという考えです (ライプニッツの記述は，接線を用いて dy を定めていますが同じものです)．そしてこの定義によって 1684 年論文に述べられている微分の計算規則を証明しています ([88, § 17],[84, pp. 57–58])．また，ライプニッツはピンソンという人への書簡で，無限小を用いなくても，任意に与えられた誤差に対してそれを下回る誤差になるように選べればよいのだから，無限小解析はアルキメデスの流儀と表現が異なるだけであると述べています ([84, p. 56])．これに疑問を抱いたヴァリニョンからの問い合わせに対しても，無限小そのものの存在を積極的に肯定はせず，必要なだけ小さい数をとるという方向の説明をしました ([84, p. 56])．このよう

156) ロルの定理 ([70, 定理 3.7]) で有名ですが，代数学者であり，ロルの定理も多項式に対して証明しました．

157) 論争が激しく長く続いたので，アカデミーが委員会を設けて決着を図ったものの，結局論争打ち切りを決定したそうです．

にライプニッツの考えの根底には取り尽くし法あるいは ε-δ 論法があったように思われますが，無限小についてのライプニッツの説明は総じて捉えどころがなく，ボス ([84, p. 55]) の言うように，彼の発言は解明よりも混乱をもたらしたと言えそうです．他方では無限小という基礎概念のあいまいさは，次の 18 世紀における解析学の発展にはほとんど影響しなかったとも言えます．

断片的な引用をこれ以上積み重ねるよりは，数学史家グイッチャルディーニの見解[94, pp. 97–99] を紹介して終わろうと思います．すなわち，ライプニッツの無限小に対する考え方は，次のようにまとめられるとしています：(a) 無限小は実在せず，証明を短縮するために導入されたフィクションである；(b) 無限小は 0 に近づく状態にある変量である；(c) 無限小は極限に基づく議論によって完全に排除することが可能で，そうすれば微分積分の厳密な定式化ができる；(d) 極限に基づく証明はアルキメデス的な帰謬法を直接法[158)]の形式へ言い換えたもので，同等な正当性を持つ．グイッチャルディーニは，このような考えはニュートンと共通であることを指摘しています．同時に，ニュートンは『プリンキピア』で極限に基づく証明を本気で追求した一方でライプニッツはその可能性を述べただけであった，と評価していますが，これはそのとおりと思います．またライプニッツが長期にわたって，有限な大きさの微分の理論化を模索していたことは，無限小の実在をまったく信じていなかったことを示しているのでしょう．そして，無限小の存在などについて表だってはほぼ論じなかった理由は，発見の技法 (*ars inveniendi*) としての無限小解析の実践を阻害するおそれだったのではないかとも考えられています ([84, p. 66])．

158) 背理法ではない，という意味です．

2.5 バークリ

無限小は実体のあるものと解釈するのは困難であり，始めの比や終わりの比という極限も，ニュートンさえ瞬間速度というモデル以上に明確な説明を与えることはできませんでした．これらの難点はニュートンやライプニッツも意識しながら無限小解析を推進していたのですが，1734年にバークリ (George Berkeley, 1685?–1753)[159)] が公開した『解析家 — あるいは不信心な数学者に向けた論説』(*The analyst: or a discourse addressed to an infidel mathematician*) は，ニュートンの流率法とライプニッツの無限小の弱点を容赦なく批判したものです．この論文は微分積分学の歴史の中では必ず取り上げられる有名なものですが，18世紀前半の解析学の発展にあまり影響を与えなかったという評価もあります ([84, p. 54])．しかし英国のマクローリン (Colin Maclaurin, 1698–1746) は1742年の著書『流率論』で古代人の流儀によって流率論の成果に証明を与えることを目指し，序文にはバークリの批判に応えることが動機になったことをはっきり述べています．[160)] そして2巻からなるこのマクローリンの書はオイラーに参照され，ラグランジュにも影響を及ぼしたと言われています ([23, p. 551])．

159) 有名なカリフォルニア大学バークレー校の名はこの人にちなんでいますが，英国の人名としての発音はバークリです．また，「バ」に含まれる「ア」の音は "bar" の中の「ア」と同じです．バークリは大学設立を目的にアメリカ東部に滞在したことはあるものの，カリフォルニアには縁がなかったのに名前が残っているのは，アメリカの西漸を謳った有名な詩を作ったことによります．

160) ボイヤー[85] の VI 章にはバークリに対する他の反応も解説されています．

バークリは英国国教会の司教であった神学者，哲学者で，数学については算術に関する書を著しているだけなのですが，流率や無限小による議論の出発点における問題は理解していて，その批判はおおむね正当なものです．[161)] バークリは § XX において，解析家の定理の真偽を問題にしているのではなく，その導き方が合法か非合法か，明晰か曖昧か，科学的なのか暫定的なのかにのみ関心があると述べ，『曲線求積論』序論にあるニュートンの「数学においてはいかに小さなエラーも見過ごされてはならない」という言葉を盾に取って無限小を都合に合わせて0としたり0でないものとしたりする点などを追及しています．また，タイトルには長い続きがあって，それは「ここでは現代の解析の対象，原理，推論が，宗教的な神秘や信仰の要諦よりもはっきりと考えられているか，より明白に推論されているかを検証する」となっています．これはバークリの執筆動機が，ある解析家[162)] が宗教への疑念を広めていたことに対して，科学的でも論理的でもない新しい解析を推し進める解析家に言う資格があるのか，という論難であったことを示すものです．ただし内容は25年来考えていたもので，論文末尾に列挙さ

161) しかし，批判はニュートンやライプニッツの没後のことですが，彼らにとっては何ら目新しいものではなかったことでしょう．

162) ハリー彗星で有名な天文学者ハリー (Edmund Halley, 1656–1742) のことです [92, p. 293])．

れた 67 もの疑問 (Query) のうちには，ニュートンの絶対空間，絶対時間の措定への反対なども含まれています．

次にバークリの主張の一部を要約し，表記は現代化して挙げておきます．各項目に，原著の対応する項の番号を付記してあります．なお，ここには省きましたが，有名な「消えゆく増分 (evanescent increments) とは何か？ それらは有限な量でもなく無限小でもなく，何者でもない．それらは消え去った量の亡霊 (Ghosts of departed Quantities) と言ってはいけないのか？」というフレーズは § XXXV にあります．

(1) 速度の速度つまり 2 次の速度や，3 次，4 次の速度は人間の理解を超えている (§ IV).（筆者注：ここでは「速度」は流率のことです．一つ前の § III で流率の定義が理論の鍵であるとして定義が検討されていますが，その定義が，最小の単位時間における増減量であると言われたり，生まれてくる量の最初の比と言われたり，不明瞭で不統一な様が描かれています.）

(2) 外国の数学者は流量や流率よりもさらに不正確な無限小を用いていて，有限な量は無限小から成り，曲線は無限小の辺を持つ無限多角形であるとしている．しかしいかなる量よりも小さい無限小などは理解不能である (§ V).

(3) 逐次の流率あるいは微分を $\dot{x}, \ddot{x}$ や $dx, ddx, dddx$ などで表すことは簡単で，記号そのものははっきりしているが，記号のベールを剥いでその内容を見れば空虚，不明瞭と混乱，さらには不可能性と矛盾が見いだされる (§ VIII).

(4) x^n の流率計算では $(x+o)^n - x^n$ を最初は o を 0 でないとして割り算した後に 0 と置いて nx^{n-1} を得ているが，$o = 0$ なら $(x+o)^n - x^n = 0$ である (§ XIII).

(5) 無限小三角形を用いた放物線の接線影の計算は二重の誤りを重ねて，結果として正しい値を得ている．誤りの一つは曲線を無限小の辺を持つ無限多角形としてることであり，放物線の方程式 $y^2 = px$ に微分の計算規則を適用

した $2y\,dy = p\,dx$ も誤りである（筆者注：実際には点 $(x+dx, y+dy)$ は放物線上にはないことを重視しているのです）.（§§ XXI, XXII）

(6) 解析家は，放物線 $y = x^2$ 上の 2 点 (x, x^2) と $(x+\nu, (x+\nu)^2)$ を通る割線の x 軸との交点 M は，ν が無限小のときは (x, x^2) の接線の場合の交点と一致するとしているが，本当は無限小の差があるのを無視している．$\nu = 0$ では M は求められないのに $\nu \neq 0$ の場合に得た式で $\nu = 0$ と置いて接線影を求めている (§ XXIV).

2.6 オイラー

オイラー (Leonhard Euler, 1707–1783) はスイスに生まれてヨハン・ベルヌーイを師として，ベルリンとサンクトペテルブルグのアカデミーで活躍した 18 世紀最大と言っても過言ではない数学者です．晩年は視力を失いながら息子たちの助力を得て仕事を続け，いわゆる解析学にとどまらず整数論や数理物理を含む多方面にわたる膨大な業績[163] を残しました．オイラーの名を冠する定理，関数や定数，公式は多数ありますが，自然対数の底を表す e や虚数単位の記号 i もオイラーによって導入されました ([86]).

163) オイラー全集は数学関係の著作だけでも 29 巻あります.

オイラーの仕事の中で本書の扱っている範囲で言えば，まず 1748 年出版の『無限解析序説』(*Introductio in Analysin Infinitorum*)[164] を取り上げなければなりません．この書は後の『微分計算教程』(1755),『積分計算教程』(1768, 1769, 1770) へと続く解析学関連書の最初のもので，オイラーの無限小解析の特徴がはっきりしています．これらの特徴を次に述べてみます．

164) 高瀬訳で[9],[10] として訳出され，最近合本した[11] が出版されました.

- **関数概念の登場**　『無限解析序説』では冒頭に，ある変化量[165] の関数とは，その変化量と定量（定数に当たるもの）から組み立てられた解析的表示式として定義されています．現代の抽象的定義よりも狭いのですが，逆関数，陰関数や多価関数まで含めているので，現代の定義よりも広い面もあります．

165)「変数」と理解してよいのですが，オイラーは量 (*quantitas*) と書いています.

[166] 要は曲線の研究などの当面の目的に十分な範囲を定めたものと考えられます．重要なことは，関数を主要な考察の対象に据えたにもかかわらず，この『無限解析序説』の段階では**関数の微分や積分はまったく扱われていないこと**です．オイラーは，現在ではテイラー展開[167] の例である，指数関数や三角関数の無限級数展開を得ていますが，それらを代数的等式から無限小や無限大を利用した極限移行により導いているのです．

- **図が 1 枚もなく，数式のみで議論がされている** 『無限解析序説』の第 1 巻にはまったく図はなく，第 2 巻は曲線の研究に当てられていて解説図は多いのですが，証明はすべて方程式に基づいて行われています．
- **無限小の議論はほとんどない** オイラーが扱っているのは幾何学的無限小ではすでになく，無限小の数ですが，本書 p. 5 で紹介したように無限小や無限大を極めて大胆に使用して，三角関数や指数関数といった超越関数の無限級数展開あるいは無限積展開を得ています．ところが無限小とは何かという点には，第 7 章のはじめに「どれほどでも小さくてしかも 0 とは異なる分数」[168] となっているだけなのです．第 2 巻 ([10])13 章では接線影を求める議論が展開されていますが，ここでも「無限小部分を考えれば接線と曲線は一致する」というような主張はなく，横座標が十分小さい差を持った曲線上の 2 点を考え，曲線の方程式が局所的に無限級数展開できるとして接線影を得ています．

[166] オイラーは関数の定義を次第に拡張して現在の定義に近づけています ([34, pp. 268–275]).

[167] [70, 定理 3.14] など参照してください．

[168] 高瀬[9, p. 99] 訳によります．「分数」となっているのはおかしいのですが，そう書かれていたようです．

紙数にゆとりがなく，オイラーの証明にもギャップが多いのでここには紹介しませんが，オイラーによる無限小の扱いがどれほど大胆か，もっと知りたい読者は，[9, p. 138] にある次の無限積展開の証明を見ていただくとよいと思います．

$$\frac{e^x - e^{-x}}{2} = x \prod_{k=1}^{\infty} \left(1 + \frac{x^2}{k^2\pi^2}\right). \tag{2.6.12}$$

『微分学教程』における無限小　『無限解析序説』から 7 年後に出版された『微分学教程』(*Institutiones Calculi Differentialis*)

は，微分算が主題ですから，序文と第2章で無限小について論じられています．オイラーの主張を，主にボス[84, § 5] に従って見ていきますが，簡単に言えばオイラーは，無限小量は0であるけれども二つの無限小量は比を持ち得る，としているのです．無限小量が0であるというのは，定義によって無限小量は指定されたあらゆる量よりも小さい量とされているからであるとしています．そして0である無限小量の比こそ微分計算の本当の主題であるとして，次のように述べています ([84, p. 67]) :[169)]

> （微分計算は）変量に消えゆく増分が与えられたとき，その変量の任意の関数である変量がとる消えゆく増分が（最初の）変量の増分に対してとる比を決定する方法である．

ここで「消えゆく増分」と訳したものは，ラテン語原文で *incrementum evanescens*, ボスの英訳で evanescent increments と表現されているものであり，ニュートンの始めの比，終わりの比の考えの基礎概念と同じであると思われます．オイラーは例として x の関数 x^2 について，x の増分 $\Delta x = \omega$ に対する x^2 の増分 $\Delta(x^2)$ の比を考え，次のように説明しています（[84, p. 67] の拙訳）：

> しかし増分 ω を小さくとればとるほどこの比は $2x : 1$ に近づくことは明らかである．したがってこれらの増分を始めは有限なものと考え，必要なら有限なものとして図示することは正当で適切である．それからこれらの増分がどんどん小さくなると考えると，それらの比はますますある極限に近づくが，その極限に到達するのは増分が完全に0に消滅するときだけである．この極限はいわば増分の最後の比[170)] であるが，微分計算の真の対象である．

そして，dx, dy などを用いた記号算としての微分計算については，次のように述べています（[84, p. 67] の拙訳）：

> ふつう伝えられている計算規則は，それ自身定義され

169) 筆者による拙訳．括弧内は筆者による補足です．なおボスは脚注でラテン語原文を引用しています．

170) ボスの英訳では ultimate ratio of the increments.

るべき消えゆく増分に関わっているように見えるが，個別の増分の考察から結論が導かれることは絶対なく，常にそれらの比の考察から結論を得ている．（中略）しかし計算におけるこれらの論証を構成し表現することを容易にするために，消えゆく増分は，それらは0であるとしても，ある記号で表される．これらの記号が用いられる限り，いかなる名前を与えても問題はない．

上の引用部分だけではライプニッツ以来の微分算の正当化にはまだ達していないようですが，ボスによればこれを基礎として微分算の紹介に進んでいるということです．オイラーの文献を深く研究した著者による[33, I. 6] を見ても，『微分計算教程』においてオイラーは無限小についてこれ以上深い説明はしていないようです．筆者には『微分計算教程』全体を原文で読んで判断することはできないのですが，オイラーは無限小の正当化のために，ニュートンと同じく，極限を基礎にすることを考えながら惜しくも ε-δ 方式での定義まで徹底することはできなかったと言えそうです．そしてオイラーは dx, dy などの無限小やその比である微分係数を大いに活用しましたが，d^2y などの高次微分は検討の結果，固有の意味を見いだし難いとして追放しました ([84, § 5])．なお，誤解を招きそうですが，高次微分の追放とは d^2x, d^3y などを無条件に意味を持つものとは認めないということであり，高階の微分係数にあたるものを代わりに用いていました．そしてボス[84, p. 72] は高次微分の不定性が微分係数[171] 登場の主要な理由と言ってもよいのではないかと評価しています．

171) 日本語訳すると同じ微分になってしまいますが，英語では differential ではなく derivative となっています．

オイラーと関数概念　無限小や ε-δ 論法とは直接の関係がありませんが，オイラーの話の最後に関数概念について触れておきたいと思います．オイラーは最初，変量や既知量から組み立てられた解析的表示式として関数を導入したことをすでに紹介しましたが，最後には変量を離れて「x を指定すれば y が定まる」というときに，y は x の関数であるという定義に行き着きました ([34, p. 275])．微分積分の歴史においてこれは大きなステップですが，オイラーは関数を主体にした導関数は考えていませんでした．微分方程式も関数の方程式ではなく，微分方程式を解くことは，変量の微分の関係から変量の関係を見いだす，というニュートンのような意味で考えていました．これに関して，高瀬[33] にはオイラーの時代までの微分方程式の取り扱いが解説されています．

2.7 コーシー前夜

これまでオイラーに至る無限小解析の流れについて，その一端を見てきました．ε-δ 論法の歴史の話では，オイラーが無限小を奔放に使用していた段階から，いきなりコーシーの話に飛ぶことが多いと思いますが，オイラーの『微分計算教程』出版の 1755 年とコーシーの『解析教程』が出版される 1821 年とは半世紀以上離れています．その間にはいろいろとコーシーへつながる変化がありました．この節ではその一部を紹介します．

まず，オイラーくらいまでは，無限小や極限についてその重要性は認識されていても，それらをユークリッド幾何のように基礎付けることが第一の課題とまでは思われていなかったことは確かでしょう．ニュートンは基礎について深く考えてはいましたが，始めの比や終わりの比について，誰もが納得するような定義を与えられませんでした．だからといってニュートンに，力学などに進む前に極限について完璧な理論的仕上げを求めるのは無理な要求です．当時としては，古代人が扱った範囲をはるかに超える成果を生み出す道具を，とにかく使うほうが優先だったのは自然です．[172] そのような中でも，18 世紀後半以降に活躍した大数学者の一人であるラグランジュは基礎の問題に長く関心を向け，他の数学者たちにも問題として意識させることに寄与しました．また，18 世紀末には多くの数学者たちが高等教育機関で講義に従事するようになり，体系的な教科書を書く必要が起きました．このことが無限小解析の基礎の完成に寄与したということも言われており ([93])，これには筆者の教員としての個人的な経験からも頷けるところがあります．さらに，

172) 現代では当時と異なり，何か有力な道具が見つかれば，直ちに徹底的に解析されてしまいます．

数学内部の事情では，解析学の進歩とともに関数の考察対象が広がって不連続な関数などが視野に入ってきて，逆に連続性や微分可能性をはっきり定義することが必要になったということもあります．

以下に，この時期のことをもう少し詳しく述べます．

2.7.1 ダランベール

ダランベール (Jean Le Rond D'Alembert, 1717–1783) はディドロ (Denis Diderot, 1713–1784) とともに，有名な百科全書を編集したフランス啓蒙時代の代表的な知識人で，解析力学や弦の振動方程式について業績のある数学者です．百科全書は1751年から1772年の長期にわたって出版されましたが，ダランベールは第1巻の序文を書いたほか，「極限」，「連続性」や「無限小」などの多くの数学の項目を執筆しました．

以下にダランベールが百科全書に書いた項目のうち，極限と微分について見てみましょう（フランス語の原文は仏語版 Wikisource で見られますが，[105] に英訳があります）．

極限　ダランベールは極限について，これこそが微分計算[173]の本当の基礎（原文では形而上学 (*Métaphysique*)）であると述べています．これはニュートンも考えていたことであり，現在の微分積分学もこの見方に立っています．少し記号を導入してダランベールの定義を現代化して述べますと，量 A が量 B の極限であるとは，任意に与えられた量よりも A と B の差が小さくなることと定めます（A が固定されていて B が変量であることは明記されていません）．しかし前時代からの惰性で，まず考える例が円に内接する多角形，あるいは等比数列の部分和なので，**極限には下から接近し，しかも途中で極限に一致することはない**ということを明言しています．ライプニッツ級数のように振動しながら極限に近づく例が知られているにもかかわらず，それが目に入らないというまことにもどかしい状況で，これがコーシーより少し前の時代だったのです．

[173] 原文では *calcul différentiel* であり，無限小解析を意味しています．

微分　ここで問題としているのはライプニッツで言えば dx など

で表されているもので，たいへんに長文の記事になっています．ダランベールの見解は，オイラーによる「無限小は 0 であるが比は意味を持つ」という見解をさらに現代の方向に推し進めたものと見られますが，記事は長くて少し分かりにくいところがあります．まずダランベールは，高等幾何学 (*la haute Géométrie*) において微分とは，無限に小さい量あるいは任意に与えられた量よりも小さい量であるという定義から始めています．しかしこの定義に沿って話を進めるのではなく，これを否定していくのです．最初は，ニュートンやライプニッツが無限小をどのように説明したかという解説をし，ライプニッツの説明は矛盾し，ニュートンの最初の比，最後の比の考えは正しかったが本質を垣間見ただけに終わったと評価しています．そして，放物線 $ax = y^2$ を例にとって，割線の傾きを考えます．それには x の変化 u と y の変化 z との関係を $ax = y^2$ と $a(x+u) = (y+z)^2$ から求め，割線の傾き $\dfrac{z}{u} = \dfrac{a}{2y+z}$ を算出します．u, z を 0 に近づけると割線の傾きは接線の傾きに近づきますが，これは代数的には $\dfrac{a}{2y+z}$ において z を 0 に近づけるときの極限が $\dfrac{a}{2y}$ であると表現されます．ライプニッツたちは u, z を無限小として，$\dfrac{a}{2y+z}$ では z を無視してよい，と論じていましたが，有限な量の極限を考えれば十分で，無限小同士の比 $\dfrac{z}{u}$ を考える必要はないことに注意します．高次の微分 d^2y などについても議論していますが，記事の中の印象的なフレーズを拙訳により次に引用しておきます．

- 微分計算の本質を理解すれば，無限小は論証の省略，単純化のためであり，無限小の実在を必ずしも想定しているわけではないことが分かる．
- 無限小解析では無限小は生き残る量に比べて無限小だから無視されるのではなく，厳密な精度のために無視されなければならないのである．
- 微分計算では，通常言われているように無限小が問題なのではなく，有限量の極限が問題なのである．このように，無限やたがいにより大きいとか小さいという無限小量という形而上学は微分計算ではまったく役に立たない．無限小という語は表現を簡単にするためにのみ用いるのである．

- 微分計算において無限小はまったく存在しないと言える．

上記の 2 番目の点について，y^2 の微分が $(y+dy)^2$ を展開して得られる $2ydy+(dy)^2$ ではなく，$d(y^2)=2ydy$ という規則になっていることが思い起こされています．また，記事の最後のほうでは，微分計算の発明者の問題に触れていますが，ダランベールはバロウの寄与を大きく見ています．

ダランベールの見解は，無限小を実質的に廃して有限量の極限を第一に考える点で今日的ですが，極限の定義に余計な条件が付いた上に，「関数の微分」については言及がなく，この点については次のラグランジュの寄与が大きいと考えられます．

2.7.2 ラグランジュ

微分の概念について独自に研究し，コーシーに影響を与えた一人にラグランジュ (Joseph Louis Lagrange, 1736–1813) がいます．本題から離れますが，ラグランジュの業績について少し紹介しておきます．ラグランジュはトリノに生まれ育ち，若き日に変分法の仕事でオイラーに注目されて，後継者としてベルリンのアカデミーに呼ばれ，その後フランスで活躍した数学者です．変分法とは，長さが一定の閉曲線のうちで，囲む部分の面積が最大になるのはどのような場合か，という等周問題 (isoperimetric problem)[174] や，ヨハン・ベルヌーイが提出した最速降下線問題 (brachistchrone problem) のように曲線から定まるある量を最大あるいは最小にする問題を扱うものです．オイラーはこの問題を一般的に考えるために，[175] 曲線を直接扱う代わりにそれをある関数のグラフと見て関数に関する問題に変換し，解の満たす微分方程式を導きました．モデル的な問題としては，3 変数の関数 $F(x,y,p)$ が与えられとして，$[a,b]$ 上の関数 $y(x)$ で境界条件 $y(a)=\alpha$, $y(b)=\beta$ を満たすものに対して

174) カルタゴの伝説の女王ディドにちなんでディドの問題ということもあります．答は円．

175) 高瀬 [35, pp. 109–110] によると，この問題がオイラーの関数概念の深化に関わっています．

$$J[y] := \int_a^b F(x, y(x), y'(x))\, dx$$

を最大あるいは最小にするものを求めるのが変分問題です．ラグランジュはこの J を「関数 y の関数」と考えて見通しをよくしたのですが，y を変数のように考えてその変化を δy（y の変分）で表します．そうすると，$J[y+\delta y] \geq J[y]$ が任意の δy[176] に対して成り立つことが y において J が最小になるということになります．J の最大・最小問題を一般化して，普通の関数で言うと微分が 0 となるような y を求める問題も意味を持ち，そのような観点[177] からラグランジュはニュートン力学を解析力学として完全に数学化しましたが，著書の *Méchanique Analitique*(1788, 89)[178] は『プリンキピア』と対照的に図は一つも含んでおらず，すべては数式計算で処理されています．解析力学はその後ハミルトン (William Rowan Hamilton, 1805–1865) によって書き換えられ，量子力学の運動方程式へとつながるのです．ラグランジュは整数論や代数方程式でも結果を残し，ガロアの理論へも影響を与えました．

以上のように，射程の長い研究を展開していたラグランジュですが，彼は無限小解析の基礎付けに長期にわたって関心を寄せていました．以下，主にグラビナー[93, Chap. 1] に述べられていることを中心に説明します．ラグランジュの関心の最初の表れは 1772 年の論文 [179] ですが，これは 1797 年に出版する教科書で展開される考えの原型です．しかしこれは基礎付けとしてはまだまだ不十分なものでした．その後，ラグランジュは 1784 年[180] に自ら主導してベルリンアカデミーの懸賞問題として微積分の基礎付けを出題しました．[181] より詳しくは懸賞の提議で，「数学において無限と言われるものについての，明晰で精細な理論」が授賞対象で，このような理論は数学がこれからも厳密さと正確さによって敬意を払われるために必要である，と述べられていました．そして懸賞の目的は，無限小や無限大に代わる数学的に確実で明晰な基礎によって，無限小の利用が迅速に生み出した多くの成果を，過大な手間や困難なしに保証することでした．この問題に満足のいく応募作はなかったものの，賞はリュイリエ (Simon L'Huilier, 1750–1840) に与え

176) $(\delta y)(a) = (\delta y)(b) = 0$ が必要です．

177) モーペルテュイが提唱し，オイラーが証明した最小作用の原理はその特別な場合です．

178) タイトルの 'analitique' という綴りは間違いではありません．第 2 版では 'analytique' に変更されています．

179) *Sur une nouvelle espèce du calcul rélatif à la différentiation et à l'integration des qunatités variables*

180) ライプニッツの初論文からちょうど 100 年です．

181) この懸賞については佐々木[23, pp. 551–552] にも述べられています．

られ，リュイリエはその後そのときの論文に基づく著書[182]を1786年に出版しました．ラグランジュ自身は懸賞出題以来，基礎の問題に関する仕事をしていませんでしたが，1786年にパリのアカデミーに移って数年後に起こったフランス革命がきっかけになって微分積分法の講義をし，教科書を書くことになりました．アカデミーでは教育の義務は免除されていたのですが，革命後はエコル・ポリテクニークなどでの講義が義務になったのです．そうしてできあがったのが，『解析関数論』(*Théorie des Fonctions Analytiques*, 1797) ですが，長い書名の全体は「無限小や消えゆく量，極限や流率の考察から切り離され，有限量の代数解析[183]に帰着された，解析関数の理論」というものです．このタイトルにある「代数解析」が気になりますが，この時代は人によって解釈が異なっています．[184] このタイトルは，ラグランジュが極限や無限小などを用いない，代数的な数式計算によって微分計算を正当化することを目指したことを示していますが，無限級数は用いています．現在から見れば無限和は極限と切り離せませんが，グラビナー[93, p. 49] によると，17,8世紀の数学者は無限和は代数に含まれていると考えていたそうです．そして代数は算術と同等の確実性を備えているものと見なされていたので，無限小解析を代数的に展開することはその確実性を保証するものと考えられたのです．またラグランジュの発想は，オイラーが『無限解析序説』において微分や積分を一切用いずに無限級数展開を得ていたことと大いに関係があるのではないかと想像されます．

[182] [47, p. 84] によると，リュイリエはダランベール流の極限から出発しているとのことです．

[183] 原文は *analyse algébrique.*

[184] 後のコーシーの節も参照してください．また，佐々木[23] では，オイラーやラグランジュの微分積分学総体を代数解析的数学と言っています．

さて，『解析関数論』の内容を[98] のフランス国立図書館によるディジタル化文書に沿って少し見てみましょう．同書第1部の第4から第7項には，ライプニッツやオイラーの無限小，ニュートンによる流率や始めの比などを取り上げ，いずれも新しい解析学（微分計算）の基礎として不十分であると論じられています．そして，解決策として1772年の自著論文の構想を展開しているのですが，まず冒頭にある量 (quantité) の関数の定義として，オイラーによる最初の定義と同じく，既知量と任意の値を取るとされる変数に当たる量から組み立てられた式としています．さらにこの意味での量 x の関数 $f(x)$ を考えると，x が i[185] だけ変位したときの $f(x+i)$ は次のように級数で表される，と宣言しています：

185) i は虚数単位でも無限小量でもなく有限な量．

$$f(x+i) = f(x) + pi + qi^2 + ri^3 + \cdots . \tag{2.7.13}$$

ここで p, q, r 以下は x の関数で，関数 f によって一意的に定まることを注意しています．そして個別の関数 f について，「これらの関数（筆者注：p, q, r など）は，関数（筆者注：f）を i のベキ順で整理された級数に展開することによって，代数の通常の規則によって容易に決定できる」と述べています（第 3 項）．これはあまりにも重要なので次に原文を掲げておきます．

> ..., on déterminera aisément ces fonctions dans les cas particuliers par les règles ordinaires de l'algèbre, en développant la fonction dans une série ordonnée suivant les puissances de i.

この部分は，「f が上のように収束級数に展開できる場合には p, q, r が簡単に求められる」という意味ならば正しいのですが，問題は「いつでも i についての収束ベキ級数に展開できる」と考えているらしいことです．この問題は上記の文中の *dans les cas particuliers* の解釈にかかっていて，これが「個々の場合に」の意味なのか，「特別な場合に」なのかがポイントです．もしも「特別な場合」ならば，その範囲の限定が必要ですがその方向の記述は見当たらず，読者としては困ります．ラグランジュは実際に級数展開ができることを前提に，いくつかの例について p, q, r を求めていますが，級数展開可能性を一般的な定理としては述べていません．実際，のちにコーシーが，無限回微分可能な関数についてもこれは成り立たないことを示すことになります．また，簡単に求められると言っている p についての計算は，$(f(x+i)-f(x))/i$ の割り算をしてから改めて $i=0$ と置くという方法（第 11 項）であり，まるでフェルマーや初期のニュートンの時代に戻ってしまったようです．

　ラグランジュが式 (2.7.13) のような無限級数展開が一般的に可能と思ったのは不思議ですが，考えている関数の範囲が狭かったのか，そうであってほしかったのでしょうか．ともあれラグランジュは，(2.7.13) から一意に決まる p を f の**導関数** (fonction dérivée) と呼び，記号 f' で表しましたが，これらはご存じのように今でも用いられています．また，$f(x+i+o)$ を $f(x+(i+o))$ または $f((x+i)+o)$ の二通りに考えて (2.7.13) を適用することによって，$q = f''/2$, $r = f'''/3!$ などを示し，一般形を示唆しています．また，やはり (2.7.13) を使って，テイラーの定理の剰余項の有名な表現 ([70, p. 93]) を得ています (第 52 項).[186)]

無限小解析に確実な基礎を与えようとしたラグランジュが実際に示した方法は，現代のわれわれを戸惑わせるもので，ブルバキの数学史でも「ラグランジュの直接の狙いから見ると，その著作は進歩というよりは，むしろ後退を示しているのである」と評されています ([62, p. 232])．しかしグラビナーは，ラグランジュは基礎に目を向けさせた点と，とにかく容易なところから先端までの結果全体を彼の基礎から証明して見せたことを高く評価しています．また，逆説的ですが，エコル・ポリテクニクでラグランジュの後を継いだラクロワ (Sylvestre François Lacroix, 1765–1843) が著した教科書 *Traité du calcul differéntiel et du calcul intégral*(1797-1798) がラグランジュ流の議論を展開していた[187)] こともあり，エコル・ポリテクニクで学んだコーシーが真の意味での確実な基礎を求める動機になったかもしれません．他方，級数展開を中心に考えることはワイエルシュトラスの解析関数論などその後の数学でも用いられる手法となりました．

186) 正確に言うと，ここで示されているのは 0 を中心とする展開の場合ですが，その前の流れからラグランジュは一般の場合に気付いていることが分かります．

187) しかし 1802 年に出版された *Traité élémentaire de calcul differéntiel et du calcul intégral* は極限を基礎にしていました．

2.7.3 ボルツァーノ

ボルツァーノ (Bernard Bolzano, 1781–1848) はプラハ（現チェコ共和国，当時はハプスブルク帝国領ボヘミア）に生まれ育ち，プラハのカレル大学の哲学部で哲学，数学，物理学を学びましたが，数学ではケストナー (Abraham Kaestner, 1719–1800) の『数学の最初の基礎』(*Mathematische Anfangsgründe*) を読み，通常は無条件に認めて通過するようなことまで考える，哲学的な部分に惹かれたようです．1800 年からは神学を研究しながら 1804 年に幾何学で博士号を取得しました．学位取得とほぼ同時にカトリックの僧侶となり，その後カレル大学の宗教哲学教授，次いで学部長の地位を得たものの，ハプスブルク家支配とボヘミア民族主義との軋轢で政府から訴追され1819年に停職処分を受けました．さらに教会から異端の嫌疑を掛けられ，1825年に辞職しました．そのような波乱の中でもボルツァーノは数学の基礎について研究を続け，1842–1843年にボヘミアの科学協会の会長にまでなりました．発表の場が限られていたため，ボルツァーノの研究は同時代にはほとんど知られていなかったのですが，以下に見るようにコーシーと同様の深みに達していました．そのため，コーシーはボルツァーノの成果を知っていて隠していたのではないかという説を唱える数学史家もいたくらいですが，それは現在否定されています．

ボルツァーノの考え方　ボルツァーノは解析学の厳密化をはっきりと目指していましたが，その方法についてある書簡で，無限小や厳密に証明できない仮定を使用しないで扱うと述べていました．そして，連続関数の中間値の定理を証明した画期的な論文内では，「すべては，無限小，幾何学，空間と時間の概念，あるいは他の直観的な概念に訴えることなく，代数に還元されねばならなかった」と述べています ([93, Chap. 1]). [188] ボルツァーノは「代数」に還元することを追求しましたが，ラグランジュやコーシーが「代数解析」と言っていることと同じで，厳密化のモデルが幾何学から代数へと移っているのです．

188) 物理的な概念を数学の基礎とすべきでないという考えは，ラグランジュと共通しています．

関数の連続性　ボルツァーノは1817年に中間値の定理の証明を主題とする論文を書きました．元のタイトルは少し意味が取りにくいので，中間値の定理に引きつけて言い直すと，「値が異符号となる2点の間には，少なくとも一つ零点が存在するという定理の純粋に解析的な証明」となります．これはもちろん連続関数についての話で，連続性の定義をしっかり述べて，実数の基本性質である完備性を用いて厳密に証明しています．この論文を1817年論文と呼ぶことにしますが，以下ではこの論文の復刻[83]（1905年刊）の，Googleによるディジタル化文書から引用します．この論文は[83]では全34ページですが，そのうちの 10 ページほどにわたり，過去の証明の欠点[189] を指摘し，物理的直観や幾何によらない証明の意義を力説していることが印象的です．その中には多数の数学者の名が登場しますが，ラグランジュは度々言及されて，連続関数の話とは無関係ですが，導関数の記号 $f'(x)$ も使用されています．

[189] 結局循環論法になっていること．

肝心な連続性の定義は次のようになっていました：

> 関数 $f(x)$ が連続である[190] とは，定義域内の任意の x について，ω を望むだけ小さく取れれば $f(x+\omega)-f(x)$ が与えられた任意の大きさより小さくできることである．[191]

[190] 原文の直訳としては「連続性の法則に従って変化する」．

[191] 原文では定義域は $(-\infty, a]$ や $[a, \infty)$ なども想定してるようですが，あまり本質的ではないので省略しました．

まだ ε や δ に当たる変数名はありませんし，登場の順序もよく読まないと誤解するおそれもありますが，内容は現在の ε-δ 論法による定義とまったく同じです．ボルツァーノは区間 $[\alpha, \beta]$ 上の実数値連続関数 $f(x)$ と $\varphi(x)$ に対する方程式 $f(x) = \varphi(x)$ の解の存在という形を重視していますが,[192] これは $f(\alpha) < 0 < f(\beta)$ のときに $f(x) = 0$ を満たす x（f の零点）が存在するという主張に帰着されます．この最後の主張を証明するために，ボルツァーノは「実数の空でなく上に有界な部分集合は上限を持つ」という定理を少し限定した命題を用意します．とりあえずこれを認めてボルツァーノの証明を追うと，実数の集合 $A := \{ u \in [\alpha, \beta] \mid$ 任意の $x < u$ に対して $f(x) < 0 \}$ を考えて，その上限 u_0 では上記の連続性の定義から $f(u_0) = 0$ が成り立つことを示しています．最後の部分の確認は読者に任せて上限の存在の話に移ります．

[192] 実はタイトルも零点ではなく「方程式の解」の存在を主張していますが，これはラグランジュがこの問題を取り上げて幾何学的に解決したと主張していたからです．

上限の存在について　ボルツァーノが上限の存在を示す基礎は,「コーシー列は収束する」という形の完備性の表現です．[193] 1817 年論文では数列の収束も議論されていますが，等比級数の部分和などを扱うために，関数項級数というよりも，第 n 項がパラメーターとして x を含む級数を考えています．モデルとしては $\{a_n\}_n$ が与えられたときの $F_n(x) = \sum_{k=1}^{n} a_k x^k$ です．この論文で「コーシー列は収束する」という主張は § 7 の定理で

[193] 実数の基本性質としては，コーシー列の収束以外にアルキメデスの原理も必要です．

扱われていますが，表現を現代的にすると次のような内容です．

定理 2.16 (Bolzano)**.** 数列

$$F_1(x), F_2(x), F_3(x), \ldots, F_n(x), \ldots, F_{n+r}(x),$$

は任意に与えられた大きさ（筆者注：正の値）に対して十分大きい n を取れば，任意の r に対して $F_n(x)$ と $F_{n+r}(x)$ の差がその大きさよりも小さくなるようなものとする．このとき数列 $F_n(x)$ は，一意的に定まる，ある $F(x)$ に収束する．

原著では「収束する」という言葉は使用せずに，「この数列の項は $F(x)$ に限りなく近づく，すなわち数列の十分に先のほうではいくらでも $F(x)$ に近くなる」というふうに表現されています（原文に忠実ではなく，少し現代化しています）．さて，この定理は「コーシー列は収束する」ということを主張していますので，これを証明するには「コーシー列の収束性」と同等以上の実数の基本性質を用いなければなりませんが，ボルツァーノは明示していません．彼の与えた証明は，コーシー列であるという性質から，極限があるなら，それを任意の精度で知ることができるということを示しているだけです．なぜこれでよいと思ったのかというと，次の § 8 の注意を読めば分かりますが，ボルツァーノは十進無限小数は実数を定めることを認めているからです．[194] たとえば，十分大きい n に対して $F_n(x)$ がすべて区間 $(2.1, 2.2)$ の中に収まっていれば極限 $F(x)$ の小数第 1 位までの値は 2.1 としてよいでしょうし，次は 10^{-2} の幅に収まるほど先の $F_n(x)$ を考えれば小数第 2 位まで決まる，という感じです．ここは単純化していますが，n をかなり大きくしても $F_n(x)$ が 2.11 の上下を行ったり来たりしていると，極限の小数点以下第 2 位までの値として 2.10 と 2.11 のどちらを取ればよいのか分からず，実際問題として決定するのはたいへんです．

194) 十進無限小数をもとに完備性などを満たす実数を構成することは可能ですが，積の定義をするだけでも手間がかかります．

ボルツァーノによる上限の存在定理は，1817 年論文の § 12 にある次の主張ですが，各実数に対して満たすか満たさないかのどちらかが決まる性質 M を考えます（たとえば「正である」や「有理数である」など）．これは集合を考える代わりです．なおボルツァーノは実数とは言わずに「変量」(eine veränderliche Größe) と書いています．

定理 2.17 (Bolzano)**.** 性質 M にはそれを満たさない数があり，ある u については $x<u$ を満たすすべての x は性質 M を持つものとする．このときこのような u の中には最大のものが存在する．

ボルツァーノの証明は最短でもないのですが，なるべく尊重して紹介します．ただし，次の定義を導入します：「$y<x$ を満たす任意の y が性質 M を持つ」が成り立つとき，x は性質 N を持つとする．この N については，$x<y$ で x が性質 N を持たなければ y も性質 N を持たないことに注意しておきます．

定理 2.17 の証明　仮定によりある u が性質 N を持つが，以下これを固定しておく．u が性質 M を持たないとすると，u 自身が求める最大元となる．[195] u が性質 M を持つ場合は，仮定によりある $D>0$ で $u+D$ が性質 M を持たないものがある．このとき $m=0,1,2,\ldots$ の中で $u+\dfrac{D}{2^m}$ が性質 N を持つものがあるかどうか考える．そのようなものがなければ u が求める最大元である．[196] また，もし $u+D$（$m=0$ の場合）が N を満たしているなら $u+D$ が求めるものであることが分かる．よって，次にある $m=1,2,\ldots$ で $u+\dfrac{D}{2^m}$ が性質 N を満たすとして，そのような m の最小のものを m_1 とする．このとき $u+\dfrac{D}{2^{m_1-1}}$ は性質 N を持たないので，$u+\dfrac{D}{2^{m_1}}+\dfrac{D}{2^{m_1+m}}$ $(m=1,2,\ldots)$ の中に性質 N を持つものがあるかどうか考える．[197] もしなければ，$u+\dfrac{D}{2^{m_1}}$ が求める最大元となる（定理の直前に述べたことに注意）．存在する場合は，そのような m の最小なものを m_2 と置く．以下同様にして $r=1,2,\ldots$ に対して帰納的に m_r を定め，

$$x_r := u+\frac{D}{2^{m_1}}+\frac{D}{2^{m_1+m_2}}+\cdots+\frac{D}{2^{m_1+m_2+\cdots+m_r}}$$

と置く．次に $M_r := m_1+m_2+\cdots+m_r$ として $x_r+\dfrac{1}{2^{M_r+m}}$ $(m=1,2,\ldots)$ の中に性質 N を持つものがあれば，そのような

[195] ボルツァーノはこの場合を抜かしています．

[196] $u<z$ とするとある m で $u+D/2^m<z$ となることによります．このとき実はアルキメデスの原理が使われています．

[197] $m=0$ の場合は性質 N を持たないので，1 以上を考えれば十分です．

m の最小値を m_{r+1} とする．m_{r+1} が定まらないときは x_r が求める最大元となるので，すべての m_r が定まっている場合を考える．このとき定理 2.16 により数列 x_r は収束するので[198] その極限を U とすると，U が求める最大元となることが分かる（この部分の証明は省略する）． □

198）ここもアルキメデスの原理が必要．

ボルツァーノは $\lim_{n\to\infty} 1/2^n = 0$ の証明にはアルキメデスの原理が必要なことを見逃していますが，一般の順序体のような枠組みの中でも考える現在と異なり，当時としては気付かなくて当然と思われます．

最後に中間値の定理の証明の仕上げを簡略に説明しておきます．$[\alpha, \beta]$ 上の実数値連続関数 f で $f(\alpha) < 0 < f(\beta)$ を満たすものが与えられたとき，実数 x に対する性質 M を「$x < \alpha$ または $x \in [\alpha, \beta]$ で $f(x) < 0$」で定めて，定理 2.17 を適用すればよいのです．

なお，定理 2.17 の区間を 2 分していく証明法が，有界数列から収束部分列を取り出す証明法と共通なので「ボルツァーノ・ワイエルシュトラスの定理」という名称が生まれたようですが，ワイエルシュトラスが発見したものの，明らかな先行者がいたことを尊重した結果そうなったようです ([73, p. 605])．

その他の業績　コーシーの『解析教程』が出版されたあとですが，ボルツァーノはどの点でも微分できない連続関数の例を，有名なワイエルシュトラスの例（本書 p. 222）よりもかなり早く構成しています ([93, p. 10])．数学の基礎に関しては晩年の著作『量の理論』(*Größenlehre*) で一種の集合論を展開し ([104, p. 496])，さらに手記では実数を自然数によって基礎付けるという，後に解析学の算術化と呼ばれることを試みていました ([100, p. 176])．また，没後出版の『無限の逆説』(*Paradoxien des Unendlichen*) は無限のはらむ論理的困難を様々な角度から論じています．他に哲学，論理学に関するかなりの著書があります．

2.8 コーシー

無限小解析の歴史の中では，無限小を用いる論法は強力な一方で，アルキメデスに象徴される古代人の流儀に比して論証の確実性に欠けることがかなり意識されていました.[199] 無限小を用いていても，必要なら古代人の流儀に言い換えられるという主張もあって部分的には実践もされましたが，それですべてを解決するのは不可能でした．ニュートンはさらに確実な論証を追求して始めの比や終わりの比という極限を考えましたが，十分に的確な言葉で表現することはできませんでした．しかし 18 世紀後半になると，前項で見たように無限小を排除する考えが広がり，特にダランベールは極限をすべての基礎に置くことを提唱しました．そして，実際に極限の概念をもとに微分積分の成果を論理的に導いて見せたのはコーシーだったのですが，これから見るようにその道筋は，現在のように ε-δ 式定義で一貫しているというにはほど遠いものでした.

199) 当時は完璧と考えられていた『原論』も，多くの暗黙の仮定が用いられていたことが分かったのは 19 世紀後半です.

コーシー (Augustin-Louis Cauchy, 1789–1857) はエコル・ポリテクニクを卒業後，優秀な卒業生の進路の一つだった王立土木学校 (École royal des ponts et chaussées) に進学し，土木技師となりました．コーシーは実際に土木技師としてシェルブール軍港の工事などに携わりましたが，あまり合わず健康を損ねて転身を図り，やや苦労の末，エコル・ポリテクニクに職を得ました．そこで微積分の講義を担当し，テキストを執筆することになったのです.

コーシーが学生としてエコル・ポリテクニクに入学したときは，ラグランジュの後を継いだラクロワの講義を受け，アンペール[200] が復習教師をしていました．そしてラグランジュの『解析関数論』をシェルブールにも携えて行きました.[201] 個人的な憶測ですが，『解析関数論』他のラグランジュの著作を長い間真剣に読んだことが，その欠点に気付き改善するという結果になったのではないかとも思われます.

200) 電流の単位アンペアに名を残している人ですが，最初は数学者として出発しました.

201) 以上の伝記的事実は[65] によっています.

注 2.18. エコル・ポリテクニクの設立経緯などについては佐々

木[23] の第7章第1節や[65] 第1章にくわしい．なお，現在でも在校生の正装は帯剣の軍服姿です．王立土木学校の現在の名称は国立土木学校になっていますが，当時も今も国家エリートの養成校です．

コーシーは多面体についての論文[202] を皮切りに，解析学を中心に非常に多数の業績を挙げていますが，無限小解析の基礎に関係が深いものは1821年の『解析教程』(*Cours d'Analyse de l'École Royale Polytechnique*) と，1823年の『無限小解析講義要論』[203] です．後者は『微分積分学要論』という題で邦訳されています ([20])．これらは共にエコル・ポリテクニクにおける講義の教科書あるいは資料として書かれたものですが，1823年のほうのタイトルに「無限小解析」(*calcul infinitésimal*) という言葉が含まれているだけでなく，本文でも「無限小」を度々使用しています．現代の読者がこれらのテキストに ε-δ 論法による記述を期待すると，当てが外れて驚くと思いますが，要所では ε が登場し，不等式によって結論を導いていますので本質的に言ってコーシーを ε-δ 論法の創始者と呼んでも間違いないと思います．

[202] [65] 第1章

[203] 原題は長く，次のとおりです：*Résumé des Leçons données A L'école Royale Polytechnique sur le calcul infinitésimal*

コーシーが ε-δ 論法（の原型）によって無限小解析を再編成した動機，あるいは意図を明確に語った文書はないようですので，次に上記二つのテキストの内容を検討します．

2.8.1 『解析教程』

この書は微積分全体を対象とした計画の一部として構想され，「第1部代数解析」という副題が付いていますが，結局続編は出版されず，代わりに1823年に『無限小解析講義要論』が出版されました．コーシーは序文で『解析教程』の扱う対象を，いろいろな実または複素関数,[204] 収束級数と発散級数，代数方程式の分解，および有理関数の部分分数展開であると述べており，関数の微分，積分はまったく扱われていません．しかしオイラーの『無限解析序説』のように関数の級数展開が示されています．基礎の問題については，無限小の定義が与えられ，それに基づいて関数の連続性，級数の収束が定義され，収束の判定条件が

[204] 複素数およびそれを変数と値に持つ関数についてかなりのページが与えられています．

論じられています．

しかし，一般に言われている「ε-δ 論法の創始者」というコーシーのイメージとはうらはらに，『解析教程』では ε-δ 論法は皆無ではなくてもほとんど見られず，旧来の用語あるいは感覚を色濃く残し，移行期が始まったばかりであることを感じさせるものです．以下，具体的に内容を見ていきましょう．なお，引用はフランス国立図書館のサイトから入手できる，『解析教程』(1821)（巻末文献[87]）のディジタル化文書からの拙訳です．

序文から　現代では微分積分はまったく実数の世界ひいては集合の世界内で展開されますが，『解析教程』では物理的な量 (quantité) と数 (nombre) が共に意識され，数は量から生まれたもの，と述べられています．該当部分を拙訳によって引用すると次のとおりです．

> 我々は数の名称を常に算術で用いられる意味に取り，そして数は大きさ (grandeur) の絶対的な測定から生じる．また，量の表示は一意的に正または負の数に対応させられる．

このように『解析教程』では 1 次元の量と数が扱われています．そして関数の連続性を扱うには，無限小の基本性質を周知させないわけにはいかなかったと言っています．しかしこれは誤解を招く表現であり，実は極限によって無限小を定義しており，極限あるいは収束が最も根底にある概念です．一方，結果を導く方法については，「幾何学で要求されるすべての厳密性を与えるよう努め，代数学の一般性から引き出された理由にまったく頼らないようにした」という方針を掲げ，収束級数と発散級数の区別を明確にすることなどを例に挙げています．また，代数的な等式はその成立条件を吟味し，用いる記号の意味を明確に定めることによって，結論の不確実性を避けることができると述べています．これらは現在では当たり前のことですが，それだけコーシー以前は結果を得ることにもっと前のめりだったことを示しているのでしょう．

変量，極限，無限小　コーシーは「変数」ではなく「変量」をまず次のように定義します：「次々といくつかのたがいに異なる値を受け取ると考える量[205] を**変量** (quantité *variable*) と言う」(『解析教程』p. 4)．しかし常に quantité variable と言うわけではなく，すぐあとの極限の定義では単に variable で変量を指しています．

[205] celle que l'on considère comme devant recevoir successivement plusieurs valeurs différentes les unes des autres.

コーシーによる変量の定義は，次々とたがいに異なる値を受け取る，というあいまいで，いわば**勝手に変化していく量**なので，なんとなく納得してしまいそうですが，数学的に厳しく見ればこれは『原論』の「点とは部分を持たないものである」という定義と同然で意味を持ちません．数学としては，「x は変量である」という主張の真偽の客観的な判定条件がなければいけませんが，コーシーの定義のままではそれは無理です（この点については，下の注 2.20 も参照してください）．たとえば数列 $\{x_n\}_n$ や，時間 t の関数 $f(t)$，またはある種の順序集合[206] 上の関数であるとしてはっきり限定すれば問題はなくなりますが，それがコーシーの真意に沿っているかどうかは分かりません．

[206] 有向順序集合というもので，第 6 章で扱います．

この問題はさておいて，極限の定義（あるいは説明）は次のようになっています（『解析教程』p. 4)．

> ある変量に次々に割り当てられる値がある定量に限りなく近づく，すなわちその差が望むだけ小さくなるとき，その定量は変量の取る値の極限であると言う．

この定義の近辺には記述がないのですが，極限への**収束**という言葉も現在と同様に用いられます．定義の直後に極限の例として，円に内接する多角形の面積の，辺の数を大きくしていくときの極限が円の面積になることが挙げられています．[207]

[207] 正確には，辺の数を大きくしていくだけでは成り立ちません．

極限を用いて，『解析教程』の理論面での鍵となっている無限小は次のように定義されています．

定義 2.19 (『解析教程』p. 26)**.** ある変量が**無限小**であるとは，その数値が極限 0 に収束することを言う．

この定義では量とその数値が別のものとして扱われていることに注意しましょう．実は この定義のずっと前の 4 ページにも無限小の定義がありますが，そこでは変量に対応する数値が無限に減少するとき，すなわちどんな数よりも小さくなっていくとき，それを無限小と定義していました（正の数値しか考えていないようです）．また 13 ページでも極限や収束という言葉を使って lim. という記号を導入していますが，x が 0 に収束するとき，$\sin 1/x$ は本来の意味の極限を持たないのに，lim.$((\sin 1/x))$ のように二重括弧を付けて，現在で言う集積値全体を表したりするなど，すっきりしていません．

ともあれ，無限小を極限によって定義したことは，**無限小を原子論でいう原子のような一定のモノではなく，有限の量が 0 に限りなく近づくという一つの状態であると規定した**ことになります．しかし変量の定義が現代の見地からは不完全なので，無限小も上の定義によって序文に述べた「幾何学で要求されるすべての厳密性を与える」ことができたかというと，疑問に思わざるを得ません．この点はワイエルシュトラスによる ε-δ 論法の徹底化によって解消されることになります．正負の無限大の定義もなされていますが，読者には容易に見当がつく，当然の定義と思いますので省略します．

注 2.20. 数学史家のデュガックは，コーシーの無限小について，「無限小とは 0 を極限とする数列である」と言い切っています（[45, p. 392]）．デュガックはすでに変量の定義の段階において，「次々に (successivement)」という表現から自然数をパラメーターとする量の列しか考慮していないようです．フランス語話者としてはこれは自然な理解かもしれません．しかしそうだとすると，次に検討する『無限小解析講義要論』での導関数の定義で用いられる，無限小 i に対する $(f(x+i)-f(x))/i$ の収束については「**すべての無限小** i に対する収束」であることが注意されなくてはいけませんが，コーシーは特に触れていません．また，変量の例として『無限小解析講義要論』第 1 講では，「双曲線の中心とこの曲線の点とを結ぶ動径が x 軸と作る角」が挙げられ，双曲線上の点がしだいに中心から遠ざかるときの極限を考えています．[208] したがって自然数をパラメーターとするもの以外の変量も考えており，無限小を数列に限定する

[208] 『無限小解析講義要論』第 12 講の積分の定義でも，数列ではない変量を考えています．

のは行き過ぎのように思われます．いずれにせよ，今日の基準ではコーシーの定義は完全とは言えません．

関数の連続性　『解析教程』第II章§2で関数の連続性が扱われますが，関数は量の関数ではなく，1実変数の関数なので現代の我々も安心して読めます．$f(x)$ はある区間に属する x に対して定義された実数値関数とします（コーシーはわざわざ1価関数であると述べています）．このとき次のように連続性が定義されています．

定義 2.21（『解析教程』pp. 34–35）**.** 区間内の任意の x に対して，その無限小増分 (un accroissement infiniment petit) α に対する f の増分 $f(x+\alpha)-f(x)$ が常に無限小であるとき，$f(x)$ は x に関して連続であると言う．

この定義は ε-δ 方式の定義に近づいていますが，p. 120 のボルツァーノによる連続性の定義に比べると遠いです．なぜならば，ボルツァーノの定義は ε-δ 方式そのものと言ってよい形ですが，コーシーの定義は，「$\{a_n\}_n$ を 0 に収束する任意の数列とすると，必ず $f(x+a_n)$ が $f(x)$ に収束する」ときに f を連続と言っているようなものだからです．[209] また，コーシーの定義は $f(x)$ の a における連続性の定義「x が a に限りなく近づくならば $f(x)$ は $f(a)$ に限りなく近づく」における，「ならば」の前後の「x が a に限りなく近づく」と「$f(x)$ は $f(a)$ に限りなく近づく」の双方に意味を与えるものと考えられます．しかし現代の ε-δ 方式の定義は，「ならば」で結んだ全体に意味を与えるもので，前後の主張の真偽は問題にしていないのです（1.3.1項における議論を参照してください）．この点は，コーシーは無限小によってむりやり真偽を与えているので，定義としては不完全ですが，実際の使用では現代的に運用していて，問題は起きないのです．

[209] 3.2.1.2 項での議論を参照してください．

コーシーは関数の連続性判定の最初の例として $\sin x$ を挙げていますが，それは

$$\sin(x+\alpha)-\sin x = 2\sin\left(\frac{\alpha}{2}\right)\cos\left(x+\frac{\alpha}{2}\right)$$

という変形によっています．おそらく $|\sin z| \leq |z|$ という不等式は当時も常識で，これ以上説明の必要はなかったのでしょう．$\sin x$ の他にも三角関数，対数関数などの連続関数の例を挙げていますが，証明は略されています．

また，たとえば3変数の場合には，三つの無限小 α, β, γ に対して $f(x+\alpha, y+\beta, z+\gamma) - f(x,y,z)$ が無限小になることとして多変数関数の連続性も定義されています．

無限級数の収束　『解析教程』の中では，級数に関する結果が当時の人たちに大きなインパクトを与えたことが伝えられています．[210] 実数の級数は『解析教程』の第6章で扱われていますが，そこではまず，次々とある決められた規則によって生み出される無限列 $u_0, u_1, u_2, \ldots$ を級数 (série) と呼んでいます．つまり，数列のことを級数と言っているようですが，これは形式的な級数 $u_0 + u_1 + \cdots + u_n + \cdots$ を認めたくないことが関係していると思われます．とにかく，最初の n 項の部分和

$$s_n := u_0 + u_1 + \cdots + u_{n-1}$$

を定義し，n を大きくしていくと s_n がある極限 s に収束するならば，上の意味での級数は収束すると言い s をその和と言う，と現在とまったく同様に定義しています．収束しない級数は発散すると言われ，和を持たないとすることや，u_n を一般項と呼ぶことも同様です．

[210] 出典が分かりませんが，[20, pp. 212–213] には，コーシーの級数に関する発表を聴いた老大家ラプラスは自著に現れる級数の収束を急遽確かめたという話が紹介されています．

級数の最初の例として

$$1, x, x^2, x^3, \text{ etc.} \qquad \left(\text{現代表記では} \sum_{n=0}^{\infty} x^n\right)$$

が扱われ，等式

$$\sum_{k=0}^{n-1} x^k = \frac{1}{1-x} - \frac{x^n}{1-x}$$

を用いて，$x < 1$ ならこの級数は収束して和が $\frac{1}{1-x}$，$x > 1$ なら発散すると結論しています（x の絶対値を考えているようです）．なお実際は，コーシーは総和記号を用いずに記述してい

ます．

そして，部分和 s_n が s に収束するならば，任意の r に対して $s_{n+r} - s_n = u_n + u_{n+1} + \cdots + u_{n+r-1}$ は n を十分大きくとればいくらでも小さくなることに注意し，直ちに「逆にこの条件が満たされれば級数は収束する」と述べて，級数が収束することと部分和がコーシー列になることの同値性を，何の証明もなく当然のように述べています．このことから，上述の等比級数は $x = \pm 1$ で発散することや調和級数が発散することを示しています．

このあとで，コーシーは有名な誤りを定理として主張しています（『解析教程』第 6 章 § 1，定理 1）：一般項が x の連続関数 $u_n(x)$ である級数が各 x に対して収束するとき，和 s も x の連続関数となる．これは単純収束より強い，一般には一様収束性が必要な話ですが，これを読んだアーベル (Niels Henrik Abel, 1802–1829) が反例を指摘したことはよく知られています．この定理のあとは，正項級数の収束判定条件や整級数の収束半径など，現代の微分積分学でも標準的な内容が続きます．

ε-δ 論法の片鱗　『解析教程』では 0 に収束する変量である無限小を基礎にしていますが，実際に証明をするときには無限小ではなく，有限の量を用いる ε-δ 論法的な議論をしている場合があります．その一つが第 2 章 § 3 の定理 1 です．

定理 2.22（『解析教程』p. 48）**.** x が増加していくとき $f(x+1) - f(x)$ が極限値 k に収束するとすると，$f(x)/x$ も x が増加するとき同じ極限値に収束する．

証明．（以下は数式の体裁を除きコーシーによる証明の逐語訳です）最初に k の値は有限と仮定し，ε を任意に小さい数を表すものとする．x が増加するとき，差 $f(x+1) - f(x)$ は極限値 k に収束するので，ある数 h で，$x \geq h$ ならば問題の差が常に $k - \varepsilon, k + \varepsilon$ の間に挟まれるようになるものを取れる．このとき，n を任意の自然数とすると，次の各量

$$f(h+1) - f(h),$$

$$f(h+2)-f(h+1),$$
$$\vdots$$
$$f(h+n)-f(h+n-1)$$

とその相加平均すなわち $(f(h+n)-f(h))/n$ は $k-\varepsilon$ と $k+\varepsilon$ の間にある．したがって

$$\frac{f(h+n)-f(h)}{n}=k+\alpha$$

とすると α は $-\varepsilon$ と ε の間にある．よって，$h+n=x$ とすると，上式から

$$\frac{f(x)-f(h)}{x-h}=k+\alpha \tag{1}$$

となり，これから次が得られる．

$$f(x)=f(h)+(x-h)(k+\alpha),$$

$$\frac{f(x)}{x}=\frac{f(h)}{x}+\left(1-\frac{h}{x}\right)(k+\alpha). \tag{2}$$

さらに，x を無限大に増加させるには h を変えずに n を無限大に増加させればよい．したがって，(2) 式において h を定数と考え，x を ∞ に収束する変量としよう．このとき右辺に含まれる $f(h)/x, h/x$ は 0 に収束し，右辺自体は α を $-\varepsilon, \varepsilon$ に挟まれる数として，$k+\alpha$ という極限に収束する（この結論は問題ですが，コーシーはこう書いているのです）．したがって，比 $f(x)/x$ は極限として $k-\varepsilon$ と $k+\varepsilon$ に挟まれる極限を持つ．この結論は ε がいくら小さくても成り立つので，問題の極限はちょうど k になる．別言すれば

$$\lim.\frac{f(x)}{x}=k=\lim.\big[f(x+1)-f(x)\big] \tag{3}$$

が得られる．（$k=\pm\infty$ の場合の証明は省略する） □

この証明にはいくつか欠陥があります．たとえば，「x を無限大に増加させるには h を変えずに n を無限大に増加させれば

よい」というのは，n は離散的にしか大きくならないので疑問ですし，最後のほうの，「$k+\alpha$ に収束する」と書いているのもおかしいです．しかし，何よりも気付くべきは，誤差として任意の $\varepsilon > 0$ が登場していることと，x が無限大にいくときの，十分大きい x を表す条件 $x \geq h$ が登場していることです．このの h は有限な値に近づくときの $\delta > 0$ に相当するものであり，コーシーの極限に関する言葉遣いは問題があっても，実質的には極限を現在の ε-δ 論法と同様に考えていたことが分かります．

巻末のノートから　『解析教程』は本文が600ページほどの大著ですが，巻末には Note I から Note IX までの特論的なノートが174ページにわたって続いています．そこでは現代の微分積分学のテキストでも扱われている様々な話題が展開されていますが，中でも最長の Note III では中間値の定理，実係数代数方程式の実数解の存在範囲の評価とニュートン法[211] による解の近似計算など多数のことが説明されています．

211) [70, p. 110]

中間値の定理の証明は，本質的には2分法として知られているものと同じですが，区間の m 等分を繰り返してコーシー列を構成し，その極限が求める点となることを示しています．

代数方程式の解をニュートン法で求めるには導関数が必要ですが，コーシーはここでは直接に微分係数や導関数の話をせずに，x の多項式 $F(x)$ に対して

$$F(x+z) = F(x)+zF_1(x)+z^2F_2(x)+z^3F_3(x)+\cdots \quad （有限和）$$

となる多項式 $F_1(x)$, $F_2(x)$, ... を用いています．$F_1(x)$ は $F(x)$ の導関数であり，ラグランジュはこれから一般の関数の導関数を導入しようとしたのでした．

2.8.2 『無限小解析講義要論』

『解析教程』の2年後に出版された『無限小解析講義要論』は，ε-δ 論法という形式への進化という点では特段の変化はなく，変量の定義は『解析教程』とまったく同じで，0 に収束する変量という意味の無限小を中心に記述されています．しかし基礎編だった『解析教程』とは異なり，導関数が定義され，積

分が逆微分ではなく独立に定義されて，微分積分学の基本定理が証明されます．また，平均値定理や部分積分公式，テイラー展開の積分形剰余項とそれを用いた関数のテイラー展開可能性の証明など，現代の微分積分学で標準となっている結果が網羅されています．一方ではライプニッツ的な微分 dy, d^2y などにも意味を与えています．無限小や微分 dy を扱っている点は現在とは異なりますが，それらを除くと，現代の微分積分の教科書との共通性をかなり感じます．

以下では『無限小解析講義要論』を『要論』と略称して[20] を引用しつつ，微分積分の基本概念のコーシーによる定義を見ていきますが，その前に序文で主張していることを確認しましょう．

序文から　コーシーは『要論』の主な目的は，微分積分学の展開において，「『解析教程』において原則としていた厳密性を，無限小量を直接に考慮することによって，うまく和らげることである」と述べています．したがって無限小の定義にまでさかのぼらなくとも理解できそうなことは略式に済ますので，ε-δ 論法を用いる機会は少なくなります．しかし，名指しこそ避けていますが，ラグランジュのテイラー展開を前提とする手法は否定し，テイラー級数が収束する場合でも元の関数と等しくならない場合があることを注意しています．そしてこの本の読者には，級数の助けを借りなくても微分学の原理やその応用を容易に取り扱うことができると確信することを期待しています．

導関数　『要論』第3講では1変数関数の導関数が定義されています．$f(x)$ は連続とすると，無限小増分 i に対して $f(x+i)-f(x)$ も無限小なので，

$$(*)\qquad \frac{f(x+i)-f(x)}{i}$$

は無限小同士の比となりますが，無限小は一つの量ではなく変量だったから，この比も変量として意味を持ちます（分母が 0 になることは考えないようです）．そしてこの変量が有限な極限値に収束するとき，その極限値が定める関数を $f'(x)$ で表し，$f(x)$ の導関数と呼んでいます ([20, p. 9])．厳密に言えば，比

$(*)$ が任意の無限小 i に対して収束し，極限値が i によらないことを示さないと導関数が x だけの関数として定まりません．無限小の定義がもっとはっきりすればこれを証明できる可能性がありますが，コーシーの変量の定義は漠然としているので証明はできません．定義の後，簡単な関数から始めて，指数関数，対数関数などの導関数が求められていますが，証明は『解析教程』への参照で済まされています．微分係数という名称は次の第 4 講で出てきます．

合成関数の微分法則は $y = f(x)$, $z = F(y)$ として，x の無限小増分 Δx に対する y, z の増分をそれぞれ $\Delta y, \Delta z$ として

$$\frac{\Delta z}{\Delta x} = \frac{F(y + \Delta y) - F(y)}{\Delta y} \cdot \frac{\Delta y}{\Delta x}$$

という計算によっていて，やはり 0 による割り算の可能性は無視されています．

拡張として第 8 講では偏導関数が導入されています．

平均値定理　『要論』第 7 講では平均値定理が 2 段階に分けて示されていますが，その前段の主張を現代風に述べると次のようになります．

定理 2.23 (コーシー)**.** 連続関数 $f(x)$ は区間 $[x_0, X]$ で微分可能とし，さらに $f'(x)$ は最小値 A, 最大値 B を持つとする．このとき差分商 $(f(X) - f(x_0))/(X - x_0)$ は A と B の間にある．

コーシーによるこの主張の証明は，はっきりと ε-δ 論法の特徴を備えています．すなわちコーシーは ε, δ というそのものの記号で，冒頭に次の主張をしています．

> ε, δ は非常に小さな正の数であって，δ を値がこれよりも小さな i に対して，x が x_0 と X の間にあるかぎり，どこにあっても
>
> $$(**) \qquad \frac{f(x+i) - f(x)}{i}$$
>
> が，$A - \varepsilon$ よりも大きく，$B + \varepsilon$ よりも小さくなるよ

うに選んでおく ([20, p. 30]).

これは「$\varepsilon > 0$ が任意で $\delta > 0$ はそれに対してある条件を満たすように選ぶ」という，ε-δ 論法の基本構造どおりであることが分かります．なお，コーシーの主張は差分商 $(**)$ が i が十分小さいと $f'(x)$ に近くなることに基づいていますが，必要な i の小ささは x に依存するので，$x \in [x_0, X]$ に対して共通の δ で済むのは自明ではありません．平均値定理を使ってしまえばコーシーの主張が正しいことが分かりますが（実は i が小さい必要もありません），それでは循環論法になってしまいます．この冒頭の主張を認めればあとの証明は簡単ですが，必要ならば小堀[20, p. 30] あるいは中根[48, pp. 40–41] を参照してください．なお，現在標準的な平均値定理の証明（たとえば[70, p. 87]）は，ロルの定理を用いることで，この前段を経由しない形になっています．

微分　『要論』第 4 講は，微分係数ではなく，ライプニッツの意味での微分が扱われています．コーシーの説明はいろいろな教科書でも取り扱われていますが，少し分かりにくいので元の表現を変更します．$f(x)$ は微分可能として，無限小 i と実数 h を取り，$(f(x+hi)-f(x))/i$ を考えるとこれは

$$\frac{f(x+hi)-f(x)}{i} = \frac{f(x+hi)-f(x)}{hi} \cdot h$$

と変形され，hi も無限小なので $f'(x)h$ に収束することが分かります．すなわち，実数 h に $(f(x+hi)-f(x))/i$ の極限値を対応させる写像は線型で，その係数が $f'(x)$ となります．ここからは現代的な解釈になりますが，この線型写像を $df(x)$[212] で表し，x における f の微分[213] と言うのです．すなわち

$$df(x)(h) = f'(x)h$$

です．x に x 自身を対応させる写像も x で表すとすると，$dx(h) = h$ なので，線型写像の間の関係として $df(x) = f'(x)dx$ が成り立ちます．$y = f(x)$ として変数 y を導入したときは，$df(x)$ を dy で表すことが多いので，結局 $dy = f'(x)dx$ と書く

212) 本当は $(df)(x)$ として，x ごとに定まる線型写像，という意味をはっきりさせたほうがよいと思います．

213) 「微分写像」と言ったほうが分かりやすいかもしれません．多様体の間の写像について，これを拡張したものが考えられ，それは接空間から接空間への線型写像となります．

ことになります．コーシーは，この形から $f'(x)$ を微分係数と言うことがある，としています．なお，微分 dy のこの解釈はライプニッツが1684年論文で述べているものと同じと考えられます．

df の線型写像としての位置付けは，コーシーにとっては言うまでもないことだったのかもしれませんが，読者にとっては明らかにされないまま，具体的な関数の微分が調べられ，さらに次の第5講では，ライプニッツのように $d(u+v)=du+dv$, $d(uv)=udv+vdu$ や $d(u/v)=(vdu-udv)/v^2$ などの公式に進んでいます．多変数関数の場合の微分として，第8講では全微分が考えられています．

第12講では，関数 $y=f(x)$ の高階導関数 $f'(x)$, $f''(x)$ または y', y'' などとともに，d^2y, d^3y などの高次微分が導入されています．しかし高次微分の取り扱いは多分に形式的[214]で，意味を考えると混乱すると思います．本来は微分 $df(x)$ の微分は，線型写像の変化 $df(x+h)-df(x)$ の h に関する線型部分なので，実数 k に作用させた

$$\Big(df(x+h)-df(x)\Big)(k)=f'(x+h)k-f'(x)k$$

から，f が2回微分可能なとき，$\big(d(df(x))(h)\big)(k)=f''(x)hk$ となります．つまり，$d(df)$ は (h,k) に対して $f''(x)hk$ を対応させる双線型形式となるので，たとえば $d(df(x))[h,k]$ [215] と書いたほうがよいのです．特に $h=k$ のときは，$d(df(x))[h,h]=f''(x)h^2$ となりますが，コーシーはこれを $ddy=y''h^2$ という，左辺のどこにも h が現れない等式で表現しています．このようなことから

$$y'=\frac{dy}{dx},\quad y''=\frac{d^2y}{dx^2},\quad y'''=\frac{d^3y}{dx^3},\dots$$

を導いています．

214) 1変数の場合は，線型写像としての微分 $df(x)$ と微分係数 $f'(x)$ の区別が付けにくいこともあります．

215) 最も厳密には $\big(d(df)(x)(h)\big)(k)$ と書きたいところです．

積分　コーシーは『要論』第12講で連続関数の定積分 $\int_{x_0}^{X} f(x)\,dx$ をこの記号とともに定義していますが，記号はフーリエの提案したものを採用しています．注目すべきは，定義の段階から $x_0<X$ と $x_0>X$ の両方の場合を対等に扱っていることで

す．また，収束する広義積分だけでなく，発散積分の主値まで扱っています（第 24 講）．さて，積分の定義を $x_0 < X$ の場合に簡単に見ていきますが，結局のところリーマン和を用いた現在の定義と同じと言ってよいものです．つまり，

$$x_0 < x_1 < x_2 < x_3 < \cdots < x_{n-1} < X =: x_n$$

という x_i を用いて区間 $[x_0, X]$ を小区間 $[x_{i-1}, x_i]$ $(i = 1, 2, \ldots n)$ に分割して，和

$$S := \sum_{i=1}^{n} (x_i - x_{i-1}) f(x_{i-1})$$

を考えます（ただしコーシーは総和記号を使っていません）．コーシーの主張は，f が連続な場合，分割した小区間の個数を増やして $x_i - x_{i-1}$ を限りなく小さくすると S はある極限に収束する，ということです．S は小区間への分割の仕方という，連続無限個のパラメーターに依存するので数列とは見なせませんが，コーシーはお構いなしに極限について語っています．また極限の存在は，二つの分割に対する S の差が小区間の幅を小さくしていけば 0 に近づくという，数列に対するコーシーの収束条件と同様な条件を満たすことを根拠にしていますが，これも「同様に」以外の根拠はありません．そして，この収束条件が満たされることの証明は，有界閉区間上の連続関数は一様連続であるという事実（本書の定理 3.74）に依存していますが，コーシーは一様連続性という概念自体を知りませんでした．なお，S の定義は特別なリーマン和ですが，$f(x_{i-1})$ を x_{i-1} と x_i の中間の任意の ξ_i を用いた $f(\xi_i)$ に代えても同様であることが注意されています（第 22 講）．

2.8.3　ε-δ への道におけるコーシーの位置

ε-δ 論法の歴史についてのよくある簡略な説明では，コーシー以前は無限小という論理的には極めて扱いづらいものを数学者の優れた感覚で使って多くの成果を挙げたものの，限界が来てしまい，それをコーシーが極限を厳密に扱う ε-δ 論法を導入して救った，というあらすじになっていると思います．しかし『原

論』以来の数学に収まらない無限小についての疑問は，ニュートンの時代からあって，無限小解析に対する批判はずっと続いていました．これに対して無限小を擁護する側では，素朴に存在を信ずる他に，無限小は取り尽くし法とは表現が異なるだけという考えがライプニッツの時代からもありました．しかし，取り尽くし法は極限の扱いの一面に過ぎませんし，無限小をギリシャ数学以来の論理体系に取り込むことは実際にはできませんでした．18 世紀後半になると，ラグランジュを顕著な例として，無限小の論理的な問題を解消しようと考える数学者が少なからず出てきました．ラグランジュは無限小だけでなく極限すら排除しようとして失敗しましたが，その試みの影響は大きく，コーシーへも反面教師としてだけではなく作用しました．[216)]

以上のような時代の中で，無限小解析に幾何学と同様の厳密性を与えようとしたコーシーは，無限小を 0 に収束する変量として定義することから始め，ε-δ 的な論証に到達しました．しかし「変量 x は無限小である」という主張は，変量の定義の曖昧さから数学の命題として真偽を問うことが困難であり，この点でコーシーの定義は不完全です．これについて，変量の代表として数列を考えれば，それが無限小（すなわち 0 に収束する）というのは意味があるではないかという反論が考えられます．しかし，数列 $\{x_n\}_n$ が 0 に収束するという主張は，図式的に書くと，「$n \to \infty \Longrightarrow x_n \to 0$」という，二つの収束 ($\to$) を結んだ主張であり，「$n \to \infty$」なしの「$x_n \to 0$」単独では意味がないのです．同様に，関数の連続性の主張「$x \to a \Longrightarrow f(x) \to f(a)$」も二つの収束を共通項の x を介して結んだ主張です．そしてコーシーが実際に ε-δ 論法を使用しているのは，このように二つの収束を結んだ形の主張を証明するときだけです．同じことを中根[48, p. 46] は，「コーシーの極限と無限小は関数関係の中で定義されていないので，ε-δ 論法で表現できない」という形で述べています．

すなわち，コーシーのなしたことを客観的に評価すると，無限小そのものを定義したというよりは，[217)]「x が無限小ならば $f(x)$ も無限小である」というような，無限小同士を結ぶ主張が微分積分の展開には必要十分であり，しかもそれは ε-δ 方式に

216) グラビナー[93] 第 5 章では，コーシーの導関数の理論への影響が論じられています．

217) 変量の定義を限定すれば意味が付けられますが，そうする必要もないのです．

よって論理的な疑念の余地なく**表現できる**ことを示したことです．ここに太字で「表現できる」と書いたのは非常に重要なことで，曰く言いがたい無限小を用いずに，具体的に証明を記述できるように言語化した，ということなのです．そして ε-δ 論法による証明はアルキメデスら古代の取り尽くし法を受け継ぐものと言えるのです．ただ，コーシーが古代の論法との関係をどのように意識していたのかを知りたいと思うのですが，残念ながらあまりはっきりしていないようです．

ε-δ 論法では，象徴的に言うと，$|x-a| < \delta$ から $|f(x)-f(a)| < \varepsilon$ を導くという不等式から不等式を導く論証（形式的には不等式の変形）が重要になるので，そのために「いつでも成り立つ不等式」があれば便利になります．現在では，関数に関するそのような不等式が多数発見されていますが，コーシーは『解析教程』の NOTE II で有名なコーシー・シュワルツの不等式の有限次元版を始め，多数の不等式を証明しています．グラビナー[93]は逆に，代数方程式の近似解の評価などで開発された不等式の活用が ε-δ 論法の形成に寄与した可能性を述べています．

コーシーの ε-δ 論法は次節に見るようにワイエルシュトラスによって非本質的な部分が除かれて完成しますが，高度な発展を開始した 19 世紀の解析学に不可欠の道具として普及して行きました．この時代における ε-δ 論法の必要性は，たとえば高木[31] の第 7 章にあるようなフーリエ級数の収束問題などを，ε-δ 論法なしで扱うことを想像してみれば納得できることと思います．

なお，コーシーは「連続関数列の各点収束先も連続関数になる」というような誤った主張をしましたが，誤りが早く発見された理由の一つに，コーシーが直観的に明らかとして見過ごした部分を，ε-δ 論法による確実な証明のモデルにならって表現し，証明しようとすれば自然に気がつくということがあったのではないかと思われます．

ε-δ 論法確立後の微分積分学は，極限の扱いは論理的に一応は問題がなくなり，その結果として微積分の基礎を支える実数が問題として意識に上ってきます．コーシーは実数の完備性を当然のこととして認めていましたが，ワイエルシュトラスは有理数から実数を構成する理論を作り上げていました．ワイエルシュトラスの実数論は複雑すぎて広がりませんでしたが，その後カントールやデデキントが有理数ひいては自然数から実数を構成する理論を提出しました．19 世紀後半のこの動きは微分積分学を究極的には自然数の体系（算術）に還元しようというもので，**解析学の算術化**と呼ばれました．この動きはさらに集合論と論理学の発展に続きますが，その話は第 4 章以降で扱います．なお，コーシーは無限小解析に幾何学同様の厳密性を与えるという目的を持っていましたが，いまや幾何学ではなく算術レベルの確実性を目指すことになったのです．

2.9 ワイエルシュトラス

ワイエルシュトラス[218] (Karl Theodor Wilhelm Weierstrass, 1815–1897) はギムナジウム[219] 在学中に数学の専門誌を読む早熟ぶりでしたが，紆余曲折のコースを進み，ギムナジウムなどでの教務の傍ら孤立した中で研究を進めました．15 年ほど教員生活をしていましたが，アーベル関数についての論文で学会の注目を集め，41 歳になる年にベルリン大学に招聘されました．以後，微分積分学，解析関数，楕円関数，変分法などの講義を長年にわたり展開して，多くの聴講者を集め ε-δ 論法による解析学のいわゆる厳密化に寄与しました．

218) ドイツ語での発音に近い日本語表記は「ヴァイアシュトラース」となります．

219) 大学進学予定者が進む，日本で言えば中高一貫校をさらに拡大したような，当時 9 年制の学校．

ワイエルシュトラスは微分積分学の教科書のようなものは出版しなかったので，弟子たちがまとめた講義ノートによって ε-δ 論法に関連することを見ていきます．

2.9.1 1861 年『微分計算』講義

ワイエルシュトラスは 1840 年のベキ級数に関する論文で ε-δ 論法的な考察をしていますが ([48, § 3.2.1])，1861 年夏学期のベルリン産業学校 (Gewerbeinstitut Berlin)[220] における『微分計算』(Differential Rechnung) と題する講義で，現在の ε-δ 論法とほとんど変わりない微分法を展開しています．この講義

220) ベルリン大学に招聘される直前に，こちらへの就任が決まっており，ワイエルシュトラスはしばらく両方に籍を置いていました．後にベルリン工科大学に統合されました．

には，シュワルツ (Hermann Amandus Schwarz, 1843–1921) による講義録があり，デュガック[89] に一部が紹介されています．それによると，講義は次のように展開されていました．

まず微分計算は連続的変量 (stetig veränderlichen Größen) にのみ関わると宣言され，一つの変量を決めるとそれに対して他の変量が決まるとき，後者は前者の関数であると言う，として関数が導入されます．シュワルツによる講義録では変数や関数の記号についての説明はないようですが，この先では $f(x)$ という関数表現は当然のように使われています．その上で，連続関数，微分係数を定義していきます．

連続関数　x の関数 $f(x)$ の連続性についてワイエルシュトラスはまず次のように述べています ([89, p. 119])（元の文章の意味を変えない範囲で表現を少し変えています）．

> （x は決められた値として，x が $x+h$ に変化したときの関数値の変化 $f(x+h)-f(x)$ について）h にある限界 δ を定めて，$|h|<\delta$ を満たす**任意の** h について $f(x+h)-f(x)$ が任意に小さい ε よりも小とできるとき，変数の無限小の変化が関数の無限小の変化に対応すると言う．というのは，ある量の絶対値が任意に与えられた他の小さな量よりも小さくなるとき，その量は無限に小さくなると言うからである．

最後の部分はコーシーの述べた無限小の定義のようですが，ワイエルシュトラスはこの無限小の定義をもとに連続性を定義しているのではないことに注意すべきなのです．ワイエルシュトラスは，まだ無限小という用語に親しんでいる人への配慮でこうしたのかもしれませんが，彼は「関数 f は x において連続」という主張の意味をまさに ε と δ を用いて定義し，次いで同じことを「変数の無限小の変化が関数の無限小の変化に対応する」と言うことにしよう，と述べているだけなのです．続いて，上述の性質を持った関数を，変数の**連続関数**，あるいは変数に関して連続に変化する関数と定義しています．

細かく言えば，1 点 x だけでの連続性とすべての x での連続性の区別がないのが気になりますが，それを除けば現代の定義とまったく同じと言ってよいものであり，コーシーの無限小を用いた定義と異なり，はっきりと ε-δ 論法的になっています．デュガック[89, p. 64] は，「〜に近づく」という考えをこのような不等式の関係に置き換えることは精密な解析的表現を与え，その導入は解析学にとって非常に大きい影響を与えた，と評しています．

ついでですが，この定義のあとに定理として中間値の定理が挙げられ，証明のヒントとして，連続関数 f について $f(x_0)$ が 0 でなければ，ある限界 $\delta > 0$ があって（原文には記号 δ はありません），$|x - x_0| < \delta$ ならば $f(x)$ は $f(x_0)$ と同符号になることが役立つだろうと述べられています．

微分計算の基礎概念　現在では関数 $f(x)$ の微分係数は $(f(x+h)-f(x))/h$ において h を 0 に近づけたときの極限値とすることが多いですが，[221] ワイエルシュトラスの定義はラグランジュの定義を改良した形になっています．つまり，ラグランジュは $f(x+h) = f(x) + p(x)h + q(x)h^2 + \cdots$ とベキ級数展開した 1 次の係数 $p(x)$ を $f'(x)$ と定義しましたが，このような展開は一般には無効です．ワイエルシュトラスは $f(x) + p(x)h$ が $f(x+h)$ の「よい 1 次近似」となっているということを定義することで微分係数を定めます．[222]

221）多変数では事情が異なります．次の傍注を参照してください．

222）この考え方は，多次元空間の間の写像の微分（[71, p.63]）に通じています．

ワイエルシュトラスの述べていること（[89, p. 120]）を少し簡略に述べると次のようになります．

> x が $x+h$ に変化したときの関数 $f(x)$ の変化量 $f(x+h) - f(x)$ は一般に二つの部分に分けられる．その一つは h に比例する部分で，h に無関係な係数と h の積からなり，h が無限小になるとき同程度の大きさになる．もう一つの部分は h が無限小になるときそれ自身が無限小になるだけではなく，h で割ったものも無限小になるものである．

ここで言っていることは，いつでもこのように二つの部分に分かれるわけでもないので少し疑問ですが，無限小に依存した表現であることが問題です．しかしすぐ続いてワイエルシュトラスはこの意味を丁寧に解説しています（[89, p. 120]，日本語訳は中根[48] p. 101 にあります）．その部分を箇条書きで次に述べておきます．なお，本当は絶対値を付けるほうがよいのに付けていないところがありますが，原文を尊重しています．

- h をいくらでも小さい値を取り得る変量を表すものとし，$\varphi(h)$ を h の関数とするとき，「h が無限小のとき $\varphi(h)$ も無限小になる」[223] ということを，「任意に小さい ε が与えられると，$|h| < \delta$ を満たす任意の h について $\varphi(h)$ が ε より小となるような δ が決定できる」ことで定義する．（筆者注：これは極限値 $\lim_{h\to 0}\varphi(h) = 0$ の定義と言えます．$\varphi(0) = 0$ とすればすでに定義した連続性と同じことです．）
- 上述の意味で $\varphi(h)$ は h が無限小のとき $\varphi(h)$ も無限小になるものとすると，h の関数 $\varphi(h)/h$ も h が無限小のとき $\varphi(h)/h$ が無限小になるということが起き得る．このとき $\varphi(h)$ は h が無限小のとき h に比して無限小であるという．

[223] daß $\varphi(h)$ für unendlich kleine Werte von h ebenfalls unendlich klein wird. ただし正確に言えば，原文では $\varphi(h)$ は代名詞 sie で表されています．

この部分で重要なのは，ワイエルシュトラスは明確に関数 $\varphi(h)$ について無限小という言葉を用いており，コーシーの漠然とした変量の無限小とは異なることです．そしてこの説明で，$f(x+h)-f(x)$ が二つの部分に分けられることの意味が ε-δ 方式で定義されたことになります．ワイエルシュトラスはこのような部分に分けられることを前提にして話を進め，第1の h に比例する部分を f の微分 (Differential) または微分変化 (Differentialänderung) と呼び，関数記号の前に d を置いて表します．一方 $f(x+h)-f(x)$ 全体は Δf で表します．この後，コーシー (p. 136) と同様に，x に x 自身を対応させる関数も x で表すと $dx = h$ となるので，h の代わりに dx と置けば微分は $df(x) = p \cdot dx$ と表されると述べています．そしてこの関係から p は微分係数と呼ばれる，としています．p は $f(x)$ から定まる x の関数なので，f の導関数と呼ばれ $f'(x)$ と書かれることもコーシーと同様です．

微分係数の定義には極限の定義が避けられませんが，ワイエルシュトラスによる定義は，結局 $\lim_{h\to 0}\varphi(h) = 0$ の定義だけ

を ε-δ 方式で導入し，このような φ によって

$$f(x+h)-f(x)=p\cdot h+h\varphi(h)$$

と表されるという形になっていることに注意しましょう．現在の極限の定義によれば，もちろんこの式は

$$\lim_{h\to 0}\frac{f(x+h)-f(x)}{h}=p$$

と同じことですが，ワイエルシュトラスは極限値が 0 となる場合だけを ε-δ 方式で定義して，他の場合はそれに帰着させていたわけです．とは言うものの，中根[48, p. 105] によれば，1861 年講義録のうち，デュガック[89] に採録されていない部分では 0 以外の一般の極限値への収束も ε-δ 方式で定義されているとのことです．極限値が 0 の場合と一般の場合に本質的な違いはないので，それは自然なことと思います．

結局，ワイエルシュトラスは「無限小」という言葉は持ち出すものの，最初から ε-δ 方式で連続性や極限を定義しています．この点で変量や無限小を，形式的であれ基礎に置いたコーシーよりも現代に近くなっています（コーシーは無限小同士の関係に関しては ε-δ によって議論しているのでした）．

この講義録には，コーシーの剰余項表現[224] によるテイラーの定理，偏微分演算の順序交換などに加えて一様収束 (Convergenz[225] in gleichem Grade) も取り上げられていて，コーシーの教科書よりもさらに，現代のコースとあまり変わらない印象を受けます．これら以外も含む，この講義録全体の内容については[89, pp. 63–67] に解説があります．

224) 拙著[70]，第 3 章章末問題 15 などにあります．

225) 現在の綴りは Konvergenz ですが，シュワルツのノートはこう書いています．

2.9.2 解析学の厳密化

ワイエルシュトラスは，従来しっかりした証明なしに認められていたことを厳しく指摘して確実な証明を目指し，その厳密さは自身の講義によってよく知られていましたが，日本では「厳密の権化」などというあだ名を奉られたこともあったようです．ともあれ，数学史上ではコーシーとワイエルシュトラスによって微分積分学の厳密化が成し遂げられたということが認められています．それでは厳密化とはどういうことなのでしょうか．

無限小解析の開拓者たちは着々と成果を挙げながらも，アルキメデスの著作に見られた，取り尽くし法に象徴される古代人の流儀に比して，無限小を用いる方法が論証という点では不完全であることを意識していました．実際，ニュートンはこれを改善する試みもしていますが，途中で放棄しています．また，無限小を用いるのは古代人の流儀を簡略化しただけである，という主張もされましたが，無限小を使った論証一般から古代人の流儀での論証に変換するアルゴリズムが記述できないのでは説得力がありません．しかし無限小解析を論理的に堅固なものにしたいという望みは，本来的にはこのようなアルゴリズムを求めることではなく，『原論』における幾何学のように，無限小解析に必要な公理や定義を定め，矛盾のない演繹体系に組み上げることであり，これこそが無限小解析の厳密化と言えます．そしてそのためには，理論展開に必要十分なことを明瞭に言語化することが必要であり，直観に委ねてよいのは論証に直接影響しないことだけです．

この厳密化の最大の障害は無限小の扱いです（結局，無限小そのものを基本的存在としては認めないのですが）．コーシーやワイエルシュトラスの時代以前から，すでに実数は数直線との対応も認められていて，その存在は自明に近くなっていましたが，無限小はその実数の中には属していません（属しているとするとアルキメデスの原理が成り立たなくなります）．そのため，無限小に関係した公理を記述することができないのです．詳しく言えば，実数の世界の中では記述できず，あるいは無限小を無定義術語として取り入れた公理系を作ろうと思ってもどうしたらよいのか見当もつきません．そのような事情の中で，コーシーは無限小同士の関係の記述を ε-δ 方式で定め，ボルツァーノとワイエルシュトラスは実質的に無限小を排除[226] するという形で，無限小解析を実数の世界の中で記述できるようにしたのです．論理的には，無限小排除の代償は，述語論理を駆使する ε-δ 論法であり，これは取り尽くし法の一般化と言えないこともありません．

226) 関数としての無限小のみ認めます．

ε-δ の先へ　ε-δ 論法により無限小解析における論証が実数の

世界の中で可能になり，連続関数や導関数を一般的に扱うようになると，中間値の定理ほかの様々な主張の証明が実数の基本性質（完備性など）に依存していることが明らかになってきます．そのためワイエルシュトラスも 1865 年冬学期に最初の実数論を講義しています ([89, p. 57])．詳しい理論が[108] で読めますが，かなり複雑です．そしてワイエルシュトラスと大体同時期にデデキント，カントール，メレーらによる実数論が登場しますが，これらはみな，自然数から有理数までを認めて実数を構成する理論で，構成法は異なっていても同型なものができあがります．このようにすると，自然数の理論（算術）から実数を構成し，その上で微分積分を展開することができるので，微分積分学全体が幾何学的直観から解放されて算術と同じ確実性を持つことが示されると考えられ，解析学の算術化という名の下に 19 世紀の一時期に追求されていました．[227)]

227) 算術化の全体像については[73] の 22 章が参考になります．

デデキントたちの実数論で算術化の目標は達成されたように見えますが，実はまだ問題が残ります．一つは自然数については無条件にその存在を認めて，自然数についての命題については何の問題もないとしてよいのかということです．もう一つは，自然数からすべてを構成するときに頼る論理，証明に用いてよい論理的推論の範囲ははっきりしているのか，という論理学の問題です．自然数の存在については，集合論の中で構成する話やペアノの公理の話をご存じの読者も多いと思います．この二つの問題については 19 世紀末から 1930 年代くらいに追求されましたが，本書では第 4 章，第 5 章でその結果を解説します．

3 ε-δ 論法の実際と実数

1.3 節では，関数の連続性を例にとって，直観的な定義と ε-δ 方式による定義との関連を考えてみました．それを受けて本章では現代数学として，連続性の定義だけでなく，数列や級数の収束，関数の極限値，微分係数など微分積分学の基礎概念一般の定義を ε-δ 方式で与えます．そして ε-δ 論法を用いる議論の例として，いくつかの定理の一部を詳しく証明します．そして，微分積分学を展開するためには ε-δ 法式の定義だけでは不十分で，実数の基本性質のいくつかを認める必要があることに注意し，その上で重要な定理の証明を与えます．なお，積分については，極限としての扱いが少し複雑なので，第 6 章の中で扱います．

また，本章の目的はもう一つあって，ε-δ 論法によって厳密な議論ができるようになったおかげで浮上してきた，証明で用いる論理自体への反省の必要性に注意することです．たとえば，関数 $f(x)$ の a における連続性が，a に収束する任意の数列 $\{x_n\}_n$ に対して $\{f(x_n)\}_n$ が $f(a)$ に収束することと同値になることや，ワイエルシュトラスの最大値定理の証明には見過ごされがちなある論点が含まれています．この問題を含む，集合論や論理学の問題については第 4 章以降で扱います．

3.1 数列の極限の ε-δ 方式による扱い

第 1 章では関数の連続性について，素朴な定義と ε-δ 論法で用いられる定義を接続することを考えました．ところが，関数の極限値と連続性は非常に密接な関係にあり，さらに極限値の考えは連続性との関係を超えて，広範な問題で必要とされています．そこで本節では，高校数学でもおなじみの数列の極限値から始めて，関数の極限値その他について ε-δ 方式の定義を述べ，それに基づいていくつかの興味深い事実を証明します．

3.1.1 数列の収束と無限級数の収束

3.1.1.1 数列の収束の定義と一つの帰結

ここでは実数の数列を考えますが，複素数の数列も同様に扱えます．素朴には

$$a_1, a_2, a_3, a_4, \ldots$$

のように，実数を無限個並べたものが数列[1]です．しかし，実数を横に順番に無限個並べるというのはイメージしやすいですが，それは数学としてはとくに意味がないものです．このため，集合を基礎に置く定義としては，数列は自然数全体の集合 $\mathbb{N}$ から実数の集合 $\mathbb{R}$ への写像，と定義されます．記号的には自然数 n に対応する実数（写像の像）を a_n として $\{a_n\}_n$ と表します．高校数学では $\{a_n\}$ と書かれますが，一般項 a_n が n 以外の記号を含んでいる場合を考えると，何をパラメーターと考えるのかを括弧の外側に記すほうがよいと思います．また，定義に忠実に写像 $\varphi\colon \mathbb{N} \to \mathbb{R}$ を数列とするとき，$\varphi = \{\varphi(n)\}_n$ となります．

1) 実数の数列を簡単に「実数列」と言います．

さて，実数列 $\{a_n\}_n$ が実数 α に収束する[2]ことの定義を明確にすることを考えましょう．高校数学では，「n が限りなく大きくなるとき a_n が限りなく α に近づく」という直観的な形で収束を定義していますが，この定義では収束に関する，直観的にはそれほど明らかではない問題を証明によって解決するには不十分です．たとえば 1.2 節で触れた数列の平均についての次の問題です．$\{a_n\}_n$ が α に収束するとしたとき，a_n の平均値によって次のようにして一般項 b_n を定めた数列 $\{b_n\}_n$ を考えましょう：

$$b_n := \frac{\sum_{k=1}^{n} a_k}{n}.$$

このとき $\{b_n\}_n$ がやはり α に収束するかどうかは興味深い問

2) 数列 $\{a_n\}_n$ が α に収束する，ということを「a_n が α に収束する」と言うこともよくあります．

題です．b_n の定義式にある和において，k が大きければ a_k は α に近いのですが，k が小さいときは α との差はいくら大きくても $\{a_n\}_n$ が α に収束するという仮定は満たされます．したがって，$\sum_{k=1}^{n} a_k$ は必ずしも $n\alpha$ に近いとは言えず，b_n も α に近くなるかどうかは明らかではありません．洞察力のすぐれた人は，b_n も α に収束することを見抜くかもしれませんが，問題はその洞察を，誰にでも理解できる形の証明として述べられるかどうかです．そのためにはやはり，数列の収束の本質を捉えた明確な定義が必要であり，「n が限りなく大きくなると a_n は限りなく α に近づく」では不足なのです．このことは，「n が限りなく大きくなる」かどうかは，客観的に真か偽かに判定できるような主張ではなく，その意味を数学的に明確に捉えることが難しいという事実に現れています．そこで，1.3.2 項で考えた関数の連続性の定義と同様に，「どんどん大きくなっていく n」という動的な考えを少し改めて，まず「n が十分大きいならば a_n と α はほとんど等しい」という形に定義を考え直します．ここで，「ほとんど等しい」ということを誤差の限界 ε を導入して $|a_n - \alpha| < \varepsilon$ が成り立つことで評価すれば，次のような定義に導かれます．

定義 3.1. 実数列 $\{a_n\}_n$ が実数 α に収束することを，次の主張が成り立つことで定める：

任意の正数 ε に対して，ある自然数 n_0 が
あって，$n \geq n_0$ を満たす任意の自然数 n に　　(3.1.1)
対して $|a_n - \alpha| < \varepsilon$ が成り立つ．

この (3.1.1) 式の主張を 1.4 節で説明した述語論理の記法を用いて書けば，次のようになります．

$$\forall \varepsilon > 0\ \exists n_0 \in \mathbb{N}\ \forall n \in \mathbb{N}\ \ (n \geq n_0 \Longrightarrow |a_n - \alpha| < \varepsilon). \tag{3.1.2}$$

ここで注意しなくてはいけないことは，番号 n_0 は $\varepsilon > 0$ を指定したあとで決まるもの[3] であり，ε によって変わってよいということです．

[3]「決まる」と言っても，一つだけに決まるものではなく，ε ごとにある条件を満たすものの一つとして存在する，という意味．

注 3.2. 定義 3.1 は，数列の収束についての ε-δ 方式というべ

き定義ですが，δ は登場していないので，ε-n_0 式の定義と呼ぶことがあります．n_0 の代わりに N という記号を使うこともよくあります．また，$\{a_n\}_n$ が α に収束することを，「a_n が α に収束する」と言うこともよくあります．

それでは，手始めに定義 3.1 に従って，$b_n := (a_1 + a_2 + \cdots + a_n)/n$ が収束するかどうかという問題を解決しましょう．そのためには，次の補題を準備します．

補題 3.3 (収束数列の有界性)**.** $\{a_n\}_n$ をある実数に収束する実数列とすると，$\{a_n\}_n$ は有界，すなわちある実数 M があって，任意の $n \in \mathbb{N}$ に対して $|a_n| \leq M$ が成り立つ．

証明. $\{a_n\}_n$ は $\alpha \in \mathbb{R}$ に収束しているとする．このとき，収束の ε-n_0 式の定義（式 (3.1.1)）において $\varepsilon = 1$ と置くことにより，ある $n_0 \in \mathbb{N}$ があって，$n \geq n_0$ を満たす任意の $n \in \mathbb{N}$ に対して $|a_n - \alpha| < 1$ が成り立つことが分かる．これから，$n \geq n_0$ ならば $|a_n| < |\alpha| + 1$ となる．よって，たとえば，

$$M := |\alpha| + 1 + \sum_{k=1}^{n_0} |a_k|$$

とすれば，[4] すべての n について $|a_n| \leq M$ が成り立つことが分かる（$n \leq n_0$ の場合と $n > n_0$ の場合に分けて考えれば明らか）．□

4) 実は上式に現れる和の上限は $n_0 - 1$ としてもよいのですが，$n_0 = 1$ のときには空なる和として 0 と定義する必要が起こるので，それを避けています．

上の補題を用いれば，次の命題が容易に証明できます．

命題 3.4. $\{a_n\}_n$ を実数 α に収束する実数列とすると，$b_n := (a_1 + a_2 + \cdots + a_n)/n$ を一般項とする数列 $\{b_n\}_n$ も α に収束する．

証明. 補題 3.3 により，ある実数 M があって，任意の n について $|a_n| \leq M$ が成り立つ．一方，$\{a_n\}_n$ が α に収束するという仮定から，任意の正の ε に対して，ある $n_0 \in \mathbb{N}$ があって，$n \geq n_0$ ならば $|a_n - \alpha| < \varepsilon/2$ となる．[5] これに対して，n を n_0 より大な自然数とすると，

$$|b_n - \alpha| = \frac{1}{n} \left| \sum_{k=1}^{n} a_k - n\alpha \right|$$

5) $\varepsilon/2$ としてあるのは技術的理由ですが，最初に選んだ ε の半分に対して式 (3.1.1) を適用すればよいのです．

$$
\begin{aligned}
&= \frac{1}{n}\left|\sum_{k=1}^{n_0}(a_k-\alpha)+\sum_{k=n_0+1}^{n}(a_k-\alpha)\right| \\
&\le \frac{1}{n}\left\{\sum_{k=1}^{n_0}|a_k-\alpha|+\sum_{k=n_0+1}^{n}|a_k-\alpha|\right\} \\
&\le \frac{n_0}{n}\cdot(M+|\alpha|)+\frac{n-n_0}{n}\cdot\frac{\varepsilon}{2} \qquad (3.1.3)
\end{aligned}
$$

が得られる（ここでは実数の三角不等式[6]を繰り返し用いている）．よって，n を $n > n_0$ かつ $n > 2n_0(M+|\alpha|)/\varepsilon$ を満たす自然数とすると，(3.1.3) から $|b_n-\alpha| < (\varepsilon/2)+(\varepsilon/2)=\varepsilon$ が分かる．このことは，自然数 n_1 を，$n_1 > n_0$ かつ $n_1 > 2n_0(M+|\alpha|)/\varepsilon$ [7] を満たすように取れば，$n \ge n_1$ を満たす任意の自然数 n に対して $|b_n-\alpha| < \varepsilon$ が成り立つことを示している．$\varepsilon > 0$ は任意だったので，これで $\{b_n\}_n$ が α に収束することが示された． □

6) 任意の実数 x, y について成り立つ $|x+y| \le |x|+|y|$ という不等式．証明は両辺の 2 乗を考えれば簡単．

7) この不等式は $n_0(M+|\alpha|)/n_1 < \varepsilon/2$ と同値．なお，これを満たす n_1 の存在は自明のようですが，実数の基本性質の一つとして認めておく必要があります．アルキメデスの原理についての項を参照のこと．

注 3.5. 命題 3.4 の上に述べた証明は，この項の始めに述べた直観的な考察における，$\sum_{k=1}^{n} a_k$ の「最初のほう」の和に対して，n で割った値を詳しく評価していることに注意しましょう．そのほかの部分も含めて，収束の問題を不等式の運用によって具体的に解決できるようになることが，ε-n_0 式の定義の意義があるところなのです．

3.1.1.2　数列の極限の基本性質

数列の収束の，ε-n_0 式による定義によって，普通に期待される数列の極限の性質は容易に証明されますが，その前に収束する数列の極限値を正式に定義しないといけません．実は，ここまでは「数列 $\{a_n\}_n$ が α に収束する」ということの定義はしましたが，数列の極限（あるいは極限値）には正式な定義をまだ与えていませんでした．これはなぜかというと，極限が存在する場合は一つに定まる，という当然の性質を念のため証明しておく必要があるからです．

命題 3.6 (極限の一意性)**.** 実数列 $\{a_n\}_n$ が実数 α, β にともに収束するとすれば，$\alpha=\beta$ である．

証明. 実数列 $\{a_n\}_n$ が実数 α, β にともに収束しているとしよう．このとき，$\alpha \neq \beta$ とすると，$\varepsilon := |\alpha - \beta|/2$ は正であるから，ある自然数 n_1, n_2 があって

$$n \geq n_1 \text{ ならば } |a_n - \alpha| < \varepsilon,$$
$$n \geq n_2 \text{ ならば } |a_n - \beta| < \varepsilon$$

が成り立つ．よって，n_1 と n_2 の大きいほうを n_0 と置けば，$n \geq n_0$ ならば $|a_n - \alpha| < \varepsilon$ かつ $|a_n - \beta| < \varepsilon$ が成り立つ．したがって，実数の三角不等式によって，$n \geq n_0$ のとき

$$|\alpha - \beta| \leq |\alpha - a_n| + |a_n - \beta| < 2\varepsilon = |\alpha - \beta|$$

となって矛盾が得られる．よって $\alpha = \beta$ でなければならない． □

注 3.7. α と β が共に $\{a_n\}_n$ の収束先であるからと言って，直ちに $\alpha = \beta$ とするのは早計です．高校で極限値に慣れていることもあり，「$\alpha = \lim_{n\to\infty} a_n$ かつ $\beta = \lim_{n\to\infty} a_n$ だから $\alpha = \lim_{n\to\infty} a_n = \beta$ となり，$\alpha = \beta$ が得られる」と考える人もいるかもしれません．しかし「$\{a_n\}_n$ が α に収束する」ということを，直ちに等号を用いて $\alpha = \lim_{n\to\infty} a_n$ と書いてよいとは言えません．それは，「y は x の子である」を「$y =$ (x の子ども)」と書くようなものです．それでは x にもう一人の子ども z がいたとすると，「$z =$ (x の子ども)」も成立し，等号の性質から $y = z$ になってしまうのです．

命題 3.6 により，数列の極限値を定義できます．

定義 3.8. 実数列 $\{a_n\}_n$ が α に収束しているとき，α は一意的に定まるので，これを $\{a_n\}_n$ の**極限**[8]（あるいは極限値）であると言い，$\lim_{n\to\infty} a_n$ で表す．また，ある実数に収束する数列は**収束数列**あるいは**収束列**と呼ばれる．収束の別の表し方として，$\{a_n\}_n$ が α に収束することを $a_n \to \alpha\ (n \to \infty)$ とすることも多い．

8) 一般項 a_n を用いて「a_n の極限」と言うことも多い．

数列の極限値に関する基本的な性質を次にまとめておきます

が，主張していることは誰でもすぐ直観的に納得できることばかりです．ε-δ 論法の初心者のために証明も付けておきますが，念のために少し注意を述べたいと思います．一つは，定理 3.9 程度のことは ε-δ 論法[9] の真価が発揮されるレベルではなく，数学で実際に ε-δ 論法が必須となるのはもっと複雑な局面を扱うときであるということです．本書の中でもこの先で少しは ε-δ 論法の有用性が感じられることが出てくると思います．しかし，初めて ε-δ 論法での証明に接する読者には，以下の証明に少し目を通すことは無駄ではないと思います．ただ，いきなり証明を頭から読み始めるよりも，易しそうな部分を一つ読んで，あとはいくつかの主張について自分でまず証明を考えてから，答合わせとして本書の証明と比べてみるとよいと思います．

[9] しばらくは ε-n_0 論法ですが，ε-δ 論法と呼んでしまいます．

定理 3.9. $\{a_n\}_n$, $\{b_n\}_n$ を実数列，λ を実数とすると次が成り立つ．

(1) （収束と四則演算）

(a) すべての n で $a_n = a$（定数）ならば $\{a_n\}_n$ は収束し，$\lim_{n\to\infty} a_n = a$.

(b) $\{a_n\}_n$, $\{b_n\}_n$ が収束すれば $\{a_n + b_n\}_n$ も収束し $\lim_{n\to\infty}(a_n + b_n) = \lim_{n\to\infty} a_n + \lim_{n\to\infty} b_n$ が成り立つ．

(c) $\{a_n\}_n$ が収束すれば $\{\lambda a_n\}_n$ も収束し $\lim_{n\to\infty} \lambda a_n = \lambda \lim_{n\to\infty} a_n$ が成り立つ．

(d) $\{a_n\}_n$, $\{b_n\}_n$ が収束すれば $\{a_n b_n\}_n$ も収束し，$\lim_{n\to\infty} a_n b_n = \lim_{n\to\infty} a_n \cdot \lim_{n\to\infty} b_n$ が成り立つ．

(e) $\{a_n\}_n$, $\{b_n\}_n$ $(\forall n\ b_n \neq 0)$ が収束して，$\lim_{n\to\infty} b_n \neq 0$ であれば，$\{a_n/b_n\}_n$ も収束し，$\lim_{n\to\infty} a_n/b_n = (\lim_{n\to\infty} a_n)/(\lim_{n\to\infty} b_n)$ が成り立つ．

(2) （収束と順序）

(a) $\{a_n\}_n$, $\{b_n\}_n$ が収束し，すべての n で $a_n \leq b_n$ ならば $\lim_{n\to\infty} a_n \leq \lim_{n\to\infty} b_n$ が成り立つ．特にすべての n で $a_n \leq a$ (または $a_n \geq a$) ならば $\lim_{n\to\infty} a_n \leq a$ （ま

たは $\lim_{n\to\infty} a_n \geq a$).

(b) (はさみうちの原理) $a_n \leq c_n \leq b_n$ $(\forall n \in \mathbb{N})$ で $\{a_n\}_n, \{b_n\}_n$ が同じ極限値 a に収束していれば $\{c_n\}_n$ も a に収束する.

(3) (収束と絶対値)

$\{a_n\}_n$ が収束するならば, $\{|a_n|\}_n$ も収束し, $\left|\lim_{n\to\infty} a_n\right| = \lim_{n\to\infty} |a_n|$ が成り立つ.

証明. 以下では,「ならば」の意味で記号 "$\Rightarrow$" を用いる(p. 16 の論理記号表参照).

(1) の証明:(a) これは明らかであるが, 証明するとすれば次のとおり:任意の $\varepsilon > 0$ に対し, すべての n で $|a_n - a| = 0 < \varepsilon$ なので $\lim_{n\to\infty} a_n = a$ である($\varepsilon > 0$ に対する n_0 として 1 が取れることを示しているのである).

(b) $a := \lim_{n\to\infty} a_n$, $b := \lim_{n\to\infty} b_n$ とする. このとき任意の $\varepsilon > 0$ に対して $n_1, n_2 \in \mathbb{N}$ があって, $n \geq n_1 \Rightarrow |a_n - a| < \varepsilon/2$, $n \geq n_2 \Rightarrow |b_n - b| < \varepsilon/2$ となる. n_1, n_2 の大きいほうを n_0 とすれば, $n \geq n_0$ のとき

$$|(a_n + b_n) - (a + b)| \leq |a_n - a| + |b_n - b| < \frac{\varepsilon}{2} + \frac{\varepsilon}{2} = \varepsilon$$

となり (b) が示された.

(c) $a := \lim_{n\to\infty} a_n$ とすると, 任意の $\varepsilon > 0$ に対して $n_0 \in \mathbb{N}$ で $n \geq n_0$ ならば $|a_n - a| < \varepsilon/(|\lambda| + 1)$ となるものが存在する. このとき, $n \geq n_0$ なら

$$|\lambda a_n - \lambda a| = |\lambda||a_n - a| \leq \frac{|\lambda|}{|\lambda| + 1}\varepsilon < \varepsilon$$

となるので (c) が示された.

(d) $a := \lim_{n\to\infty} a_n$, $b := \lim_{n\to\infty} b_n$ とする. 補題 3.3 より, ある定数 $M > 0$ に対して $|a_n| \leq M$, $|b_n| \leq M$ $(n = 1, 2, \ldots)$ となる. ここで M は大きいもので置き換えてよいので $M \geq |b|$ としてよい(実はのちに示す「極限と順序」の関係から $M \geq |b|$ は自動的に保証される). $\varepsilon > 0$ を任意にとると, 今までの証

明で示したように，ある n_0 があって $n \geq n_0$ ならば $|a_n - a|$, $|b_n - b| < \varepsilon/2M$ が成り立つ．これより，$n \geq n_0$ に対しては

$$\begin{aligned}|a_nb_n - ab| &= |(a_nb_n - a_nb) + (a_nb - ab)| \\ &\leq |a_nb_n - a_nb| + |a_nb - ab| = |a_n||b_n - b| + |a_n - a||b| \\ &\leq M|b_n - b| + M|a_n - a| < \frac{\varepsilon}{2} + \frac{\varepsilon}{2} = \varepsilon\end{aligned}$$

となり $\lim_{n\to\infty} a_nb_n = ab$ が示された．

(e) $\lim_{n\to\infty} 1/b_n = 1/\lim_{n\to\infty} b_n$ を示せば (c) を $\{a_n\}_n$ と $\{1/b_n\}_n$ に適用して (e) が成り立つことが分かる．$b := \lim_{n\to\infty} b_n$ と置くと $|b| > 0$ であり，ある n_1 があって $n \geq n_1$ ならば $|b_n - b| < |b|/2$ となるから，$n \geq n_1$ において $|b_n| > |b|/2$ となる．一方，任意の $\varepsilon > 0$ に対しある n_2 があって，$n \geq n_2$ ならば $|b_n - b| < |b|^2\varepsilon/2$ となる．これから，n_0 を n_1 と n_2 の大きいほうとすれば，$n \geq n_0$ のとき

$$\left|\frac{1}{b_n} - \frac{1}{b}\right| = \frac{1}{|b_nb|}|b_n - b| < \frac{2}{|b|^2} \cdot \frac{|b|^2}{2}\varepsilon = \varepsilon$$

となり，$\lim_{n\to\infty} 1/b_n = 1/b$ が示された．

(2) の証明： (a) $a := \lim_{n\to\infty} a_n$, $b := \lim_{n\to\infty} b_n$ とする．このとき任意の $\varepsilon > 0$ に対してある $n_1, n_2 \in \mathbb{N}$ があって，$n \geq n_1 \Rightarrow |a_n - a| < \varepsilon/2, n \geq n_2 \Rightarrow |b_n - b| < \varepsilon/2$ となる．n_1, n_2 の大きいほうを n_0 とすれば，$n \geq n_0$ のとき

$$a - \frac{\varepsilon}{2} < a_n \leq b_n < b + \frac{\varepsilon}{2}$$

なので $a < b + \varepsilon$ となる．このことから $a \leq b$ が分かる．実際，$a \leq b$ でなければ $a > b$ なので，ε を $a - b$ と置いても $a < b + \varepsilon$ が成り立つことになるが，これは $a < a$ を意味し，矛盾となる．

(b) 仮定より $a = \lim_{n\to\infty} a_n = \lim_{n\to\infty} b_n$ だから，任意の $\varepsilon > 0$ に対して $n_1, n_2 \in \mathbb{N}$ があって，$n \geq n_1 \Rightarrow |a_n - a| < \varepsilon$, $n \geq n_2 \Rightarrow |b_n - a| < \varepsilon$ となる．n_1, n_2 の大きいほうを n_0 とすれば，$n \geq n_0$ のとき $|a_n - a| < \varepsilon, |b_n - a| < \varepsilon$ が共に成り立つ．したがって $n \geq n_0$ のとき

$$a - \varepsilon < a_n \leq c_n \leq b_n < a + \varepsilon$$

となり，$n \geq n_0$ ならば $|a - c_n| < \varepsilon$ が得られるので $\{c_n\}_n$ が a に収束することが示された．

(3) の証明： $a := \lim_{n\to\infty} a_n$ とすると，任意の $\varepsilon > 0$ に対してある $n_0 \in \mathbb{N}$ があって，$n \geq n_0$ ならば $|a_n - a| < \varepsilon$ となる．実数の三角不等式 $(|\alpha + \beta| \leq |\alpha| + |\beta|)$ の変形から，$\big||\alpha| - |\beta|\big| \leq |\alpha - \beta|$ が任意の $\alpha, \beta \in \mathbb{R}$ について成り立っているので，$n \geq n_0$ のとき

$$\big||a_n| - |a|\big| \leq |a_n - a| < \varepsilon$$

が得られる．これは $|a_n|$ が $|a|$ に収束することを示しているので (3) が証明された． □

3.1.1.3 無限級数の収束

数列 $\{a_n\}_n$ が与えられると，その項全体を足し合わせた形の**無限級数** $\sum_{n=1}^{\infty} a_n$ が考えられます．[10] この級数の和を，「次から次へと a_n を加えていった極限」と考えると，本質的にはコーシーが与えた次の定義に自然に到達します (p. 130 参照)．

10) 数列とそれによって定まる無限級数は不可分の関係ですが，実際上は「数列が先にある」ということではなく，自然に無限級数が考察の対象として現れることも多いのです．

定義 3.10. 数列 $\{a_n\}_n$ の定める形式的な無限級数 $\sum_{n=1}^{\infty} a_n$ は，その部分和 $s_n := \sum_{k=1}^{n} a_k$ のなす数列 $\{s_n\}_n$ が収束するとき，和を持つ，あるいは収束すると言い，極限値 $\lim_{n\to\infty} s_n$ をその和と呼び，和が存在するときはそれも同じ記号 $\sum_{n=1}^{\infty} a_n$ で表す．

無限級数の収束は部分和の数列の収束で定義されたので，定理 3.9 から直ちに無限級数の対応する性質が導かれます．たとえば，

- $\sum_{n=1}^{\infty} a_n$ と $\sum_{n=1}^{\infty} b_n$ が共に収束するならば，$\sum_{n=1}^{\infty} (a_n + b_n)$ も収束し，次が成り立つ：

$$\sum_{n=1}^{\infty}(a_n + b_n) = \sum_{n=1}^{\infty} a_n + \sum_{n=1}^{\infty} b_n.$$

- $\sum_{n=1}^{\infty} a_n$ と $\sum_{n=1}^{\infty} b_n$ が共に収束し，すべての n で $a_n \leq b_n$ が成り立つならば

$$\sum_{n=1}^{\infty} a_n \leq \sum_{n=1}^{\infty} b_n.$$

となる．

などが証明できることは容易に分かるでしょう．

無限級数について，かつては $1-1+1-1+\cdots$ のようなものも真剣にその和は何かということが議論の対象になり，$|x|<1$ で正しい $1/(1+x) = \sum_{n=0}^{\infty} (-1)^n x^n$ において $x=1$ を「代入」して，$1-1+1-1+\cdots = 1/2$ とすることはかなりの支持を得ていました．さらに L. オイラーは 1755 年の論文では $x=-2$ としたときの等式 $1+2+4+8+\cdots = -1$ を主張しています．これらの級数は，もちろん定義 3.10 の意味では収束しません．オイラーの主張は後世の複素関数論の立場からはある意味で正当化されるのですが，この級数のように和を考えることが無理なものまで相手にしていたら，すぐに矛盾が生じてしまい，統一的な議論は困難です．無限級数の和については，定義 3.10 を満たす場合だけを考えることにすれば，安全なのです．[11]

[11] 安全とは言っても，有限個の和と全く同様とはいかないこともあります（3.1.2.4 項参照）．また，「安全でない」場合でも，数学的に意味がある無限級数もあるので，和の意味をいろいろ拡張して合理化する試みがあります（総和法の理論）．

3.1.1.4　収束しない数列 1

数列の収束と関係して浮き彫りになってくる，実数そのものの基本性質という重要な話に行く前に，ちょっと寄り道ですが，数列の収束に関した主張の否定を，使いやすい形に表現することを考えます．このことは背理法を使用する場合に特に必要になります．また，収束しない数列の代表として，無限大またはマイナスの無限大に発散する数列の厳密な定義を説明します．他にも，必ずしも収束していない数列に関する重要な概念があるのですが，それらは，実数の基本性質を明確に取り出して公理として認めた上でないと機能しないので，後に扱うことにします．

「$\{x_n\}_n$ は x_0 に収束する」ことの否定について　ある主張の

否定は，形式的にはその文の最後に「でない」などを付ければいいのですが，たとえば「数列 $\{x_n\}_n$ は x_0 に収束する」を否定した「数列 $\{x_n\}_n$ は x_0 に収束しない」という主張は，この形のままで**積極的に使用して**議論を進めることができるでしょうか？「だからどうしたの？」と言われた場合，もっと詳しく「だからこうなるんだ」と説明ができないと話がうまく進みません．この例の場合，「数列 $\{x_n\}_n$ は x_0 に収束しない」ということは，実は「**ある $\varepsilon > 0$ があって，$|x_n - x_0| \geq \varepsilon$ を満たすような n が無限個存在する**」ことと同値なのです．この形に書き換えられると，$|x_n - x_0| \geq \varepsilon$ を満たす n を小さいほうから順に並べて $n_1, n_2, n_3, \ldots$ として，自然数の単調増加数列が得られ，それから新しい数列 $\{x_{n_i}\}_i$ が構成できます．[12] ここまで来ると，「$\{x_n\}_n$ は x_0 に収束しない」という単なる否定の言明よりもよほど使えそうな感じがしてくると思います．

上のような書き換えがすぐにできる人は，当分直観的な思考でまにあうと思いますが，そうでない人でも，述語論理の論理式の変形規則を参考にしながらよく考えれば同じ結論に到達することができます．ここでは数式の収束に関するいろいろな主張の否定の書き換え（論理式の上では否定記号 $\neg$ をなるべく後ろに持っていくことに相当）を考えてみます．

その前に，式 (1.4.6) に述べた量化子を含んだ述語論理の論理式の否定の変形を改めて思い出しておきましょう：

$$\neg(\forall x\, Ax) \equiv \exists x\, (\neg Ax), \qquad \neg(\exists x\, Ax) \equiv \forall x\, (\neg Ax). \quad (3.1.4)$$

なおここでは量化子による束縛変数の動く範囲を特に指定してありませんが，たとえば正の実数に制限されているときは，

$$\neg\forall x > 0\, Ax \equiv \exists x > 0\, (\neg Ax)$$

のようにすべての関係する量化子を制限付きにすればよいのです．[13]

さて，「数列 $\{x_n\}_n$ は x_0 に収束する」という主張を論理式で表すと

$$\forall\varepsilon > 0\ \exists n_0\ \forall n\ (n \geq n_0 \Rightarrow |x_n - x_0| < \varepsilon)$$

12) $\{x_{n_i}\}_i$ は元の数列 $\{x_n\}_n$ の一部分を取り出して番号の若い順に並べたもので，$\{x_n\}_n$ の**部分列**と呼ばれます．部分列は微分積分学で大いに活躍しますが，本書では定義 3.35 で改めて導入し，以後に活用されます．

13) たとえば「すべての人が携帯を持っている」の否定は「ある人は携帯を持っていない」ですが，このことは考える「人」の範囲が，日本人すべてでも，ある学校の生徒だけでもまったく同じに成立します．したがって，否定の書き換えは議論領域には（空でない限り）関係なく成立するのです．

となります（n_0 や n が自然数の集合に属することは簡単のため省略しました）．これを否定した

$$\neg\Big(\forall\varepsilon>0\ \exists n_0\ \forall n\ (n\geq n_0\Rightarrow|x_n-x_0|<\varepsilon)\Big)$$

を式 (3.1.4) によって式の前方から次のように一歩一歩変形します：

$$\begin{aligned}
&\neg\Big(\forall\varepsilon>0\ \exists n_0\ \forall n\ (n\geq n_0\Rightarrow|x_n-x_0|<\varepsilon)\Big)\\
\equiv\ &\exists\varepsilon>0\ \neg\Big(\exists n_0\ \forall n\ (n\geq n_0\Rightarrow|x_n-x_0|<\varepsilon)\Big)\\
\equiv\ &\exists\varepsilon>0\ \forall n_0\ \neg\Big(\forall n\ (n\geq n_0\Rightarrow|x_n-x_0|<\varepsilon)\Big)\\
\equiv\ &\exists\varepsilon>0\ \forall n_0\ \exists n\ \neg(n\geq n_0\Rightarrow|x_n-x_0|<\varepsilon)\\
\equiv\ &\exists\varepsilon>0\ \forall n_0\ \exists n\ (n\geq n_0\wedge\neg(|x_n-x_0|<\varepsilon))\\
\equiv\ &\exists\varepsilon>0\ \forall n_0\ \exists n\ (n\geq n_0\wedge|x_n-x_0|\geq\varepsilon).
\end{aligned}$$

最後から 2 番目の式への変形は，$p\Rightarrow q$ の否定が $p\wedge\neg q$ と同値であることを用いています．そして最後の論理式は，「ある $\varepsilon>0$ があって，それに対しては，どんな自然数 n_0 についても n_0 以上の自然数 n で $|x_n-x_0|\geq\varepsilon$ となるものが存在する」ことを言っています．この主張が，$|x_n-x_0|\geq\varepsilon$ を満たす n が無限個存在するという，はじめに述べた言い換えと同値であることは納得できることと思います（ $|x_n-x_0|\geq\varepsilon$ を満たす n が有限個しかなかったらどうなるかを考えるほうが早いかもしれません）．なお，ここでは論理記号の変形規則を用いましたが，これはチェック用と考えて，普段は意味を考えて結果を導くほうを優先するのがよいと思います．

$\pm\infty$ への発散　一般項 x_n が n や n^2 という数列は，n が大きくなるとともに限りなく大きくなりますし，x_n が $-n$ や $-n^2$ ならば，n が大きくなるとともに限りなく小さく（絶対値は大きく）なります．このようなとき，$\{x_n\}_n$ はそれぞれ無限大に発散する，あるいは負の無限大に発散すると言われますが，単調でない場合も含めて一般には次のように定義されます．

±∞ への発散

定義 3.11. 実数列 $\{x_n\}_n$ は，任意の実数 M に対してある番号 n_0 があって，$n \geq n_0$ を満たす任意の n について $x_n \geq M$ となっているとき，無限大に発散すると言い，$\lim_{n\to\infty} x_n = \infty$ で表す．
逆向きに，任意の実数 M に対してある番号 n_0 があって，$n \geq n_0$ を満たす任意の n について $x_n \leq M$ となっているとき，負の無限大に発散すると言い，$\lim_{n\to\infty} x_n = -\infty$ で表す．

注 3.12. (a) 上の定義では M は任意の実数を動くものとしましたが，たとえば無限大に発散するときは $M > 0$ の範囲だけ考えればよいし，負の無限大の場合は $M < 0$ の範囲だけ考えればよい，ということは明らかでしょう．

(b) $\lim_{n\to\infty} x_n = \pm\infty$ という式は，収束する場合と異なり，等号は「両辺の実数の一致」という通常の意味ではなく，$\{x_n\}_n$ の $n \to \infty$ のときの様子を意味しています．したがって，厳密にはこれは等号記号の乱用ですが，実数に $\pm\infty$ を追加した体系を考えて正当化することも可能であり，そこまで考えなくても便利なのでよく使われています．

3.1.2 実数の基本性質と数列の収束

これまで，数列の収束の ε-n_0 方式の定義によって，「限りなく近づく」という直観的な定義ではあやふやだったことの論証ができるようになりました．さらには，その定義による極限値が期待どおりの性質を持っていることも厳密に確かめられました．それではもう，数列の極限に関する理論的問題は終了したのでしょうか．実はそんなことはなく，コーシーによる定義の導入以後，自然に現れてくるいろいろな数列が収束するかどうかという問題から，実数の本性についての反省が深まったのです．その「本性」とは何かというと，「実数の連続性[14]」や「完備性」と呼ばれる性質で，それは直観的に言えば「数直線は切れ目なくつながっている」ことに集約されるのですが，その話は後にして，数列の収束について考えていきます．

[14] 名前が紛らわしいですが，個々の実数が連続という話ではなく，順序を持つ体としての実数全体 $\mathbb{R}$ の性質です．

改めて，与えられた実数列 $\{a_n\}_n$ が収束していることを確かめる過程を考えてみると，定義を素直に受け取れば次の 2 段階で進むことになります：

Step 1. 極限値の候補 α を見つける；
Step 2. 任意の $\varepsilon > 0$ に対して，「$n \geq n_0$ ならば $|a_n - \alpha| < \varepsilon$」を満たす n_0 の存在を示す．

実際問題としては，このようにステップを踏むのは少し窮屈なときもありますし，Step 2 は ε ごとに n_0 についての存在命題を証明しなければいけないので，初等的とは言えないところがあります．

このような事情を，典型的な次の数列について観察してみましょう．

(a) 一般項が $1/n$ の数列：$\{1/n\}_n$

(b) 等比数列 $\{r^n\}_n$　　($r \geq 0$ は定数)

(c) 有界で単調増加な数列 $\{a_n\}_n$　　(ある定数 M があって，任意の n で $a_n \leq M$ かつ $a_n \leq a_{n+1}$ となるもの)

ここに挙げた数列のうち，(a) と (b) は高校数学でもおなじみのものですが，これらが収束するかどうかという問題が，実数のどのような性質と結びついているのかを考えてみます．

3.1.2.1　アルキメデスの原理と $\lim_{n\to\infty} 1/n = 0$

高校数学では，数列の極限値を求める演習が行われますが，そこでは $\lim_{n\to\infty} 1/n = 0$ を当然のこととして認めて，定理 3.9 を用いることが多いと思います．実数全体を数直線として考えると，n が大きくなるとともに $1/n$ は 0 に限りなく近づくのは当然に思えます．このことは数というよりも量に関する主張としてギリシャ文明の時代から認められており，現在の解析学でも認めます．ただ，なぜ $\lim_{n\to\infty} 1/n = 0$ が正しいのか，と正面から問われたとき，物理的実在でもない数直線に対する直観を最終的論拠とすることは，数学として満足のいくことなのかが気になります．直観を離れて，ε-n_0 式の定義で $1/n$ が 0 に収束するかどうか，改めて考えてみましょう．それは，任意の正数 ε に対して，ある $n_0 \in \mathbb{N}$ で $1/n_0 < \varepsilon$ が成り立つかどうかという問題になります（$n \geq n_0$ ならば $1/n \leq 1/n_0 < \varepsilon$ となるから）．$1/n_0 < \varepsilon$ は $n_0\varepsilon > 1$ ど同値ですから，$1/n$ が 0 に収束することは，

どんなに小さい $\varepsilon > 0$ についても，それをある n_0 個足し合わせた $n_0\varepsilon$ は 1 よりも大きくなる　(3.1.5)

という「ちりも積もれば山となる」という主張が成り立つことと同値です．(3.1.5) は $a, b > 0$ に対して $\varepsilon := a/b$ と考えると次の主張と同値であることが分かります：

アルキメデスの原理

任意の正の実数 a, b に対して，ある自然数 n_0 で $n_0 a > b$ を満たすものが存在する．　(3.1.6)

実数に対する (3.1.6) という主張は**アルキメデスの原理**と呼ばれています．[15] この主張は $\lim_{n\to\infty} 1/n = 0$ と同値であり，数直線と結びついた直観的な実数においては当然成立するものと考えられます．しかし，現在は直観を根拠とする幾何学による実数の基礎付けは不完全と考え，実数の基本性質のいくつかを公理として，すべてをそれらから論理的に導くことが当然ですので，アルキメデスの原理もそれ自身を公理と認めるのか，それとも公理とする他の基本性質から導けることを示す必要があります．そのため，しばらくはアルキメデスの原理を実数の満たすべき基本性質の一つとは認めますが，他にどのような基本性質があるのかも探っていきます．[16]

(3.1.6) で $a = 1$ とすれば，任意の正の実数 b に対して $n_0 > b$ となる自然数 n_0 が存在することが分かりますが，このことは実数の中における自然数の位置を示すものと解することができます．ともあれ，高校数学で直観的に認めた $\lim_{n\to\infty} 1/n = 0$ は現代の数学でも実数の基本性質として認めていますので，[17] **本書でも以後はアルキメデスの原理を，公理とするかどうかはともかく，実数の基本性質の一つとして認め，数列の収束判定に利用していきます．**

15) この主張は第 2 章でエウドクソス・アルキメデスの原理と呼んでいたものを実数に適用したものですが，この場合はエウドクソスの名前を出さないほうが普通になっています．

16) なお，現在では集合論のなかで実数を定義してその基本性質のすべてを定理として証明することが可能です．これについては本書 4.1 節や[6] を参照してください．

17) ここは先を急ぎますが，現代数学では単に幾何学的直観を追認して実数の基本性質と見なしているのではありません．実数の理論を公理的体系として整備し，さらに集合を基礎にして幾何学によらずに，自然数の概念と同等以上の確実性を確保しつつその存在を示しています．

例 3.13. (a) $\{\sqrt[n]{n}\}_n$ の極限が 1 であることを示してみましょう．任意の自然数 n について $\sqrt[n]{n} \geq 1$ なので，$\varepsilon > 0$ を与えられるごとに，ある番号 n_0 以上の n に対して $\sqrt[n]{n} < 1 + \varepsilon$ となることを示せば，$n \geq n_0$ のとき $|\sqrt[n]{n} - 1| < \varepsilon$ が成り立ち，目的は達成されます．ここで，いきなり n_0 をうまく取って目的を達成する代わりに，そもそも $\sqrt[n]{n} < 1 + \varepsilon$ が成り立たない n，つまり $\sqrt[n]{n} \geq 1 + \varepsilon$ となる n はどのくらいあるのか，という方向で検討してみましょう．そこで，$\sqrt[n]{n} \geq 1 + \varepsilon$ が成り立っているとして，両辺を n 乗して 2 項展開すると，

$$1 + n\varepsilon + \frac{n(n-1)}{2} \cdot \varepsilon^2 \leq (1+\varepsilon)^n \leq n$$

が得られます．上式の左端で $1+n\varepsilon$ を省略するともっと小さくなりますから，$n(n-1)\varepsilon^2 < 2n$ が得られ，これより $n < 1+(2/\varepsilon^2)$ となります．よって，「$\sqrt[n]{n} \geq 1 + \varepsilon$ ならば $n < 1 + (2/\varepsilon^2)$」という主張が成り立ち，対偶を取って，「$n \geq 1 + (2/\varepsilon^2)$ ならば $\sqrt[n]{n} < 1 + \varepsilon$」が成り立ちます．極限値の確定にはこれで十分と言ってもよいようなものですが，形式に合わせて n_0 を決めるには，$n_0 \geq 1 + (2/\varepsilon^2)$ を満たす n_0 を任意に取ればよく，このような n_0 の存在はアルキメデスの原理によって任意の $\varepsilon > 0$ に対して保証されます．

(b): 等比数列 $\{r^n\}_n$（$r \geq 0$ は定数）が収束するかどうかも，アルキメデスの原理を用いて決定することができます．まず $r > 1$ の場合を考えると，$h := r - 1 > 0$ で $r = 1 + h$ と書けるので，$r^n = (1+h)^n$ となります．ここで 2 項定理を用いると $r^n \geq 1 + nh$ が任意の n について成り立つことが分かります．一方，任意に定数 $M > 0$ が与えられるとアルキメデスの原理により $nh > M$ を満たす自然数 n が存在するので，この n について $r^n \geq 1 + M$ が成り立ちます．$M > 0$ は任意なので，これは $\{r^n\}_n$ が有界ではない[18] ことを示しているので，補題 3.3 より $\{r^n\}_n$ は収束しません．

[18] というより，無限大に発散するというほうが分かりやすいかもしれません．

次に $r = 1$ ならば明らかに $\lim_{n\to\infty} r^n = 1$ なので，$0 \leq r < 1$ としましょう．このときある $h > 0$ によって $r = 1/(1+h)$ と書くことができます．そしてすぐ上で用いた $(1+h)^n \geq 1+nh$ により，

$$0 \leq r^n \leq \frac{1}{1+nh} \leq \frac{1}{h} \cdot \frac{1}{n} \tag{3.1.7}$$

が任意の n について得られます．これから $\lim_{n \to \infty} r^n = 0$ は明らかと言えますが，丁寧に[19] 言うならば，(3.1.7) の一番右の式に定理 3.9 の 1. (c) を使い，さらに 2. (b)（挟み撃ちの原理）を適用すればよいのです．

19) しつこく？

3.1.2.2 有界単調数列の収束

次に有界で単調増加な数列の収束について考えますが，一応定義をはっきりと述べておきましょう．数列 $\{a_n\}_n$ は，任意の n に対して $a_n \leq a_{n+1}$ を満たすとき**単調増加数列**と呼ばれ，任意の n に対して $a_n \geq a_{n+1}$ を満たすときは**単調減少数列**と呼ばれます．そして，これらの場合を合わせて**単調数列**と言います．また，補題 3.3 において数列 $\{a_n\}_n$ が有界であることを，すべての n に対して $|a_n| \leq M$ を満たす定数 M が存在することで定義しましたが，$\{a_n\}_n$ が単調増加であるときは $a_1 \leq a_n$ なので，このことは $a_n \leq M$ $(\forall n \in \mathbb{N})$[20] を満たす M が存在することと同値になります．

20) 論理学の正式な書き方ではありませんが，このようにある主張の後ろに "$(\forall n)$" などの成立範囲を注釈的に述べることがよくあります．

数直線として実数全体を表現したとき，次の主張は当然成り立つと思われます．

有界単調増加数列の収束

任意の有界な単調増加数列は収束する．　(3.1.8)

この主張は直観的には自明に思われるかもしれませんが，高校数学の段階ではそれ以上の根拠をもって主張することはできません．事情は 19 世紀半ばまでの数学界でも同様であったのですが，R. デデキント (Richard Dedekind, 1831–1916) は有理数全体の集合から「切断」という考え方によって実数を作り出し，それについて確かに上の主張が成り立つことを証明したのです．しかしその話は ε-δ 論法から離れすぎますので，後の 4.1 節に任せてここでは (3.1.8) の主張を認めて使うことにしましょう．

注 3.14. 式 (3.1.8) では単調増加数列を扱っていますが，この定理から「有界な単調減少数列は収束する」という主張も直ちに得られます．実際，$\{a_n\}_n$ が有界な単調減少数列とすると，

符号を変えた $\{-a_n\}_n$ は有界な単調増加数列になるので，ある実数 α に収束します．これから $\{a_n\}_n$ は $-\alpha$ に収束することが導かれます（定理 3.9 の (1) (c) 参照）．

ここで重要なこととして，「有界な単調増加数列の収束性」を仮定すればそれからアルキメデスの原理が導かれる，という事実があります．これを示すことは難しくないのですが，命題 3.28 まで証明は先送りします．これまではアルキメデスの原理だけで十分でしたし，逆にしばらくの間（3.1.2.2 項と § 3.1.2.3 項）は，有界な単調増加数列の収束性だけで足りるからです．

例 3.15. 一般項 a_n が次式で与えられる数列 $\{a_n\}_n$ が，解析学において非常に重要な数である e（自然対数の底）に収束することをご存じの読者も多いでしょう：

$$a_n := \left(1 + \frac{1}{n}\right)^n.$$

しかし，e は対数が考案される以前には知られていなかった定数であり，無理数の中でも超越数という，あまり初等的ではない種類の数です．したがって，上の数列が収束するかどうかを素朴に考えようとすると，知識がないと第 1 段階の「極限値の候補を見つける」ところでつまずいてしまいます．また，仮に e を知っていたとしても，それだけでは $|e - a_n|$ を評価する[21]ことは難しいでしょう．このように，数列の極限が存在するにしてもそれが既知の数ではなく，その数列の極限として初めて定義される数であることは珍しくありません．したがって，極限値を同定することなく収束を判定できればたいへん有意義なのです．そして，有界単調増加数列の収束 (3.1.8) はそのための強力な道具の一つです．

21）解析学において，「評価する」とは価値判断することではなく，有用な不等式を見いだすことです．この場合で言うと，0 に収束することが判定できるような b_n で $|e - a_n| \leq b_n$ を満たすものを見つけることです．

では，いま考えている数列 $\{a_n\}_n$ にこの主張 (3.1.8) が適用できることを確かめましょう．

(i) $a_n < a_{n+1}$ $(\forall n)$

a_n を 2 項展開すると

$$a_n = \sum_{k=0}^{n} \frac{n(n-1)(n-2)\cdots(n-k+1)}{k!} \cdot \frac{1}{n^k}$$

となりますが，この第 k 項（$1/n^k$ を含む項）は，$n(n-1)\cdots(n-k+1)$ の各因子を n で割って

$$\frac{1}{k!}\cdot 1\Big(1-\frac{1}{n}\Big)\Big(1-\frac{2}{n}\Big)\cdots\Big(1-\frac{k-1}{n}\Big) \qquad (3.1.9)$$

と書き直せます（$k=0$ のときは 1 を表します）．a_{n+1} を同様に 2 項展開すれば，$1/(n+1)^k$ を因子とする項は，$0\le k\le n$ の場合は (3.1.9) において n を $n+1$ に置き換えたものになるので，対応する a_n の項以上であることが分かります（$k=0,1$ のときは等しく，それ以外では真に大きい）．a_{n+1} はさらに $k=n+1$ とした項も含み，その項は正なので結局 $a_n<a_{n+1}$ が得られます．

(ii) $a_n<3$ $(\forall n)$

(3.1.9) は $k\ge 2$ のとき $1/k!$ より真に小さいことが分かりますので，$n\ge 2$ のとき

$$a_n<1+1+\sum_{k=2}^{n}\frac{1}{k!}$$

が成り立ちます．[22] そして，数学的帰納法により，$k\ge 3$ で $k!>2^{k-1}$ が成り立つことが言えて，$k=2$ では $k!=2^{k-1}$ なので，$n>2$ のとき

$$a_n<1+1+\sum_{k=2}^{n}\frac{1}{k!}<2+\sum_{k=2}^{n}\frac{1}{2^{k-1}}<3$$

が示されます．単調増加性から $a_1<a_2<3$ も得られるので，結局任意の n で $a_n<3$ が成り立ちます．

22) e の級数表現 $e=\sum_{k=0}^{\infty}1/k!$ を知っていれば，これから $a_n<e$ が分かります．ただし，そのためには無限級数の収束の定義を先に済ませておかないといけません．

注 3.16. 例 3.15 によって，$e:=\lim_{n\to\infty}\left(1+\frac{1}{n}\right)^n$ が定義されましたが，e を無限級数 $\sum_{n=1}^{\infty}1/n!$ で定義する道もあります．このためには無限級数の収束について少し準備しなければなりませんが，例 3.15 の a_n のこの値への収束を直接に証明することも可能です．

3.1.2.3 コーシー列と完備性

数列が収束するかどうかを，極限値の候補を求めずに判定でき

る場合の一つとして，有界な単調増加数列がありました．また，$\{a_n\}_n$ が有界な単調**減少**数列の場合も，符号を反転した $\{-a_n\}_n$ が有界単調**増加**数列となるので，やはり $\{a_n\}_n$ が収束することが分かります．しかし，単調増加あるいは単調減少する数列というのはやはりとても特殊ですから，もっと一般的に使える条件があることが望ましいです．それがコーシーの導入した次の条件です．

定義 3.17. 数列 $\{a_n\}_n$ は，任意の $\varepsilon > 0$ に対してある $n_0 \in \mathbb{N}$ があって，$m, n \geq n_0$ ならば[23] $|a_n - a_m| < \varepsilon$ となるとき，**コーシー列**と呼ばれる．

[23] 念のために注意しますと，「$m, n \geq n_0$」とは「$m \geq n_0$ かつ $n \geq n_0$」の意味です．数学では，いくつかのものが同じ制限を満たす，という状況を述べたいことが多く，それを簡潔に最後に1回だけ制限を書くことが習慣になっています．

$\{a_n\}_n$ がコーシー列であるということは，直観的に言えば，「番号 n が大きくなるとともに，a_n 同士が互いに限りなく近くなる」ということです．この説明は，直観的な言い方から述語論理の枠に入るはっきりした記述へ移行する ε-δ 論法に逆行するものですが，数学の新しい概念に接したときに，その「意味」を考えることは大事です．ただし，正式な証明に使用できるのは定義そのものに限ります．また，コーシー列であるかどうかの判定には，数列の一般項同士の差だけ[24] 見ればよいことに注意しましょう．

[24] 極限値の候補のような，外部的なものは不要ということ．

コーシー列について重要なことは，**有界単調数列が収束することを認めれば導かれる**次の事実です．

定理 3.18. 実数列 $\{a_n\}_n$ について，収束数列であることと，コーシー列であることは同値である．

証明. 収束数列 $\Rightarrow$ コーシー列： $\{a_n\}_n$ が α に収束しているとする．このとき，任意の $\varepsilon > 0$ に対して，ある n_0 があって，$n \geq n_0$ ならば $|a_n - \alpha| < \varepsilon/2$ となる．この n_0 に対して，m, $n \geq n_0$ ならば

$$|a_m - a_n| \leq |a_m - \alpha| + |\alpha - a_n| < (\varepsilon/2) + (\varepsilon/2) = \varepsilon$$

が成り立つので，$\{a_n\}_n$ がコーシー列であることが示された．

コーシー列 $\Rightarrow$ 収束数列： この部分の証明には有界単調増加数列が収束するということを用いる．

$\{a_n\}_n$ をコーシー列とする．このときまず，$\{a_n\}_n$ は有界となることに注意しよう．実際，コーシー列の定義から，ある $n_0 \in \mathbb{N}$ があって，$m, n \geq n_0$ ならば $|a_m - a_n| < 1$ となる．これから特に，$n \geq n_0$ ならば $|a_n| < |a_{n_0}| + 1$ であることが分かるので，結局任意の $n \in \mathbb{N}$ に対して $|a_n| \leq |a_{n_0}| + 1 + \sum_{k=1}^{n_0-1} |a_k|$ となる（$n_0 = 1$ の場合は最後の和の項はないものとする）．

次に，$\{a_n\}_n$ がコーシー列という仮定から，各 $k \in \mathbb{N}$ に対してある $n_k \in \mathbb{N}$ で，

$$m, n \geq n_k \Longrightarrow |a_m - a_n| < 1/4^k \tag{3.1.10}$$

を満たすものが存在する．ここで，n_k が (3.1.10) の性質を持っているならば，n_k をより大きな数に取り換えても同じ性質を持つことは明らかなので，必要に応じて n_k を取り直して，n_k は k に関して（狭義）単調増加，すなわち $n_k < n_{k+1}$ $(\forall k)$ が成り立つとしてよい．[25] これから，各 k に対して $b_k := a_{n_k} - (1/2^k)$ と置いて数列 $\{b_n\}_n$ を定めると，最初に示したように $\{a_n\}_n$ が有界なので $\{b_n\}_n$ も有界になる．さらに，$\{b_n\}_n$ は単調増加になることが，$n_k < n_{k+1}$ と (3.1.10) から次のようにして示されます．

$$\begin{aligned} b_{k+1} - b_k &= a_{n_{k+1}} - \frac{1}{2^{k+1}} - a_{n_k} + \frac{1}{2^k} \\ &= \frac{1}{2^{k+1}} - \left(a_{n_k} - a_{n_{k+1}}\right) \\ &> \frac{1}{2^{k+1}} - \frac{1}{4^k} \geq 0. \end{aligned}$$

$\{b_n\}_n$ は有界な単調増加数列であることが確かめられたので，有界単調増加数列の収束（式 (3.1.8)）により，極限値 $\alpha := \lim_{k\to\infty} b_k$ が存在する．最後に $\{a_n\}_n$ もこの α に収束することを示そう．証明の直観的な考え方としては以下のようなことである：k が大きいと b_k は α に近く，それは a_{n_k} も α に近いことを意味し，また n_k の定義から $n \geq n_k$ のとき a_n と a_{n_k} は $1/4^k$ 以内の近さにあるので，このような n について a_n は α に近い．これを ε-n_0 式に整理すると次のようになる．

任意に $\varepsilon > 0$ が与えられると，$1/2^{k_1} < \varepsilon/3$ を満たす自然数 k_1 が取れる（例 3.13 (b) 参照）．一方，b_k が α に収束するの

[25] 詳しくは，一度 (3.1.10) を満たす n_k が各 k について取れたとして，$k'_1 := k_1$，$k'_{n+1} := \max\{k'_n, k_{n+1}\} + 1$ と帰納的に k'_n を定義すればよい．ここで $\max\{a, b\}$ は a，b のうち大きいほう（等しいときも含む）を表す．

で，$k_2 \in \mathbb{N}$ で，$k \geq k_2$ ならば $|b_k - \alpha| < \varepsilon/3$ となるものが存在する．κ を k_1, k_2 の大きいほう（等しい場合も含む）とすると，$n \geq n_\kappa$ のとき

$$
\begin{aligned}
|a_n - \alpha| &\leq |a_n - a_{n_\kappa}| + |a_{n_\kappa} - b_\kappa| + |b_\kappa - \alpha| \\
&< \frac{1}{4^\kappa} + \frac{1}{2^\kappa} + \frac{\varepsilon}{3} \\
&< \frac{1}{2^{k_1}} + \frac{1}{2^{k_1}} + \frac{\varepsilon}{3} \\
&< \frac{\varepsilon}{3} + \frac{\varepsilon}{3} + \frac{\varepsilon}{3} = \varepsilon
\end{aligned}
$$

が成り立ち，$\{a_n\}_n$ が α に収束することが示された． □

定理 3.18 の主張のうち，証明に手間が掛かったほうは，「任意のコーシー列は収束する」というもので，このことが成立することは**実数の完備性**と言われる性質です．ただし，急いで注意しないといけませんが，この意味の完備性は，$a, b \in \mathbb{R}$ の距離を $|a-b|$ で定義したときの「距離に関する完備性」です．同じ「実数の完備性」という用語が，実数の順序構造に関する性質[26]を指す場合もありますので，注意が必要です．

[26] 順序に関する完備性は，「実数の，上に有界で空でない部分集合は上限を持つ」という形に表現されますが，これは後に定理 3.33 として証明されます．

次の命題はこれまで証明してきたことから示される，数列の収束の十分条件の一つです．読者にはご自分で証明してみることを勧めます．

命題 3.19. 数列 $\{a_n\}_n$ は，ある定数 $r \in [0,1)$ に対して $|a_{n+2} - a_{n+1}| \leq r|a_{n+1} - a_n|$ $(\forall n)$ を満たしているとする．このとき $\{a_n\}_n$ はコーシー列である．

3.1.2.4 無限級数の和への応用

コーシーの判定条件 定理 3.18 により，数列が収束する必要十分条件はそれがコーシー列であることなので，級数の収束について次の命題が成り立ちます（ボルツァーノはコーシーよりも早くこれを主張しています）．

命題 3.20. 無限級数 $\sum_{n=1}^{\infty} a_n$ が収束するための必要十分条件は，任意の $\varepsilon > 0$ に対してある $n_0 \in \mathbb{N}$ が存在して，n_0 以上の n と任意の $r \in \mathbb{N}$ に対して

$$|a_n + a_{n+1} + \cdots + a_{n+r}| < \varepsilon \tag{3.1.11}$$

が成り立つことである.

証明. 部分和を $s_n := \sum_{k=1}^{n} a_k$ とすると，命題に述べられている条件は $\{s_n\}_n$ がコーシー列であることを意味するので，定理 3.18 によりこれは $\{s_n\}_n$ が収束することと同値であり，命題が成り立つことが分かる. □

例 3.21. $\sum_{n=1}^{\infty} 1/n$ を**調和級数**と言いますが，この級数は収束しません．このことは，命題 3.20 を使えば非常に初等的な議論で証明できます．それには，任意の n に対して

$$a_n + a_{n+1} + \cdots + a_{2n-1} > \frac{1}{2n} + \frac{1}{2n} + \cdots + \frac{1}{2n} = \frac{1}{2}$$

が成り立つので，$\varepsilon = 1/2$ については，任意の $n \geq n_0$ と r に対して (3.1.11) を成り立たせるような n_0 が存在しないことに気付けばよいのです.

正項級数の収束　一般項 a_n が正である無限級数を**正項級数**と言います．このとき，部分和 $s_n := \sum_{k=1}^{n} a_n$ のなす数列 $\{s_n\}_n$ は単調増加になるので，有界単調増加数列の収束（式 (3.1.8)）によって次の命題が成り立つことは明らかでしょう.

命題 3.22. 正項級数 $\sum_{n=1}^{\infty} a_n$ が収束するための必要十分条件は，部分和のなす数列が有界なことである.

この命題の系として得られる次の結果はいろいろと役に立ちます.

系 3.23 (比較原理)**.** $\sum_{n=1}^{\infty} a_n$, $\sum_{n=1}^{\infty} b_n$ はともに正項級数で，ある定数 n_0 以上の任意の $n \in \mathbb{N}$ に対して $b_n \leq a_n$ が成り立っているとする．このとき $\sum_{n=1}^{\infty} a_n$ が収束するならば $\sum_{n=1}^{\infty} b_n$ も収束する.

証明. 始めに $n_0 = 1$ の場合を考える．このとき仮定から，それぞれの第 n 部分和について

$$0 \leq \sum_{k=1}^{n} b_k \leq \sum_{k=1}^{n} a_k$$

が成り立つので，$\sum_{n=1}^{\infty} a_n$ の部分和のなす数列が有界ならば $\sum_{n=1}^{\infty} b_n$ の部分和のなす数列も有界となり，$\sum_{n=1}^{\infty} b_n$ は収束する．

$n_0 > 1$ のときも，$n \geq n_0$ ならば

$$\sum_{k=1}^{n} b_k = \sum_{k=1}^{n_0-1} b_k + \sum_{k=n_0}^{n} b_k$$

となることに注意すればよい．上式の右辺第1項は定数であり，第2項は $\sum_{k=n_0}^{n} a_k$ 以下であり，これは（n に関して）有界であるので，結局 $\sum_{n=1}^{\infty} b_n$ の部分和は有界であることが分かる．[27] □

27) 念のために述べると，$n < n_0$ に対する $\sum_{k=1}^{n} b_k$ は有限個しかないので，ある定数以下となり，結局 $\sum_{n=1}^{\infty} b_n$ の部分和は全体として有界．

例 3.24. バーゼル問題　バーゼル問題[28] とは，$\sum_{n=1}^{\infty} 1/n^2$ の和を求める問題ですが，なかなか難しい問題です．しかし，和はともかくとして，命題 3.22 を使って，収束することを確かめるのは容易です．それは，$N \geq 2$ のとき，

$$\begin{aligned}\sum_{n=1}^{N} \frac{1}{n^2} &= 1 + \sum_{n=2}^{N} \frac{1}{n^2} \\ &< 1 + \sum_{n=2}^{N} \frac{1}{n(n-1)} = 1 + \sum_{n=2}^{N} \left\{ \frac{1}{n-1} - \frac{1}{n} \right\} < 2\end{aligned}$$

となることから分かります．

28) 問題に取り組んだヤーコプ・ベルヌーイやオイラーが活躍していた，スイスのバーゼルにちなんだ名前です．

バーゼル問題は 1736 年にオイラーによって解かれ，$\sum_{n=1}^{\infty} 1/n^2 = \pi^2/6$ であることが分かりました．オイラーがこの解を得た方法は，この問題のためだけと考えると奇想天外に思えますが，三角関数の次の無限積展開を利用するものでした：

$$\sin \pi x = \pi x \prod_{n=1}^{\infty} \left(1 - \frac{x^2}{n^2} \right). \tag{3.1.12}$$

ここで用いられている $\prod_{n=1}^{\infty}$ という記号は見慣れていないと思いますが，無限級数の和の代わりに積を考えたものであり，$\prod_{n=1}^{\infty} a_n$

は「部分積」$\prod_{n=k}^{n} a_k := a_1 \cdot a_2 \cdots a_n$ のなす数列の極限値を表します（極限値が存在しないときは単なる形式的な記号です）．式 (3.1.12) の証明は，たとえば拙著[71] 第 8 章にあります．さて，結局は正当化できますが，ここからしばらくは「オイラー的」大胆さで進みましょう．まず，式 (3.1.12) の無限積を有限の積のように考えて展開すると

$$\prod_{n=1}^{\infty}\left(1-\frac{x^2}{n^2}\right) = 1-\left(\sum_{n=1}^{\infty}\frac{1}{n^2}\right)x^2+\left(\sum_{n<m}\frac{1}{n^2m^2}\right)x^4-\cdots$$

となります．よって

$$\sin\pi x = \pi x - \pi\left(\sum_{n=1}^{\infty}\frac{1}{n^2}\right)x^3+\pi\left(\sum_{n<m}\frac{1}{n^2m^2}\right)x^5-\cdots \tag{3.1.13}$$

が得られます．一方，当時も知られていた sin のマクローリン展開 から

$$\sin\pi x = \pi x - \frac{1}{3!}\cdot\pi^3x^3+\frac{1}{5!}\cdot\pi^5x^5-\cdot$$

が成り立つので，(3.1.13) の両辺を比較して

$$\sum_{n=1}^{\infty}\frac{1}{n^2}=\frac{\pi^2}{6}$$

が導かれる，というわけです．

なお，この問題の一般化として，自然数 k に対して $\sum_{n=1}^{\infty} 1/n^{2k}$ の和を求めることが考えられ，解かれています．偶数である $2k$ を奇数 $2k+1$ に置き換えると，もはや解（既知の数値を用いた有限的な表示式）はありません．[29)]

29) 現代の用語で言えば，ゼータ関数の特殊値の問題になります．

正項級数が収束するための簡便な十分条件は，コーシー自身の結果を含め多くの条件が知られています．拙著[70] などの微分積分学の教科書を参照していただきたいのですが，ここでは二つだけ紹介します．

命題 3.25. (a) (root test) 正項級数 $\sum_{n=1}^{\infty} a_n$ は $\lim_{n\to\infty}\sqrt[n]{a_n}<1$ を満たしていれば収束する．[30)]

30) $\sqrt[n]{a_n}$ の極限の代わりに上極限（後の定義 3.48 参照）としても成り立ちます．

(b) (ratio test) 正項級数 $\sum_{n=1}^{\infty} a_n$ は $\lim_{n\to\infty} a_{n+1}/a_n < 1$ ならば収束し，$\lim_{n\to\infty} a_{n+1}/a_n > 1$ ならば発散する．

証明． (a): $r_0 := \lim_{n\to\infty} \sqrt[n]{a_n} < 1$ とすると，$r_0 < r < 1$ を満たす r が取れるが，$\varepsilon := r - r_0 > 0$ に対してある $n_0 \in \mathbb{N}$ が存在して，$n \geq n_0$ のとき $\sqrt[n]{a_n} < r_0 + \varepsilon = r$ となる．よって，$n \geq n_0$ ならば $a_n < r^n$ が成り立つ．そして $\sum_{n=1}^{\infty} r^n$ は部分和を直接計算すると

$$\sum_{k=1}^{n} r^k = \frac{r(1-r^n)}{1-r} < \frac{r}{1-r}$$

だから部分和は有界（実は $\lim_{n\to\infty} r^n = 0$ だから $r/(1-r)$ へ収束する）．よって，比較原理（系 3.23）によって $\sum_{n=1}^{\infty} a_n$ も収束する．

(b): $r_0 := \lim_{n\to\infty} a_{n+1}/a_n < 1$ とすると，$r_0 < r < 1$ を満たす r が取れるが，これに対してある番号 n_0 が存在して $n \geq n_0$ ならば $a_{n+1}/a_n < r$ となる．これから，$n > n_0$ のとき

$$a_n = \frac{a_n}{a_{n-1}} \cdot \frac{a_{n-1}}{a_{n-2}} \cdots \frac{a_{n_0+1}}{a_{n_0}} \cdot a_{n_0} < r^{n-n_0} a_{n_0}$$

これから，比較原理（系 3.23）によって $\sum_{n=n_0}^{\infty} a_n$ が収束することが分かり，結局 $\sum_{n=1}^{\infty} a_n$ も収束する． □

絶対収束と収束　無限級数 $\sum_{n=1}^{\infty} a_n$ は一般項の絶対値を取った級数 $\sum_{n=1}^{\infty} |a_n|$ が収束するとき，**絶対収束**すると言います．普通の収束との間の関係は次のようになります．

命題 3.26. $\sum_{n=1}^{\infty} a_n$ は，絶対収束するならば収束する．また，絶対収束する場合には和について次の不等式が成り立つ：

$$\left|\sum_{n=1}^{\infty} a_n\right| \leq \sum_{n=1}^{\infty} |a_n|. \tag{3.1.14}$$

証明. $\sum_{n=1}^{\infty} a_n$ が絶対収束しているとすれば，コーシーの判定条件（命題 3.20）により，任意の $\varepsilon > 0$ に対してある $n_0 \in \mathbb{N}$ で，$n \geq n_0$ を満たす任意の $n \in \mathbb{N}$ と任意の $r \in \mathbb{N}$ について

$$\sum_{k=n}^{n+r} |a_k| < \varepsilon$$

を満たすものが存在する．この不等式と，常に成り立っている

$$\left| \sum_{k=n}^{n+r} a_k \right| \leq \sum_{k=n}^{n+r} |a_k| \tag{3.1.15}$$

を合わせると，$\sum_{n=1}^{\infty} a_n$ がコーシーの判定条件を満たしていることが分かり，したがってこの級数は収束する．

和の間の不等式は，常に成り立っている (3.1.15) において $n = 1$ と固定して，$r \to \infty$ とした極限値を取ればよい．より詳しく言うと，$n = 1$ と固定した (3.1.15) に現れる $\sum_{n=1}^{\infty} a_n$ の部分和に対して，定理 3.9 の (2) と (3) を適用することになる． □

条件収束　無限級数 $\sum_{n=1}^{\infty} a_n$ が収束していてかつ絶対収束していないとき，それは**条件収束**すると言います．一般項の符号が一定（0 を含む）の場合は単なる収束と絶対収束は明らかに同値になるので，条件収束する級数は符号が一定でない級数です．そして絶対収束しない条件収束級数については，項の順序を変更すると異なる値に収束したりあるいは無限大に発散することが知られています．これに対して，絶対収束級数は項の順序を変更しても和は変わりません．以上の事実については，たとえば拙著[70]（第 5 章 4 節および章末問題 13）などの微分積分学のテキストを参照してください．

条件収束級数の中で扱いやすいのは，ライプニッツによって研究された，**交項級数**あるいは**交代級数**と呼ばれる，交互に符号を変えるものがあります．

例 3.27. (a) $\sum_{n=0}^{\infty} (-1)^n \frac{1}{2n+1}$: この級数はライプニッツ級数

と呼ばれることが多いですが，J. グレゴリー他の何人かによっても研究されていました．この級数が収束することはコーシーの判定条件から容易に分かります．和は何になるかというと，実は $\pi/4$ なので，あまり初等的には得られないということは想像がつくと思いますし，ライプニッツは自ら発見した変換定理（本書 2.4.2 項）による，この級数の発見をたいへん誇りに思っていました．この値を得るには，微分積分学の知識を前提として述べれば，逆正接関数 $\tan^{-1} x$（または $\arctan x$）[31] を利用します．$\tan^{-1} x$ の導関数は逆関数の微分法則から

$$\frac{d}{dx}\tan^{-1} x = \frac{1}{1+x^2}$$

と計算されますが，$|x| < 1$ ではこれから

$$\frac{d}{dx}\tan^{-1} x = \sum_{n=0}^{\infty}(-1)^n x^{2n}$$

が得られます．これを $[0, x]$ で積分すると[32]

$$\tan^{-1} x = \sum_{n=0}^{\infty}\frac{(-1)^n}{2n+1}x^{2n+1} \tag{3.1.16}$$

が成り立つことが分かります．ここで $x = 1$ を代入することを許せば，

$$\frac{\pi}{4} = \sum_{n=0}^{\infty}\frac{(-1)^n}{2n+1}$$

となって問題の級数の和が分かります．今は (3.1.16) が $x = 1$ でも成り立つとして和を得ました．そして実際それは正しいのですが，一般論からは (3.1.16) が $|x| < 1$ で有効なことは容易に分かる一方で，$x = 1$ でも有効なことは自明ではなく，ε-δ 的な論法を活用して別個に証明しなくてはならないことなのです．そしてこの場合も含めて，成り立つ場合があることを証明したのは，5 次以上の代数方程式の解の公式が存在しないことなどの証明で有名なアーベル (Niels Henrik Abel, 1802–1829) でした（アーベルの連続性定理, [70] 定理 7.9）．

(b) $\displaystyle\sum_{n=1}^{\infty}(-1)^{n-1}\frac{1}{n}$：この級数が収束することはやはりコーシーの判定条件から分かります．値を求めるには，

31) 逆三角関数は多価関数ですので，ここではその主値を考えます．

32) 総和と積分の交換可能性は自明ではありませんが，この場合は許されます．また，ライプニッツの同時代の数学者たちはこれについてはかなり無頓着に認めていました．

$$\frac{d}{dx}\log(1+x) = \frac{1}{1+x}$$

から $|x|<1$ で $1/(1+x)$ を $\sum_{n=0}^{\infty}(-x)^n$ に置き換えてから積分して得られる

$$\log(1+x) = \sum_{n=0}^{\infty}\frac{(-1)^n}{n+1}x^n \qquad (3.1.17)$$

を利用します．これから

$$\log 2 = \sum_{n=0}^{\infty}\frac{(-1)^n}{n+1} = \sum_{n=1}^{\infty}\frac{(-1)^{n-1}}{n}$$

が分かります．この場合も実は，ライプニッツ級数の場合と同様に (3.1.17) で $x=1$ と置くことが許されるかどうかは微妙な問題ですが，やはりアーベルの連続性定理により許されます．

3.1.2.5 実数の基本性質の再考とボルツァーノ・ワイエルシュトラスの定理

ここまでに数列の収束の定義を，述語論理の枠で記述できて数学の論証に耐え得る ε-n_0 方式で与え，この定義による極限が私たちの期待する性質を備えていることを見ました (定理 3.9)．しかし，この定義に従って様々な具体的な数列が収束しているかどうかを判定しようとすると，この定義だけでは何もできないことに気付きます．たとえば高校数学で認めていた $\lim_{n\to\infty} 1/n = 0$ という主張は，数直線に関する直観からは明らかに成り立つと考えられることであり，これが成り立たない実数は私たちの親しんでいる実数とは言えません．そのため私たちは，実数の全体 (実数体 $\mathbb{R}$) がアルキメデスの原理を満たしているということをまず承認しました.[33] 次いで，有界な単調増加数列が収束するという性質も持っていることを認めました．この，少々行き当たりばったりと言える状況は，完璧を目指す数学の要求からは不満足なものですが，数学の歴史が辿った道でもあり，自然な 1 段階と言っていいと思います．ただ，19 世紀後半には，デデキントやカントール (Georg Cantor, 1845–1918)，ワイエルシュトラスらの研究により，改めて実数を有理数から構成し

33) 証明なしで認めるわけなので，実数の公理の一つに採用したことになります．

て，それが確かにアルキメデスの原理や有界単調増加数列の収束性を満たしていることを示せることが分かりました．現在では，集合論の中で実数を定義できて，また実数を完全に特徴付ける性質（公理系）[34] も分かっています．本書では 3.1.3 項で実数の公理系について簡単に解説し，有理数からの実数の構成については第 4 章で説明します．

34) 専門用語で一口に言えば，「完備なアルキメデス的順序体」の公理です．

さて，改めてこれまでに認めてきた実数の性質を確認すると，

- アルキメデスの原理　（式 (3.1.6)），
- 有界な単調増加数列の収束性　（式 (3.1.8)）

の二つでしたが，これらから「コーシー列の収束性」（定理 3.18）という，やはり実数の基本性質と言うべきものが導かれたことに注意しましょう．ただし，正確に述べると，アルキメデスの原理と単調増加数列の収束性からコーシー列の収束性が導かれたと言っても，前提として，実数が順序を持つ可換体（3.1.3 項参照）であることを認めた上でのことですし，アルキメデスの原理では自然数も使われています．[35]

35) ただし，拙著[70] のように実数の公理と集合論の公理から自然数を作り出せば，自然数の理論を実数の前に展開しておく必要はありません．

ここまで先延ばしにしてきましたが，この項では有界単調増加数列の収束性からアルキメデスの原理が導かれることをまず証明します．次いで，実質的には一つと言ってよい，上の二つの基本性質から，さらに二つの重要な性質が導かれることを示しますが，実数が順序を持つ可換体であることの他に，自然数の本質的な性質として，数学的帰納法の正当性[36] を前提としています．

36) 数学的帰納法を認めるということは，A が自然数の集合であって，1 が A に属し，n が A に属するならば常に $n+1$ も A に属する，という二つの性質を持っていれば A は自然数の全体に一意する，という主張を認めることと同じです．このことは，数学的帰納法で証明したい命題 $P(n)$ を取ったとき，$A := \{n \in \mathbb{N} \mid P(n)$ が成り立つ$\}$ と考えれば分かります．

それではまず，先送りにしていた証明を片付けましょう．

命題 3.28. 有界単調増加数列の収束性が成り立てばアルキメデスの原理が成り立つ．

証明. 注 3.14 に述べたように，有界単調増加数列の収束性からは有界単調減少数列の収束性が導かれることに注意しよう．したがって，有界単調増加数列の収束性を認めると，有界な単調減少数列 $\{1/n\}_n$ が収束することになる．この数列の極限を α とすると，$\{1/2n\}_n$ も α に収束することが容易に分かる．念のために示すと，任意の $\varepsilon > 0$ に対してある自然数 n_0 があっ

て，$n \geq n_0$ ならば $|\alpha - \frac{1}{n}| < \varepsilon$ となるが，同じく $n \geq n_0$ ならば $2n \geq n_0$ だから $|\alpha - \frac{1}{2n}| < \varepsilon$ となり，これは $\{1/2n\}_n$ も α に収束することを示している．極限の性質（定理 3.9）と合わせて

$$\alpha = \lim_{n\to\infty} \frac{1}{2n} = \lim_{n\to\infty} \frac{1}{2} \cdot \frac{1}{n} = \frac{\alpha}{2}$$

が得られ，結局 $\alpha = \alpha/2$ となって $\alpha = 0$ が分かる．これはアルキメデスの原理が成立することを意味し，証明が終わる． □

次に，必要な定義を導入しましょう．

定義 3.29. A を実数の部分集合とするとき，実数 x が A の**上界**であるとは，任意の $a \in A$ に対して $a \leq x$ が成り立つことと定める．A の上界が存在するとき，A は**上に有界**と言う．A の上界全体の集合が最小元を持つとき，その最小元を A の**上限**と言う．[37)]

順序を逆向きに考えて下界と下限が定義される．すなわち，x が任意の $a \in A$ に対して $x \leq a$ を満たすとき，x は A の**下界**と呼ばれ，A の下界全体の集合が最大元を持つとき，それを A の**下限**と言う．A の下界となる実数が存在するとき，A は**下に有界**と言う．

37) 実数の特性として，実は定理 3.33 に示すように上に有界な空でない集合に対して常に上限が存在します．

例 3.30. 「A の上限」という用語の意味は，日常で使われる場合とほぼ一致していて，A の実数 $\mathbb{R}$ の中での「分布範囲」の「上の限界」と理解しても間違いではありません．ただ，1 以下の実数全体の集合である $(-\infty, 1]$ と，1 より真に小さい実数全体の集合である $(-\infty, 1)$ のどちらを A としても，A の上限は 1 になることが分かります．「A の分布範囲」を狭く考えると，A の上限も A の要素でなければいけないように感じられますが，上限の定義はそこまでは要求しておらず，A の上限とは「A の分布範囲を上から評価する（押さえる）ギリギリの数」と考えるほうがもっと正確と言えます．また，$(-\infty, 1)$ は最大元を持ちませんが，上限は持つことにも注意すべきであり，このことは後に定理 3.33 で一般化されるのです．

なお，アルキメデスの原理が，「自然数の全体は実数の中で上に有界ではない」という主張と同値になることにここでしっか

り注意していただきたいと思います．

ようやく準備が終わって，有界単調増加数列の収束性とそれから導かれるアルキメデスの原理という二つの基本性質から上限の存在についての重要な定理が証明できる段階に来ましたが，もう一つ，自然数に関するあまりにも当たり前に思える，そして証明を要求されるとちょっと戸惑うような主張に注意しておきます．それは，**「自然数の空でない任意の部分集合には最小元が存在する」**という主張です．[38] 実は，この主張は数学的帰納法の正当性と同値なのですが，念のため数学的帰納法からの導出を述べておきます．

38) 専門用語を用いるとこの性質は，「(通常の順序で考えた) 自然数は**整列順序集合**をなす」，という形に述べられます．

補題 3.31. 自然数の空でない任意の部分集合には最小元が存在する．

証明. $A \subset \mathbb{N}$ が空でないとすると，ある $a_0 \in A$ が存在する．このとき，A の部分集合 $B := \{a \in A \mid a \leq a_0\}$ を考えると，$a_0 \in B$ だから $B \neq \emptyset$ であり，B の最小元が A の最小元となることは容易に分かる．よって，任意の自然数 n に対する，「n 以下の自然数からなる空でない集合は最小元を持つ」という主張がすべて真であれば B は最小元を持ち，補題は証明される．そして，この主張は n に関する数学的帰納法により真であることが確かめられる．実際，$n = 1$ のときは考えられる集合は $\{1\}$ しかなく，これは最小元 1 を持っている．そして n で主張が成り立っているとして，$n+1$ 以下の自然数からなる空でない集合 C を考えよう．このとき C が n 以下の自然数を含まないならば，$C = \{n+1\}$ であり，$n+1$ が C の最小元となる．逆に，C が n 以下の自然数を含むならば，$\widetilde{C} := \{x \in C \mid x \leq n\}$ は空でなく n 以下の自然数からなるので，$\widetilde{C}$ は帰納法の仮定により最小元を持つが，それは C の最小元になっている． □

注 3.32. 補題 3.31 や数学的帰納法の正当性に疑いを持つ読者はまずいないと思います．しかし歴史的には，実数を数直線に対する幾何学的直観に従属した存在から，自然数の概念によって数学的に堅固に基礎付けられたものへ変える，という 19 世紀後半の考え方は当然に自然数そのものの再検討へ向かいました．そして，自然数に関する G. ペアノ (Giuseppe Peano, 1858–1932) の理論では，数学的帰納法は自然数を特徴付ける本質的な性質として認め，自然数に関する公理の一つとして，証明を要しない，議論の出発点とされました．その後数学的には，集合論の中で自然数を定義して（[6] 参照），それがこの性質を持つことを厳密に証明できて，一つの決着が付けられました．

ここでは次の重要な主張を，有界な単調増加数列の収束性（とアルキメデスの原理）を認めた上で，定理として証明します．実数の理論上ではこの主張を，議論の前提として証明なしに認める，つまり公理の一つに採用する場合もありますが，その点については 3.1.3 項を参照してください．

定理 3.33 (上限の存在)**.** $A \subset \mathbb{R}$ を空でなく，上に有界な集合とすると，A の上限が存在する．

証明. 各 $n \in \mathbb{N}$ に対して $B_n := \{\, k \mid k$ は整数で $k/2^n$ が A の上界 $\}$ と定める．このとき，B_n は整数の空でない部分集合となる．実際，A は上に有界なので上界 b が存在するが，アルキメデスの原理により，ある自然数 m で $2^n b < m$ となるものが取れる．[39] よって，$b < m/2^n$ となり，b が A の上界だったから $m/2^n$ も A の上界となり，$m \in B_n$ が分かる．また，A は空ではないので，$a_0 \in A$ が取れる．そして $k \in B_n$ とすると，$a_0 \leq k/2^n$ だから $2^n a_0 \leq k$ となって B_n は下に有界となる．また，やはりアルキメデスの原理によって $-a_0 2^n < \ell$ を満たす自然数 ℓ の存在が言えるので，[40] $k \in B_n$ ならば $2^n a_0 \leq k$ から $k + \ell > k - 2^n a_0 \geq 0$ だから $k + \ell$ は自然数となる．よって，$\widetilde{B_n} := \{\, k + \ell \mid k \in B_n \,\}$ は自然数の空でない部分集合となり，補題 3.31 により最小元を持つ．このことから，ℓ を引いて考えれば，B_n が最小元 k_n を持つことが分かる．そこで，各 $n \in \mathbb{N}$ に対して $x_n := k_n/2^n$ と置くと，[41] x_n は A の上界で，さらに $x_n \geq x_{n+1}$ が任意の n で成り立つことが言える．実際，$x_n = k_n/2^n = 2k_n/2^{n+1}$ は A の上界なので，$2k_n \in B_{n+1}$ であるが，k_{n+1} の定義から $k_{n+1} \leq 2k_n$ となる．よって，$x_{n+1} = k_{n+1}/2^{n+1} \leq k_n/2^n = x_n$ が分かる．

以上で，A の上界からなる単調減少数列 $\{x_n\}_n$ が構成され

[39] 詳しく言えば，アルキメデスの原理は正数のみを対象にしていたので，$b > 0$ のときに適用し，$b \leq 0$ のときはアルキメデスの原理を適用するまでもなく，$m = 1$ とすればよいのです．

[40] ここも，詳しく言えば $a_0 \geq 0$ のときと $a_0 < 0$ の場合に分けて考える必要があります．

[41] x_n は「$1/2^n$ 刻みで考えた A の上限」と表現すると考え方が分かりやすいと思われます．

たが，これは下に有界である（$a_0 \le x_n$ を思い出そう）．符号を変えた $\{-x_n\}_n$ は有界な単調増数列なので収束し，$\{x_n\}_n$ も収束することが分かる（定理 3.9 の (1) (c) または注 3.14 参照）．$\{x_n\}_n$ の極限を x_0 と置くと，x_0 が A の上限であることが次のようにして示される．

- （x_0 が A の上界であること）

各 n について x_n は A の上界だから，任意の $a \in A$ に対して $a \le x_n$ が成り立つ．極限を考えると，このことから $a \le x_0$ が得られて（定理 3.9 (2) 参照），$a \in A$ は任意だったから，x_0 が A の上界であることが分かる．

- （x_0 は A の上限）

$x \in \mathbb{R}$ を A の上界とすると，$x_0 \le x$ が成り立つことを示せばよい．このために，$x_0 \le x$ が成り立たない，すなわち $x_0 > x$ とすると矛盾が生じることを示す．このとき $\eta := x_0 - x > 0$ と置くと，$\lim_{n\to\infty} 1/2^n = 0$ がすでに分かっているので（例 3.13 (b)），$1/2^n < \eta$ を満たす $n \in \mathbb{N}$ が取れる．この n に対して，$\{x_n\}_n$ が単調減少数列だから $x_0 \le x_n$ が成り立つ[42] が，x_n は k_n という整数によって $x_n = k_n/2^n$ と表されていた．$x_0 = x + \eta$ に注意すると，以上から $x + \eta \le k_n/2^n$ が分かるが，$\eta > 1/2^n$ から $x < x + (\eta - 1/2^n) \le (k_n - 1)/2^n$ となり，x が A の上界だったから $(k_n - 1)/2^n$ も A の上界になる．ところがこれは B_n の最小元であるという k_n の定義に矛盾する． □

42) 任意の $k \ge n$ に対して $x_k \le x_n$ だから，$k \to \infty$ の極限をとって $x_0 \le x_n$ が得られます．定理 3.9 の (2) を参照のこと．

上限と下限については，数列との関係があって，いろいろなところで役に立つので，次に述べておきます．

命題 3.34. A を実数の空でない部分集合で，上限 α を持つものとする．このとき一般項が A の要素となる数列[43] $\{x_n\}_n$ で，α に収束するものが存在する．

下限が存在する場合も，その下限に収束する同様な数列が存在する．

43) このような数列を幾何学的イメージを重視して，A 内の点列ということが多いです．

証明. 自然数 n を任意に取ると，$\alpha - \dfrac{1}{n}$ は定義により A の上界ではないので，$\alpha - \dfrac{1}{n} < a$ を満たす $a \in A$ が存在する．こ

のような $a \in A$ を一つ選び x_n として数列 $\{x_n\}_n$ ができる[44]が，

$$\alpha - \frac{1}{n} < x_n \leq \alpha \quad (\forall n \in \mathbb{N})$$

なので，アルキメデスの原理により $\{x_n\}_n$ が α に収束することが分かる．これは命題の主張が成り立つことを示している．

下限の場合も，順序を反対向きに考えて同様にすれば証明できる． □

44) この部分は厳密に言うと「可算選択公理」というものを認める必要があります．詳しくは 5.1 節を見てください．

ボルツァーノ・ワイエルシュトラスの定理　有界な単調増加数列の収束性（とアルキメデスの原理）から導かれる実数の基本性質として，最後にボルツァーノ・ワイエルシュトラスの定理と呼ばれているものを証明しましょう．そのためには次の定義が必要になります．

定義 3.35. 数列 $\{a_n\}_n$ と，自然数の狭義単調増加列 $\{n_k\}_k$（各 $k \in \mathbb{N}$ に対して $n_k \in \mathbb{N}$, $k < \ell$ ならば $n_k < n_\ell$ となるもの）によって $\{a_{n_k}\}_k$ と表される数列を $\{a_n\}_n$ の**部分列**という．感覚的には，$\{a_{n_k}\}_k$ は $\{a_n\}_n$ から n_1 番目，n_2 番目，n_3 番目の項，... を次々に抽出して並べた数列である．

部分列に関する次の基礎事実はたいへん役に立ちます．

命題 3.36. (a) 収束する数列の任意の部分列は元の数列の極限値に収束する．

(b) $\{a_n\}_n$ が実数 a_0 について次の性質を持っていれば，a_0 に収束する：$\{a_n\}_n$ の任意の部分列は a_0 に収束する部分列を持つ．

証明. (a) の証明は容易なので省略する．

(b) の証明：$\{a_n\}_n$ が命題の仮定を満たしているとして，$\{a_n\}_n$ が a_0 に収束しないとして矛盾を導こう．このとき 3.1.1.4 項で述べたことから，ある $\varepsilon > 0$ と部分列 $\{a_{n_i}\}_i$ で，任意の i について $|a_{n_i} - a_0| \geq \varepsilon$ を満たすものが存在する．[45] この部分列は，そこからどのような部分列を選んでも a_0 に収束しないことは明らかなので，仮定に矛盾する． □

45) ここでも厳密には可算選択公理が用いられています．

定義 3.37. 数列 $\{a_n\}_n$ が与えられたとき，実数 x が $\{a_n\}_n$ の集積値[46] であるとは，任意の $\varepsilon > 0$ に対して，$\{n \in \mathbb{N} \mid |a_n - x| < \varepsilon\}$ が無限集合となることを言う．

46) 集積値は数列に対する概念であり，似た名称で実数の部分集合に対して意味のある集積点と混同しないように注意しましょう．

注 3.38. 集積値の定義で，$|a_n - x| < \varepsilon$ を満たす自然数 n が無限個あることが問題になっていることに注意する必要があります．たとえば，$\{a_n\}_n$ が値が 1 の定数列であるとき，a_n の取る値は一つしかありませんが，$a_n - 1 = 0$ となる n は自然数全部ですから 1 は $\{a_n\}_n$ の集積値です．また，$\{a_n\}_n$ が交互に 0, 1 の値を取る振動数列とすると，その集積値は 0 と 1 です．

次の命題は集積値の理解の確認のため是非読者に証明を考えていただきたいものです．

命題 3.39. 数列 $\{a_n\}_n$ が x_0 に収束しているならば，x_0 は $\{a_n\}_n$ のただ一つの集積値である．

集積値と部分列の関係は次のようになっています．

補題 3.40. 数列 $\{a_n\}_n$ が与えられたとき，実数 x_0 が $\{a_n\}_n$ の集積値である必要十分条件は，x_0 に収束するような $\{a_n\}_n$ の部分列が存在することである．

証明. 始めに部分列 $\{a_{n_k}\}_k$ が x_0 に収束するとしよう．このとき，任意の $\varepsilon > 0$ に対してある $\kappa \in \mathbb{N}$ があって，$k \geq \kappa$ ならば $|a_{n_k} - x_0| < \varepsilon$ となる．これは $\{n \in \mathbb{N} \mid |a_n - x| < \varepsilon\}$ が無限集合 $\{ n_k \mid k \geq \kappa \}$ を含むことを意味するので，x_0 は $\{a_n\}_n$ の集積値であることを示している．

逆に x_0 が $\{a_n\}_n$ の集積値であるとしよう．このとき任意の自然数 k に対して，$S_k := \{ n \in \mathbb{N} \mid |a_n - x_0| < 1/k \}$ は $\mathbb{N}$ の無限集合で，$S_k \supset S_{k+1}$ $(\forall k \in \mathbb{N})$ となっていることが容易に分かる．したがって，まず S_1 から n_1 を任意に取り，次に S_2 が無限集合なので $n_2 \in S_2$ で $n_1 < n_2$ なるものが取れる．次に今度は S_3 が無限集合なので $n_3 \in S_3$ を $n_2 < n_3$ を満たすように取れる．これを続けて，自然数列 $\{n_k\}_k$ を狭義単調増加で $n_k \in S_k$ であるように取れる．このとき $\{a_n\}_n$ の

部分列 $\{a_{n_k}\}_k$ は x_0 に収束している．実際，$\ell \geq k$ とすると，$n_\ell \in S_\ell \subset S_k$ だから $|a_{n_\ell} - x_0| < 1/k$ が成り立っており，これは a_{n_k} が x_0 に収束することを示している．[47) □

47) もっとはっきりと ε-n_0 式に述べるならば，$\varepsilon > 0$ を任意に取ったとき，アルキメデスの原理から $1/k_0 < \varepsilon$ を満たす $k_0 \in \mathbb{N}$ が存在し，これについて「$k \geq k_0$ ならば $|a_{n_k} - x_0| < \varepsilon$」となることは容易に分かる，というわけです．

注 3.41. 上の証明では $\{n_k\}_k$ の存在を日常語で論証していますが，厳密には5.1節で少し詳しく解説する「可算選択公理」を用いることになります．

最後にもう一つだけ補題を準備します．

補題 3.42. $\{a_n\}_n$ が有界な数列とすると，少なくとも一つは集積値を持つ．

証明. $\{a_n\}_n$ を有界な数列とすると，ある定数 $M > 0$ があって，任意の n について $|a_n| < M$ が成り立つ．実数の次のような部分集合 A を考える：

$$A := \{\, x \in \mathbb{R} \mid a_n \in (-\infty, x) \text{ となる } n \text{ は高々有限個} \,\}. \tag{3.1.18}$$

ここで「高々有限個」というのは「0個」すなわち存在しない場合も含むものとしている．この A は $-M \in A$ が成り立つので空ではない．また，$x \geq M$ ならばすべての n で $a_n \in (-\infty, x)$ を満たすので $x \notin A$ となり，A は上に有界であることが分かる．よって，定理3.33により，A は上限 α を持つ．この α が実は $\{a_n\}_n$ の集積値となる．なぜならば，もし α が $\{a_n\}_n$ の集積値でないとすれば，ある $\varepsilon > 0$ に対して $\{\, n \mid |a_n - \alpha| < \varepsilon \,\}$ は高々有限な集合となる．α は A の上限なので，それより小さい $\alpha - \varepsilon$ は A の上界ではなく，したがってある $x \in A$ で $\alpha - \varepsilon < x$ を満たすものが存在する．そして $(-\infty, \alpha+\varepsilon) \subset (-\infty, x) \cup (\alpha - \varepsilon, \alpha + \varepsilon)$ だから，$n \in \mathbb{N}$ に対して

$$a_n \in (-\infty, \alpha+\varepsilon) \Longrightarrow a_n \in (-\infty, x) \text{ または } a_n \in (\alpha - \varepsilon, \alpha + \varepsilon) \tag{3.1.19}$$

が成り立つ．そして $x \in A$ と ε についての仮定から，$\{\, n \mid a_n \in (-\infty, x) \,\}$ と $\{\, n \mid a_n \in (\alpha - \varepsilon, \alpha + \varepsilon) \,\}$ は共に高々有限な集合である．よって (3.1.19) より $\{\, n \mid a_n \in (-\infty, \alpha + \varepsilon) \,\}$ も高々有限な集合となり $\alpha + \varepsilon$ も A の元となるが，これは α

が A の上限であることに矛盾する．よって α は $\{a_n\}_n$ の集積値であることが示された． □

注 3.43. 補題 3.42 の証明で捉えている集積値 α は，実は $\{a_n\}_n$ の下極限です（3.1.3 項参照）．

これまで準備した二つの補題のおかげで，次の重要な定理が容易に証明できます．

定理 3.44 (ボルツァーノ・ワイエルシュトラスの定理)**.** $\{a_n\}_n$ が有界な数列ならば，$\{a_n\}_n$ は収束する部分列を持つ．

証明. $\{a_n\}_n$ が有界とすると，補題 3.42 により $\{a_n\}_n$ には集積値 x_0 が存在する．このとき補題 3.40 により，$\{a_n\}_n$ は x_0 に収束する部分列を持ち，定理の主張が証明される． □

注 3.45. ボルツァーノ・ワイエルシュトラスの定理は抽象的な存在定理であり，収束部分列を構成する具体的な方法は何も与えてくれません．たとえば $\{\sin n\}_n$ は有界な数列ですが，これから収束する部分列を具体的に見つけ出すのはたいへん困難です．一般的な有界数列に適用して収束部分列を構成できるような手続きはありえません．このように具体性のない存在定理ですが，数列の問題よりもむしろ連続関数に関する問題で不可欠と言っていいほど役に立つのです．

次の系は容易に得られます．

系 3.46. 数列 $\{a_n\}_n$ が有界でその集積値が一つだけ存在するならば，$\{a_n\}_n$ は収束する．

まとめると　ここまで数列の収束に密接に関わる実数の基本性質として，まずアルキメデスの原理と有界単調増加数列の収束性の成立を認めて進んできました．その他にも実数の基本性質としていろいろなものが考えられてきましたが，それらの関係を振り返ってみると，可換順序体の公理 (3.1.3 項) を前提として，結局次のような論理的関係が成り立っていることが示されています：

実数の基本性質の含意関係 1

「有界単調増加数列の収束性」が最も強く，これから「アルキメデスの原理」，「コーシー列の収束性」，「空でなく上に有界な集合の上限の存在」（順序完備性），「ボルツァーノ・ワイエルシュトラスの定理」がすべて導かれる．

ただし厳密に言えば，上の含意関係の導出には自然数の基本性質も使われていますし，補題 3.40 に付けた注釈にも述べたように，集合論において通常認めている公理（可算選択公理）も使われていました．[48] また，上の含意関係は一方向ではなく，順序完備性から逆に有界単調増加数列の収束性が論理的に導出されるなど，結局同値となるものがあります．証明すると長くなりますので結果だけ次に述べておきます．詳しく知りたい方は杉浦[27, pp. 27–29] などを見てください．

48) 解析学の研究者のほとんどすべての人は集合論の通常の公理を認めていますが，なるべく余計な公理を用いない実数論の研究もかなり進展しています．田中一之[39] 参照.

準備として，実数の基本性質としてこれまで考えてきたものに名前を付けておきます．この名前は本書限りのものですが，(OC) は順序完備 (order complete)，(M) は単調 (monotone) から付けました．他は関係する人名に由来することはお分かりと思います．

(M)：単調増加で有界な任意の数列は収束する

(OC)：任意の空でなく上に有界な部分集合は上限を持つ

(A)：アルキメデスの原理：$\lim_{n\to\infty} \dfrac{1}{n} = 0$

(C)：任意のコーシー列は収束する

(B-W)：任意の有界数列は収束部分列を持つ

このとき次のことが成り立ちますが，この中で「(A)+(C)」は「(A) かつ (C)」を意味します．また，証明には可算選択公理も用いられます．

実数の基本性質の含意関係 2

定理 3.47. 可換順序体の公理を前提とすると，上記の性質について次の同値性が成り立つ．

(M) $\Longleftrightarrow$ (OC) $\Longleftrightarrow$ (A)+(C) $\Longleftrightarrow$ (B-W)

ともあれ，私たちは $\lim_{n\to\infty} 1/n = 0$ を始めとする，数直線に対する直観から当然成り立つと思える主張なしでは，具体的な数列の収束性も示すことができないことに気付かされたのですが，そのような主張はすべて「有界単調増加数列の収束性」から導かれることが証明されました．そのため，これまでも認めたわけですが，これ以後も「有界単調増加数列の収束性」を実数の基本性質として，証明なしに公理として認めることにするのです．そしてそれは当然に，それから導かれる「アルキメデスの原理」，「コーシー列の収束性」，「空でなく上に有界な集合の上限の存在」(順序完備性)，「ボルツァーノ・ワイエルシュトラスの定理」などをすべて認めることになります．

3.1.2.6 収束しない数列 2

高校の数学における数列の極限は，かなり直観的に扱われていますが，その中で「$\{x_n\}_n$ が収束せず，無限大にも負の無限大にも発散しなければ振動する」という主張が認められているようです．ただ，高校では収束や振動が直観的に扱われているため，この主張をきっちり証明することはできません．ここでは「有界単調増加数列の収束性」やそれから派生することを実数についての公理として認めると，この主張が証明できることを見ていきます．

$\pm\infty$ の付加による実数の拡大と数列の上極限，下極限　議論を見通しよくするために，実数に $\pm\infty$ を付加することを考えますが，∞ と $-\infty$ は単なる二つの異なる記号で，実数ではないとします．$\mathcal{R} := \mathbb{R} \cup \{\infty, -\infty\}$ に四則演算をうまく定義することは無理なので，順序だけ定めることにします．普通の実数 a, b に関する順序の定義は普通どおりとし，さらに普通の実数 a と $\pm\infty$ との大小関係は $-\infty < a$ かつ $a < \infty$ とし，さらに $-\infty < \infty$ とします．そして $\alpha, \beta \in \mathcal{R}$ に対して $\alpha \leq \beta$ は $\alpha < \beta$ または $\alpha = \beta$ を意味するものとします．これで任意の $\alpha, \beta \in \mathcal{R}$ について $\alpha \leq \beta$ が成り立つか否かが定まり，$\alpha \leq \beta$ は次の性質を満たしているので，$\mathcal{R}$ 上の順序関係となります：

(i) $\alpha \le \alpha$,

(ii) $\alpha \le \beta$ かつ $\beta \le \alpha$ ならば $\alpha = \beta$,

(iii) $\alpha \le \beta$ かつ $\beta \le \gamma$ ならば $\alpha \le \beta$.

以下では，このように順序関係を定義した $\mathcal{R}$ を**「実数に $\pm\infty$ を付加した順序集合」**と呼ぶことにします．このように $\pm\infty$ を導入した理由は，実数の集合の上限，下限の意味を拡張するためです．$A \subset \mathbb{R}$ が空でなく上に有界なときには，A の上限 $\sup A$ が定義されていましたが，A が上に有界でないときは $\sup A$ には意味がありませんでした．これを A が上に有界でない空集合のときは $\sup A$ を ∞ と定義するのです．また $A \neq \emptyset$ が下に有界でないときは A の下限 $\inf A$ を $-\infty$ と定めます.[49] このように定めると，A が $\mathcal{R}$ の空でない任意の部分集合のときにも，順序関係を持つ集合において一般に有効な，最小の上界という意味で $\sup A$ と最大の下界 $\inf A$ が定まることが分かります．

49) 実は A が空集合のときは $\sup A = -\infty$, $\inf A = \infty$ としておくとある意味で整合性がとれるのですが，本書では使う機会がありません．

以上の定義の下で，任意の数列に対して極限を一般化した概念が定められます．

数列の上極限と下極限

定義 3.48. $\{x_n\}_n$ を実数列とすると，各 $n \in \mathbb{N}$ に対して

$$y_n := \sup \{\, x_k \mid k \ge n \,\}, \quad z_n := \inf \{\, x_k \mid k \ge n \,\}$$

が y_n は実数または ∞, z_n は実数または $-\infty$ として定まる．これから，$\mathbb{R}$ に $\pm\infty$ を付加した集合 $\mathcal{R}$ の空でない部分集合 $\{\, y_n \mid n \in \mathbb{N} \,\}$ と $\{\, z_n \mid n \in \mathbb{N} \,\}$ が得られるので，

$$\limsup_{n\to\infty} x_n := \inf \{\, y_n \mid n \in \mathbb{N} \,\}$$

$$\liminf_{n\to\infty} x_n := \sup \{\, z_n \mid n \in \mathbb{N} \,\}$$

が定まり，それぞれ $\{x_n\}_n$ の**上極限**，**下極限** と呼ばれる．

注 3.49. 一般に $\mathcal{R}$ の元の間の順序として，$\liminf\limits_{n\to\infty} x_n \le \limsup_{n\to\infty} x_n$ が成り立ちます．

上の定義は一般性を持たせるため $\mathcal{R}$ を用いていて，その中

での上限，下限を二重に使用していてかなり複雑です．しかし $\{x_n\}_n$ が有界，すなわちすべての n について $|x_n| \leq M$ となるような定数 M が存在する場合は，定義中のすべての量が実数の範囲で済み，さらに次に示すように分かりやすくなるので，まずはこの場合で理解するようにするとよいと思います．

命題 3.50. $\{x_n\}_n$ を有界な実数列とすると，各 n について定義 3.48 中で定められた

$$y_n := \sup\{\, x_k \mid k \geq n \,\}, \quad z_n := \inf\{\, x_k \mid k \geq n \,\}$$

はともに（$\pm\infty$ でない）実数であり，

$$y_n \geq y_{n+1}, \quad z_n \leq z_{n+1}, \quad y_n \geq z_n$$

が成り立つ．また，実数列 $\{y_n\}_n$，$\{z_n\}_n$ はともに有界なので単調性から極限値を持つが，

$$\limsup_{n\to\infty} x_n = \lim_{n\to\infty} y_n, \quad \liminf_{n\to\infty} x_n = \lim_{n\to\infty} z_n, \tag{3.1.20}$$

となり，$\liminf_{n\to\infty} x_n \leq \limsup_{n\to\infty} x_n$ も成り立つ．さらに，$\liminf_{n\to\infty} x_n = \limsup_{n\to\infty} x_n$ が成り立つことは $\{x_n\}_n$ が収束することと同値で，このときの共通の値が $\{x_n\}_n$ の極限値となる．

証明. 各 n に対して $A_n := \{\, x_k \mid k \geq n \,\}$ とすると，$\{x_n\}_n$ が有界という仮定から，ある定数 M があって，任意の n に対して $-M \leq x_n \leq M$ となっているので，A_n は上にも下にも有界な，実数の空でない部分集合である．よって，$y_n = \sup A_n$，$z_n = \inf A_n$ が実数として定まる（定理 3.33 による）．また，$y_n \geq y_{n+1}$ であることも容易に分かる．実際，y_n は A_n の上界であり，$A_n \supset A_{n+1}$ だから y_n は A_{n+1} の上界にもなっている．そして y_{n+1} は A_{n+1} の上界の中で最小の数なので $y_n \geq y_{n+1}$ が成り立つ．同様にして $z_n \leq z_{n+1}$ も分かる．また $\{y_n\}_n, \{z_n\}_n$ が有界であることは容易に分かり，これらがそれぞれ単調減少，単調増加であることが分かったので，ともに収束する．また $y_n \geq z_n$ は上限，下限の意味から明らかに成り立つ．

次に，$\alpha := \lim_{n\to\infty} y_n$, $\beta := \inf\{\, y_n \mid n \in \mathbb{N} \,\}$ として，$\alpha = \beta$ を示せば式 (3.1.20) の最初の等号が確認される．β は定義からすべての $n \in \mathbb{N}$ に対して $y_n \geq \beta$ を満たすので，極限において $\alpha \geq \beta$ が成り立つ．さらにまた，β が y_n 全体の下限すなわち最大下界だから，任意の $\varepsilon > 0$ に対してある $n_0 \in \mathbb{N}$ で $y_{n_0} < \beta + \varepsilon$ を満たすものが存在する（存在しなければ $\beta + \varepsilon$ が y_n 全体の下界になってしまう）．$\{y_n\}_n$ が単調減少なので，このとき $n \geq n_0$ を満たす任意の n について $y_n \leq y_{n_0}$ となる．よって，極限において $\alpha \leq \beta + \varepsilon$ が得られる．$\varepsilon > 0$ は任意だったので，これから $\alpha \leq \beta$ が分かり，結局 $\alpha = \beta$ が証明された．式 (3.1.20) の 2 番目の等号も同様にして示される．

$\liminf_{n\to\infty} x_n \leq \limsup_{n\to\infty} x_n$ は，任意の n で成り立つ $z_n \leq y_n$ と式 (3.1.20) から直ちに得られる．

命題の最後の主張については，もっと一般な形で次の命題で証明を与える． □

数列の上極限や下極限の概念の便利なところは，収束するかどうかにかかわらず，すべての数列について意味を持つことです．このことから，数列 $\{x_n\}_n$ について，n が大きくなるときの x_n の挙動の分類が可能になります．

定理 3.51. 実数列 $\{x_n\}_n$ に対して，定義 3.48 で定めた意味での，$\{x_n\}_n$ の下極限を α, 上極限を β とする．このとき一般に $\alpha \leq \beta$ であるが，α, β の取り得る値に応じて数列 $\{x_n\}_n$ の挙動が次のように分類される（これら以外の場合はない）．

(1) $\alpha = \beta \in \mathbb{R}$ のとき，$\{x_n\}_n$ はこの共通の値に収束する．

(2) $\alpha = \beta = -\infty$ のとき，$\{x_n\}_n$ は $-\infty$ に発散する．

(3) $\alpha = \beta = \infty$ のとき，$\{x_n\}_n$ は ∞ に発散する．

(4) $\alpha < \beta$ のとき，$\alpha < a < b < \beta$ を満たす任意の $a, b \in \mathbb{R}$ に対して，$x_n < a$ を満たす n も $x_n > b$ を満たす n もともに無限個存在する（これは x_n が「いつまでも振動する」ことを意味している）．

証明. 上極限を定義するために，自然数 n について $\sup\{\, x_k \mid$

$k \geq n\}$ が用いられていたが，少し見やすくするために，これを $\sup_{k \geq n} x_k$ で表すことにする．また，下極限のために用いていた $\inf\{x_k \mid k \geq n\}$ を $\inf_{k \geq n} x_k$ で表すと，結局

$$\alpha = \sup_n \inf_{k \geq n} x_k, \quad \beta = \inf_n \sup_{k \geq n} x_k$$

と書くことができる．

さて，ℓ, m を任意の自然数とすると，n を ℓ, m より大きい自然数にとれば

$$\inf_{k \geq m} x_k \leq \inf_{k \geq n} x_k \leq \sup_{k \geq n} x_k \leq \sup_{k \geq \ell} x_k$$

が明らかに成り立つので，$\inf_{k \geq m} x_k \leq \sup_{k \geq \ell} x_k$ が得られる．これから

$$\alpha = \sup_m \inf_{k \geq m} x_k \leq \inf_\ell \sup_{k \geq \ell} x_k = \beta$$

が導かれ，$\alpha \leq \beta$ であることが示された．

次に，命題中のケースごとに主張を証明しよう．

(1): この場合，任意に $\varepsilon > 0$ を取ると，β の定義からある $n_1 \in \mathbb{N}$ に対して $\sup_{k \geq n_1} x_k < \beta + \varepsilon$ となるが，これから $n \geq n_1$ ならば $x_n < \beta + \varepsilon$ となる．一方，α の定義から，ある $n_2 \in \mathbb{N}$ に対して $\inf_{k \geq n_2} x_k > \alpha - \varepsilon$ となり，これから $n \geq n_2$ ならば $x_k > \alpha - \varepsilon$ となる．これらより，n_0 を n_1, n_2 の大きいほうとすれば，

$$n \geq n_0 \text{ を満たす任意の } n \text{ に対して } \alpha - \varepsilon < x_n < \beta + \varepsilon$$

となるが，$\alpha = \beta$ なので，これは $\{x_n\}_n$ が $\alpha(= \beta)$ に収束することを示している．

(2): $\beta = \inf_n \sup_{k \geq n} x_k = -\infty$ なので，任意の実数 M に対して，ある自然数 n_0 で $\sup_{k \geq n_0} x_k < M$ を満たすものがある．これから，$n \geq n_0$ ならば $x_n < M$ が成り立つことになり，$\{x_n\}_n$ が $-\infty$ に収束することになる．

(3): β の代わりに α を用いれば，(2) の場合と同様（順序は逆向き）にして示される．

(4): $\alpha < a < b < \beta$ を満たす実数 a,b を取ると，$\beta = \inf_n \sup_{k \geq n} x_k$ なので，任意の n に対して $\sup_{k \geq n} x_k > b$ となるから，$x_k > b$ を満たす n 以上の k が存在する．n は任意だったので，これは $x_k > b$ となる k が無限個存在することを示している．同様にして $\alpha < a$ を用いて $x_k < a$ を満たす n が無限個存在することが示される． □

3.1.3 実数の公理系

この項では，実数というものが当然持っていると考えられる性質を公理系としてまとめて紹介します．この公理系は実数を基盤とする微分積分学における主張すべてについて，証明をするためには不可欠のもので，ちょっと大げさに言えば世界標準となっています．ただし，微分積分学のためにこれで十分かというとそうではなく，これまで何度か指摘してきたように可算選択公理のような集合論レベルの存在公理も必要です．また，このような公理系を正当化する根拠が数直線のイメージと結びついた，私たちの大多数に親しい「あの実数」としか言いようのないものだけでは不十分と考え，さらに確実な自然数から公理系を満たす実数を構成するすることも行われましたが，その話は 4.1 節に解説します．

さて，以下に実数の完全な公理系を述べますが，それは大きく言って三つのパートに分けられます．パート I は四則演算に関するもの（可換体の公理）で，パート II は順序に関するものです．そしてパート III が数列の収束を示す際などに必要となった「有界な単調増加数列の収束」またはパート I, II の公理の下でそれと同値な主張です．実はこれらは直観的に言って「数直線には穴やギャップはない」ことを主張する「(実数の）連続性の公理」とも同値になります．この形の主張はデデキントによって導入され歴史的にも重要ですので，ここに紹介しておきます．「数直線には穴やギャップはない」という主張そのものは数学的な主張にならないので，次のように言い換えます：実数全体を重ならないように上下の二つに組み分けすると，必ず境界となる実数が存在する．言い換えになっているかどうかは，片方が数学の言明ではないので証明はできませんので，なんとなく納得してもらうしかないのですが，まず「上下の二つに組み分けする」ということを明確に定義します．

実数の切断

次の条件を満たす実数の部分集合 A, B の組 (A, B) を実数の切断という：

$$A, B \neq \emptyset, \quad A \cup B = \mathbb{R}, \quad \forall x \in A \, \forall y \in B \, (x < y)$$

連続性の公理は，実数の任意の切断 (A, B) に対してある実数 x_0 が定まって，(A, B) は x_0 を境界にして $\mathbb{R}$ を上下に分けたものになる，という主張です．x_0 を A, B のどちらに入れるかによって，$A = (-\infty, x_0]$ かつ $B = (x_0, \infty)$ または $A = (-\infty, x_0)$ かつ $B = [x_0, \infty)$ となります．以下のパート III はこれを少し言い換えたものです．

公理の全体を述べる前に，公理のパート I, II（合わせると可換順序体の公理）を前提として，連続性の公理と順序完備性 (OC) (p. 188) が同値であることを証明しましょう．

定理 3.52. 可換順序体の公理の下で，実数の連続性の公理と順序完備性は同値である．

証明. 連続性の公理と順序完備性の定義に必要なのは順序に関する公理だけであり，証明もそれらだけで十分である．最初に連続性の公理から順序完備性が導かれることを示そう．実数の部分集合 A が空でなく上に有界であるとして，A に上限（最小上界）が存在することを言えばよい．そのために $\widetilde{A} := \{ x \in \mathbb{R} \mid$ ある $y \in A$ に対して $x \leq y$ となる $\}$ を導入し，$B := \mathbb{R} \setminus \widetilde{A}$ とすると $(\widetilde{A}, B)$ は実数の切断になることが容易に示される．よって，連続性の公理からこの切断の境界となる実数 x_0 が存在するが，この x_0 が A の上限となることが分かる．実際 x_0 は $\widetilde{A}$ の上界で，$A \subset \widetilde{A}$ だから x_0 は A の上界でもある．そして $y \in \mathbb{R}$ を A の任意の上界とすると，$x_0 \leq y$ も成り立つ．というのは，もしも成り立たないとすると $x_0 > y$ となり，x_0 が $\widetilde{A}$ の上限なので $x_0 \geq z > y$ となる $y \in \widetilde{A}$ が存在する．よってある $u \in A$ で $u \geq z > y$ を満たすものが存在し，y を A の上界としたことに矛盾する．よって $x_0 \leq y$ となり，y は A の任意の上界だったから x_0 は A の上限となる．

逆に順序完備性を仮定すると，実数の任意の切断 (A, B) について A は空でなく上に有界なので，順序完備性から A は上限 x_0 を持つ．この x_0 が切断 (A, B) の境界となることは容易に分かり，連続性の公理が導かれるが，念のためもう少し詳しく示そう．x_0 は A の上限なので $A \subset (-\infty, x_0]$ は明らか．そして $(-\infty, x_0) \subset A$ は，$x < x_0$ を満たす x が A に属さないとすると，次のように矛盾が導かれることから分かる．実際，$x < x_0$ かつ $x \notin A$ とすると切断の定義から $x \in B$ であり，これから $A \subset (-\infty, x)$ となる（A の元は B の元より常に小）．よって A の上限 x_0 は x 以下でなければならず，$x < x_0$ に矛盾する．以上から $A = (-\infty, x_0]$ または $A = (-\infty, x_0)$ であり，B はその補集合なので確かに x_0 は (A, B) の境界となる． □

それでは以下に，パート I からパート III に分けて実数の公理系を述べます．以下で「交換法則」などの数式で表現されている公理は，本来は $\forall x, \forall y$ などを前に付けた全称閉包とするのが正式な表現です．なおパート III は，定理 3.47 で同値が示されている他の主張で置き換えることができます．

I.（可換体の公理）

(1) $\mathbb{R}$ の任意の二元 x, y に対してその和と呼ばれる $\mathbb{R}$ の元 u がただ一つ定まり，$u = x + y$ と書くときこの対応は次の性質を持つ．

$$x + y = y + x \qquad \text{（交換法則）}$$

$$(x + y) + z = x + (y + z) \qquad \text{（結合法則）}$$

さらに 0 で表される $\mathbb{R}$ の元が存在して次が成り立つ．

$$\forall x \in \mathbb{R} \ [\, x + 0 = 0 + x = x \,] \qquad \text{（零元の存在）}$$

$$\forall x \in \mathbb{R}\, \exists y \in \mathbb{R} \ [\, x + y = y + x = 0 \,] \qquad \text{（逆元の存在）}$$

(2) $\mathbb{R}$ の任意の二元 x, y に対してその積と呼ばれる $\mathbb{R}$ の元 v がただ一つ定まり，$v = xy$ と書くときこの対応は次の性質を持つ.

$$xy = yx \qquad \text{（交換法則）}$$
$$(xy)z = x(yz) \qquad \text{（結合法則）}$$
$$x(y+z) = xy + xz \qquad \text{（分配法則）}$$

さらに 1 で表される $\mathbb{R} \setminus \{0\}$ の元が存在して次が成り立つ.

$$\forall x \in \mathbb{R}\, [\, x1 = 1x = x \,] \qquad \text{（単位元の存在）}$$
$$\forall x \in \mathbb{R} \setminus \{0\}\ \exists y \in \mathbb{R}\, [\, xy = yx = 1 \,] \qquad \text{（逆元の存在）}$$

注 3.53. 上の公理では零元（加法の単位元）0 と乗法の単位元 1 の存在が述べられていますが，これらについては次に見るように一意性が保証されますので，記号 0, 1 は実数の一意に決まる特定元を指す定数記号になります．一意性の証明は簡単で，$0'$, $1'$ をそれぞれ加法と乗法に関する任意の単位元とすると，零元あるいは単位元としての性質から $0 = 0 + 0' = 0'$, $1 = 11' = 1'$ が得られて終わります.

II.（順序の公理）

$\mathbb{R}$ の任意の二元 x, y に対して関係 $x \geq y$ が成り立つかどうかが定まっていて，この関係 $x \geq y$ は次の性質を持つ.

(1) $x \geq x$

(2) $x \geq y,\, y \geq x \Longrightarrow x = y$

(3) $x \geq y,\, y \geq z \Longrightarrow x \geq z$

(4) 任意の x, y に対して $x \geq y,\, y \geq x$ のどちらかが成り立つ.

(5) $x \geq y \Longrightarrow (x+z) \geq (y+z)$ （平行移動不変性）

(6) $x \geq 0,\, y \geq 0 \Longrightarrow xy \geq 0$

注 3.54. (1), (2), (3) は順序関係の公理と呼ばれ，(4) まで満たす順序は全順序と言われます．叙述の簡単化のため，上の公理系では $a \geq b$ という使い方しかしていませんが，これと同等な表現として $b \leq a$ という表現を認めます．また，$a > b$ は，$a \geq b$ かつ $a \neq b$，の略記法として定義し，$a < b$ も同様とします．つまり，不等号の普通の使い方はすべて認めるということにします.

III.（連続性の公理）

実数の任意の切断 (A, B) に対し常に次の二つのうちのどちらか一方が成り立つ：

A に最大数が存在し，B には最小数が存在しない；

A に最大数が存在せず，B に最小数が存在する．

3.2 1 変数実数値関数の連続性

数列の極限について ε-n_0 形式でしっかりした定義を与え，それに従えば，直観的には明らかなものも含めて，極限に関するいろいろな性質を数学としてまったく疑問の余地がない方法で示せることを見てきました．これを助走として，次はいよいよ微分係数などの，関数の極限値に進むのが当然の順序と考えられます．ところが，関数の連続性も極限と深く結びついた概念であり，形式的には極限の概念とある意味で同等とも言えます（命題 3.82 参照）．しかしながら，歴史的にも理念的にも，極限概念のほうが新しい意味のある数学的対象を生み出す力が圧倒的に大きいと考えられます．実際，高校の数学でも扱われる微分係数は

$$f'(a) := \lim_{h \to 0} \frac{f(a+h) - f(a)}{h}$$

という極限によって定義されますが，[50] これは本来的には $h = 0$ では意味がない $\bigl(f(a+h) - f(a)\bigr)/h$ という h の関数を $h = 0$ に向かって「外挿」して，それまでにはなかった新しい量を生み出しているのです．力学で言えば微分係数は（瞬間）速度であり，さらにそれをもう一度微分することが考えられ，加速度が定義されました．そしてその加速度が力に比例するという発見が古典力学の誕生を導いたと言えます．数学で言えば微分方程式が様々な問題に適用されるようになりました．

[50] ε-δ による定義はまだですが，ここは高校数学レベルで考えてください．

他方，連続性はそれまでになかった新しい量を生み出すことはなく，極限値より素直な概念ですが，連続関数一般に成り立つ性質も多数あって，重要なことには変わりありません．そこで，この節ではまず関数の連続性を扱い，次節で極限値につい

て考えます.

3.2.1 1変数実数値関数の連続性の定義

3.2.1.1 ε-δ 式定義

すでに1.3.2項において，素朴な連続性の定義を，できるだけ「限りなく近づく」という言葉に頼らずに述べようと試みるうちに，ある程度自然に ε-δ 式の定義へ接近していくことを見ました．ここでは最初から現在採用されている ε-δ 式の連続性の定義に基づいて話を進めます．この項では実数の任意の部分集合 I を定義域とする実数値関数を扱いますが，I としては閉区間 $[a,b]$ や開区間 (a,b) を考えておけばまにあいます．

1変数関数の連続性

定義 3.55. I を実数の部分集合とし，$f\colon I\to\mathbb{R}$ は I を定義域とする実数値関数，$x_0\in I$ とする．このとき f が x_0 で連続であるとは，任意の $\varepsilon>0$ に対してある $\delta>0$ が存在して，$|x-x_0|<\delta$ を満たす任意の $x\in I$ について $|f(x)-f(x_0)|<\varepsilon$ が成り立つことを言う．論理式で書くと，

$$\forall\varepsilon>0\,\exists\delta>0\,\forall x\in I\,\bigl(|x-x_0|<\delta\Rightarrow|f(x)-f(x_0)|<\varepsilon\bigr)$$

という主張が成り立つこととして表される．

また，f が定義域 I の任意の点で連続なとき，f は I 上で連続であるという（定義域を了解した上で，単に「f は連続」ということも多い）．

注 3.56. 上の定義によると，f の定義域が閉区間 $[a,b]$ であるとき，f が定義域の端の a で連続であることは，任意の $\varepsilon>0$ に対して，ある $\delta>0$ を取れば $a\leq x<a+\delta$ を満たす任意の $x\in[a,b]$ について $|f(x)-f(a)|<\varepsilon$ が成り立つことを意味します．この場合，f は a の「右側」[51] でしか定義されていないので当然ですが，「f が a で連続」ということは「x が a の右側から限りなく a に近づくとき $f(x)$ は $f(a)$ に限りなく近

51) 正確には「$a\leq x$ を満たす x 全体の集合」を指しますが，数直線がふつうは右側に行くほど大きいものとして描かれるため，このような言い方が認められています．

づく」という右側連続性の意味になります．定義域の端点ではない場合でも，右側連続やその逆の左側連続が意味を持ち，役に立っていますが，読者はいまやこれらに ε-δ 式定義を与えることが容易にできると思います．

注 3.57. ε-δ 論法における δ の取り方について，言われてみれば当然のことを念のために注意しておきます．定義 3.55 による f の連続性の定義において，$\varepsilon > 0$ が与えられたときに存在を保証されるべき $\delta > 0$ は

$|x - x_0| < \delta$ を満たすすべての $x \in I$ に対して
$|f(x) - f(x_0)| < \varepsilon$ が成り立つ

という性質を持つものです．これを満たす $\delta > 0$ はもちろん一つには定まりませんが，重要なこととして，上の**条件を満たす $\delta > 0$ が一つ見つかれば，必要に応じて小さく取り直してよい**ということがあります．実際，ある $\delta > 0$ が上の条件を満たしているとき，$0 < \delta' < \delta$ も条件を満たします．なぜならば，$|x - x_0| < \delta'$ を満たす任意の $x \in I$ は $|x - x_0| < \delta$ を満たすからです．

一般に ε-δ 式の定義では，$\delta > 0$ を決めるごとに問題になる変数の動く範囲が定まるようになっていますが，$\delta > 0$ が小さくなればなるほど条件がきつくなって考える変数の範囲が狭まるようになっているので，一つ $\delta > 0$ が見つかれば小さく取り直すことは可能なのです．そのため，「ある $\delta > 0$ が存在して $\cdots$」という代わりに，「十分小さい $\delta > 0$ に対して $\cdots$」ということがよくあります．

定義 3.55 による連続性の定義が，われわれが普通に考える条件を満たしていることは容易に確かめられます．次の命題はそのチェックになっていますが，その主張の正しさは「限りなく近づく」という直観的な定義で考えれば直ちに納得できるものと思われます．これをわざわざ面倒な ε-δ 論法で証明するのは，古いたとえで言えば「鶏を割くに牛刀を用いる」ようなもので，初心者にとっては意義を感じにくいのは確かでしょう．ε-δ 論法にとっても，この程度のことを扱えなかったら問題ですが，その本領を発揮するのは極限操作が幾重にも重なった込み入っ

た問題をさばくときなのです．具体的に言えば連続関数の列の極限関数の連続性や，関数項級数の項別積分などで威力が発揮されます．なお，この命題は数列の収束に関する定理 3.9 と並行的で，数列に対する ε-n_0 論法の証明における $n \geq n_0$ という条件が $|x - x_0| < \delta$ に対応しています．なお，後に示す定理 3.61 は，定理 3.9 と命題 3.58 の類似性は表面的なものではないことを示しています．読者には次の命題の証明を ε-δ 論法の練習問題としてちょっと自分で考えてみて，本書の証明を答え合わせとしてもらえたら幸いです．

命題 3.58. I を $\mathbb{R}$ の部分集合，$x_0 \in I$ で，f, g は I 上で定義された実数値関数とすると次が成り立つ．

(i) f が x_0 で連続ならば，定数倍した関数 λf も x_0 で連続．

(ii) f, g が x_0 で連続ならば，関数の和 $f + g$ も x_0 で連続．

(iii) f, g が x_0 で連続ならば，関数の積 fg も x_0 で連続．

(iv) f, g が x_0 で連続で，さらに $g(x_0) \neq 0$ ならば，ある $\delta_0 > 0$ があって $g(x)$ は $|x - x_0| < \delta_0$ を満たす任意の $x \in I$ に対して $g(x_0)$ と同符号となる．これから $|x - x_0| < \delta_0$ を満たす $x \in I$ について関数の割り算 $(f/g)(x) := f(x)/g(x)$ が意味を持つが，x の関数として f/g も x_0 で連続．

証明. 少し ε-δ 論法に慣れた読者にとっては退屈な作業と言えるが，ここは丁寧に証明していく．

(i): まず $\lambda = 0$ ならば λf は恒等的に 0 な定数関数なので，連続なことは明らかであろう．実際，ε-δ 論法で言うと，任意の $\varepsilon > 0$ に対して，$\delta > 0$ を何でもよいから取りさえすれば，$|x - x_0| < \delta$ を満たす x について[52] $|(\lambda f)(x) - (\lambda f)(x_0)| = |0 - 0| = 0 < \varepsilon$ となる．

次に $\lambda \neq 0$ の場合を考えると，λf の x_0 での連続性を示すための ε-δ 論法で $\delta > 0$ に求められる条件は，$\varepsilon > 0$ が任意に指定されたとき，$|x - x_0| < \delta$ ならば $|(\lambda f)(x) - (\lambda f)(x_0)| < \varepsilon$ が成り立つようにすることである．ところが $|(\lambda f)(x) - (\lambda f)(x_0)| < \varepsilon$ は $|f(x) - f(x_0)| < \varepsilon/|\lambda|$ と同値であり，f の x_0 での連続性か

52) この場合，実は $|x - x_0| < \delta$ という条件は何の役割も果たしていない．

ら，($\varepsilon/|\lambda|$ を「新しい ε」と考えて）ある $\delta>0$ で，$|x-x_0|<\delta$ を満たす任意の $x\in I$ について $|f(x)-f(x_0)|<\varepsilon/|\lambda|$ が成り立つように取れる．よって，この $\delta>0$ は，$|x-x_0|<\delta$ を満たす任意の $x\in I$ に対して $|(\lambda f)(x)-(\lambda f)(x_0)|<\varepsilon$ が成り立つように選ばれており，(i) の主張が成り立つことを示している．

(ii): f, g は x_0 で連続とし，$\varepsilon>0$ を任意に与えられた正数とする．このとき，f と g の x_0 における連続性から，ある $\delta_1>0$ と $\delta_2>0$ であって

$$\begin{cases} |x-x_0|<\delta_1 \text{ ならば } |f(x)-f(x_0)|<\varepsilon/2, \\ |x-x_0|<\delta_2 \text{ ならば } |g(x)-g(x_0)|<\varepsilon/2 \end{cases} \tag{3.2.21}$$

が成り立つようなものが存在する．ここではやや簡略化した表現を使っているが，「$|x-x_0|<\delta_1$ ならば」などは正確に言えば「$|x-x_0|<\delta_1$ を満たすようなすべての $x\in I$ について」[53] という意味である．さて，$\delta>0$ を δ_1, δ_2 の小さいほう（等しいときはその共通の値）とすると，x についての条件 $|x-x_0|<\delta$ は $|x-x_0|<\delta_1$, $|x-x_0|<\delta_2$ という条件の十分条件なので，(3.2.21) からは

$$\begin{aligned} &|x-x_0|<\delta \text{ ならば } |f(x)-f(x_0)|<\varepsilon/2 \\ &\text{かつ } |g(x)-g(x_0)|<\varepsilon/2 \end{aligned}$$

が成り立つことが示される．したがって，$|x-x_0|<\delta$ を満たす任意の $x\in I$ について

$$\begin{aligned} |(f+g)(x)-(f+g)(x_0)| &= |(f(x)-f(x_0))+(g(x)-g(x_0))| \\ &\le |f(x)-f(x_0)|+|g(x)-g(x_0)| \\ &< \frac{\varepsilon}{2}+\frac{\varepsilon}{2}=\varepsilon \end{aligned}$$

が成り立ち，$f+g$ が x_0 で連続なことが示された．

(iii): 積の連続性の証明は和に比べると少し面倒であるが，g が x_0 の近くでは有界（絶対値がある定数以下）になることを示すことがポイントとなる．この点については，まず g の x_0 における連続性から，ある $\delta_0>0$ で，

[53] これ以降でも「言わずとも分かる」レベルのことはしばしば省略します．

$$|x-x_0|<\delta_0 \Longrightarrow |g(x)-g(x_0)|<1$$

となるようなものが存在することに注意する．そして三角不等式 $|g(x)| = |(g(x)-g(x_0))+g(x_0| \leq |g(x)-g(x_0)|+|g(x)|$ を用いて

$$|x-x_0|<\delta_0 \Longrightarrow |g(x)|<|g(x_0)|+1 \tag{3.2.22}$$

が得られて証明される．次に $|x-x_0|<\delta_0$ のとき

$$\begin{aligned}
&|f(x)g(x)-f(x_0)g(x_0)| \\
&= |(f(x)-f(x_0))g(x)+f(x_0)(g(x)-g(x_0))| \\
&\leq |f(x)-f(x_0)|\,|g(x)|+|f(x_0)|\,|g(x)-g(x_0)| \\
&\leq |f(x)-f(x_0)|\cdot(|g(x_0)|+1)+|f(x_0)|\cdot|g(x)-g(x_0)|
\end{aligned}$$

が成り立つことに注意すればほぼ証明は終わったも同然であるが，詳しくは次のようにすればよい．f, g の x_0 における連続性から，任意の $\varepsilon>0$ に対してある $\delta_1>0$ で

$$|x-x_0|<\delta_1 \Longrightarrow \begin{cases} |f(x)-f(x_0)|<\dfrac{\varepsilon}{2(|g(x_0)|+1)} \\[2ex] |g(x)-g(x_0)|<\dfrac{\varepsilon}{2(|f(x_0)|+1)} \end{cases}$$

を満たすものが存在する．以上より，$\delta>0$ を δ_0 と δ_1 の小さいほうとすれば，

$$|x-x_0|<\delta \Longrightarrow |f(x)g(x)-f(x_0)g(x_0)|<\varepsilon$$

が得られる．

(iv): $g(x_0)>0$ の場合を扱おう（$g(x_0)<0$ の場合も同様にできる）．さて，g の x_0 における連続性から，$\varepsilon := g(x_0)/2(>0)$ に対して，ある $\delta_0>0$ があって，$|x-x_0|<\delta_0$ を満たす任意の x について $|g(x)-g(x_0)|<\varepsilon=g(x_0)/2$ が成り立つ．$|g(x)-g(x_0)|<g(x_0)/2$ ならば $g(x_0)-g(x)<g(x_0)/2$ が成り立ち，これから $g(x)>g(x_0)/2>0$ が得られるので，結局

$$|x-x_0|<\delta_0 \Longrightarrow g(x)>\frac{g(x_0)}{2} \tag{3.2.23}$$

が成り立ち，x に $1/g(x)$ を対応させる関数が少なくとも開区間 $(x_0-\delta_0, x_0+\delta_0)$ で定まる．そして，この区間内の x については (3.2.23) から

$$\left|\frac{1}{g(x)}-\frac{1}{g(x_0)}\right| = \frac{|g(x_0)-g(x)|}{g(x)g(x_0)} \leq \frac{2}{g(x_0)^2}\cdot|g(x_0)-g(x)| \tag{3.2.24}$$

が成り立つことが分かる．一方 g の x_0 における連続性を再び用いて，任意に与えられた $\varepsilon>0$ に対して，

$$|x-x_0|<\delta \Longrightarrow |g(x)-g(x_0)| < \frac{g(x_0)^2}{2}\cdot\varepsilon$$

が成り立つような $\delta>0$ が存在することが分かる．ここで必要ならば δ をさらに小さく取り直して[54] $0<\delta\leq\delta_0$ としてよく，このとき (3.2.24) から，

$$|x-x_0|<\delta \Longrightarrow \left|\frac{1}{g(x)}-\frac{1}{g(x_0)}\right| < \varepsilon$$

となって，逆数関数 $1/g$ が x_0 で連続なことが示された．

f/g については，$f/g = f\cdot 1/g$ なので，いま証明した $1/g$ の連続性とすでに証明した積の連続性によって，所望の連続性が示される． □

[54] δ_0 と δ のうち，小さいほうを改めて δ と置けばよい．

命題 3.58 では 1 点での連続性を問題としましたが，各点でそれを適用すると次の系が得られます．

連続性と四則演算

系 3.59. I を実数の任意の空でない部分集合，f, g は I を定義域とする実数値関数とすると次が成り立つ．

(i) f が I 上で連続ならば，定数倍した関数 λf も I 上で連続．

(ii) f, g が I 上で連続ならば，関数の和 $f+g$ も I 上で連続．

(iii) f, g が I 上で連続ならば，関数の積 fg も I 上で連続．

(iv) f, g が I 上で連続で，さらに任意の $x\in I$ で $g(x)\neq 0$

ならば，f/g も I 上で連続.

注 3.60. (a) 命題 3.58 と系 3.59 では，関数の差 $f-g$ のことには直接は触れていませんが，$f-g=f+(-1)g$ ですから，差についてもそれぞれの意味で連続性が成り立つことが分かります.

(b) かなり苦労して証明した命題 3.58 とその系 3.59 ですが，一般性があるので役には立ちます．実際，実数 x にそれ自身を対応させる関数を通常のように同じ記号で x と表すと，これはもちろん定義域を何にしても連続なことが直ちに分かりますが，[55] 関数 x^2 は関数としての x 同士の積なのでやはり連続です（系 3.59 の (ii) を適用）．したがって $x^3=x^2\cdot x$ も連続となりますが，帰納的にベキ乗関数 x^n $(n=1,2,\dots)$ がすべて連続なことが分かります．定数関数ももちろん連続ですから，系 3.59 の (i), (ii) を適用して，x の多項式関数 $p(x):=\sum_{k=0}^{n}a_kx^k$ の連続性が得られます．$q(x)$ もやはり x の多項式で表される関数とすると，命題 3.58 の (iv) によって，x の有理式 $p(x)/q(x)$ で表される関数が，定義される点，すなわち $q(x_0)\neq 0$ を満たす x_0 で連続なことが分かります.

[55] ε-δ 論法で言うなら，ε に対して $\delta:=\varepsilon$ と取ればよい.

3.2.1.2 数列の収束による言い換え

関数の連続性を ε-δ 式に定義して，直接それによって命題 3.58 を証明しましたが，厳密ではあるもののとても仰々しい感じを受けたのではないかと思います．実は，もう少し簡単で分かりやすい議論で済ませる方法があるのですが，それは関数の連続性を数列の収束に結び付けることで可能になります.

連続性と数列の収束

定理 3.61. I を実数の任意の空でない部分集合とし，f は I を定義域とする実数値関数とする．このとき $x_0\in I$ とすると，f が x_0 で連続であることは次の条件と同値である：

x_0 に収束するような I 内の任意の数列
(一般項がすべて I に属する数列) $\{x_n\}_n$ (3.2.25)
に対して $\{f(x_n)\}_n$ は $f(x_0)$ に収束する.

証明. 最初は f が x_0 で連続として，条件 (3.2.25) が成立することを示そう．実際，$\{x_n\}_n$ を x_0 に収束する I 内の数列としよう．f の連続性の仮定から，任意の $\varepsilon > 0$ に対して $\delta > 0$ で，$|x - x_0| < \delta$ かつ $x \in I$ ならば $|f(x) - f(x_0)| < \varepsilon$ となるものが存在する．この δ に対して，$\{x_n\}_n$ が x_0 に収束するので，ある $n_0 \in \mathbb{N}$ があって，$n \geq n_0$ を満たす任意の自然数 n について $|x_n - x_0| < \delta$ となる．よって，$n \geq n_0$ ならば $|f(x_n) - f(x_0)| < \varepsilon$ が成り立つことが分かり，これは $\{f(x_n)\}_n$ が $f(x_0)$ に収束することを示しており，条件 (3.2.25) が成り立つ．

次に，条件 (3.2.25) が成立しているとして，背理法で f が x_0 で連続なことを示そう．もしも f が x_0 で連続でないとすると，

ある $\varepsilon > 0$ があって，それについてはどんな $\delta > 0$ に対しても $|x - x_0| < \delta$ かつ $|f(x) - f(x_0)| \geq \varepsilon$ となる x が存在する. (3.2.26)

が成り立つ．この言い換えがすぐに納得できる人はよいが，なかなかピンとこない場合には，補助として論理式で表現してみて，式 (1.4.6) を参考にして同値変形を考えるとよい．「f が x_0 で連続でない」という主張は，論理式で表現すると

$$\neg \forall\varepsilon > 0 \, \exists\delta > 0 \, \forall x \, (|x - x_0| < \delta \Rightarrow |f(x) - f(x_0)| < \varepsilon)$$

となる ($\forall x$ のところは本当は $\forall x \in I$ とすべきであるが省略した)．この論理式を式 (1.4.6) の同値性を用いて，一歩ずつ否定記号を量化子の右側に移していくと次のようになる：

$$\begin{aligned}
&\neg \forall\varepsilon > 0 \, \exists\delta > 0 \, \forall x \, (|x - x_0| < \delta \Rightarrow |f(x) - f(x_0)| < \varepsilon) \\
\equiv\ &\exists\varepsilon > 0 \, \neg \exists\delta > 0 \, \forall x \, (|x - x_0| < \delta \Rightarrow |f(x) - f(x_0)| < \varepsilon) \\
\equiv\ &\exists\varepsilon > 0 \, \forall\delta > 0 \, \neg \forall x \, (|x - x_0| < \delta \Rightarrow |f(x) - f(x_0)| < \varepsilon)
\end{aligned}$$

$$\equiv \exists\varepsilon > 0\,\forall\delta > 0\ \exists x\ \neg\,(|x - x_0| < \delta \Rightarrow |f(x) - f(x_0)| < \varepsilon)$$

さらに，$p \Rightarrow q$ の否定が $p \wedge \neg q$ と同値であることから，任意の x について

$$\begin{aligned} &\neg\,(|x - x_0| < \delta \Rightarrow |f(x) - f(x_0)| < \varepsilon) \\ \equiv\ &|x - x_0| < \delta \wedge |f(x) - f(x_0)| \geq \varepsilon \end{aligned}$$

が成り立つ．よって「f が x_0 で連続でない」という主張は，

$$\exists\varepsilon > 0\,\forall\delta > 0\ \exists x\ (|x - x_0| < \delta \wedge |f(x) - f(x_0)| \geq \varepsilon)$$

と表され，これはまさに最初のほうで通常の文章で述べた主張に一致する．このように論理式を用いた機械的な変形は役に立つが，読者はこのような計算だけによらず，普通に考えてもこの変形に納得がいくまで思いを巡らせてほしい．

さて，「連続でない」ことの言い換えに手間取ったが，(3.2.26) のような $\varepsilon > 0$ が取れたとする．このとき任意の $n \in \mathbb{N}$ に対して (3.2.26) の δ を $1/n$ として，ある x で，$|x - x_0| < 1/n$ かつ $|f(x) - f(x_0)| \geq \varepsilon$ を満たすものが存在するので，その一つを選んで x_n とする．このようにして数列 $\{x_n\}_n$ が得られるが,[56] この数列はアルキメデスの原理 ($\lim_{n\to\infty} 1/n = 0$) から x_0 に収束し，他方 $f(x_n)$ は $f(x_0)$ に収束しない（差が常に定数 ε 以上）．よって，(3.2.25) の主張が成り立たないことになり，仮定に矛盾する．よって背理法により f の x_0 における連続性が示された． □

56) 下の注 3.63 を参照.

定理 3.61 は，分かりやすく表現すると，「ε-δ 方式で定義した連続性と，数列の収束によって定めた連続性は一致する」と言えます．数列の収束による定義のほうが，初心者には分かりやすいと思いますが，それだけではありません．連続関数の諸性質の証明を数列の収束の問題に還元して，数列の収束について示されているボルツァーノ・ワイエルシュトラスの定理を利用すると便利なことが多いのです．「有界閉区間 $[a, b]$ 上で定義され，各点で連続な関数は最大値を持つ」というワイエルシュトラスの最大値定理はその好例ですが，拙著[70] ほかの微分積

分学のテキストには他の例も扱われています.

注 3.62. 式 (3.2.25) の主張は図式化すれば

$$x_n \to x_0 \Longrightarrow f(x_n) \to f(x_0)$$

という極めて直観的で分かりやすい形になります. なぜ分かりやすいのかと言えば, “$x_n \to x_0$” などの数列の収束の主張は, 究極には ε-δ 的に定められた意味を持っているのに, ε や δ はどこにも現れず, あたかも「x_n が x_0 に限りなく近づく」という表現をそのまま簡略化したように見えるからです.

注 3.63. 定理 3.61 の主張の半分である,「条件 (3.2.25)（点列的連続性）が成り立てば f は x_0 において ε-δ 式定義で連続」という部分の証明には可算選択公理というものが用いられています.[57] 具体的には, 次の部分です. まず f が x_0 で ε-δ 式定義で連続でないとすると, ある $\varepsilon > 0$ があって, 任意の自然数 n に対して $|x - x_0| < 1/n$ かつ $|f(x) - f(x_0)| \geq \varepsilon$ が成り立つ x が存在するということは問題ないのです. これから,「各 n に対してこの条件を満たす x を一つ選び x_n として数列 $\{x_n\}_n$ が定まる」としている部分に使われているのです. ほとんどすべての読者はここに何か問題があるとは思わないでしょうし, 19 世紀末までの数学者は無意識にこの論法を使っていました. 現代数学でもこれは認められた議論なのですが, 証明ということを厳しく考えていくと何が正当な論証と言えるのかを明確にする必要があり, この論法についても意識が向けられることになったのです. 後に 5.1 節でさらにくわしく議論します.

57) 数列の収束に関してもいくつか同様な指摘をしました.

3.2.1.3 数列を利用した命題 3.58, 系 3.59 の証明

定理 3.61 を用いれば, 命題 3.58 は数列に関する定理 3.9 によって簡単に証明されます. したがって, 系 3.59 も数列の収束をもとに証明されることになります. さて, 命題 3.58 に述べた主張のおのおのは, 定理 3.9 にある対応する性質から示されますので, 一つだけ例を述べれば十分だと思います. そこで命題 3.58 の主張 (ii) を考えてみましょう. f, g ともに x_0 で連続とすると, 定理 3.61 により, x_0 に収束する I 内の任意の数列

$\{x_n\}_n$ に対して，$\lim_{n\to\infty} f(x_n) = f(x_0)$ と $\lim_{n\to\infty} g(x_n) = g(x_0)$ が成り立ちます．これから，定理 3.9 の (1), (b) によって

$$\begin{aligned}\lim_{n\to\infty}(f+g)(x_n) &= \lim_{n\to\infty}(f(x_n)+g(x_n))\\ &= f(x_0)+g(x_0)\\ &= (f+g)(x_0)\end{aligned}$$

が得られる．$\{x_n\}_n$ は任意だったので，再び定理 3.61 を用いて $f+g$ の x_0 における連続性が分かる．

合成関数の連続性　連続性の定義から容易に導かれるもう一つの一般的な定理に，次の合成関数の連続性があります．

合成関数の連続性

定理 3.64. f は $I \subset \mathbb{R}$ を定義域とする実数値連続関数，g は $J \subset \mathbb{R}$ を定義域とする実数値連続関数とする．f の値域 $f(I)$ が J に含まれるならば，合成関数 $(g \circ f)(x) := g(f(x))$ $(x \in I)$ が定義され，I 上で連続となる．

証明. 定理の仮定が満たされているとして，数列の収束による判定法で $g \circ f$ の連続性を示そう．$\{x_n\}_n$ を I 内の数列で，$x_0 \in I$ に収束するものとする．このとき f の連続性から $\{f(x_n)\}_n$ は $f(x_0)$ に収束する J 内の数列である．よって，今度は g の連続性から $(g \circ f)(x_n) = g(f(x_n))$ は $g(f(x_0))$ に収束することになる．$\{x_n\}_n$ の任意性から，定理 3.61 により $g \circ f$ が連続であることが分かる．□

注 3.65. 定理 3.64 では定義域の上での連続性を主張していますが，証明を見れば「f が x_0 で連続，かつ g が $f(x_0)$ で連続」という仮定から $g \circ f$ の，1 点 x_0 での連続性が導かれることが分かります．

この定理を ε-δ 論法で証明することを試みれば，数列を用いる方法に比べると，推論の方向がある意味で逆方向になり，考えづらいことが分かるでしょう．

3.2.2　連続性の判定例

ここまでは，1 変数実数値関数の連続性の ε-δ 式の定義や，数列を用いたその言い換えを述べ，連続関数に代数的な四則演算を行ってもまた連続関数が得られることを証明しました（系 3.59，ただし割り算では分母が 0 になる点を除く）．このことから，多項式や分数式（有理式）で表される関数は連続であることが導かれますが，高等学校の数学でもそれ以外の三角関数や指数関数，対数関数が扱われ，それらの導関数まで用いられています．しかし三角関数などの初等超越関数は，きちんとした解析学的な定義には手間がかかり，それらの連続性を ε-δ 論法や数列の収束による判定条件で個別に確かめるのはたいへんです．そのため，本書では後に関数項級数の基本事項を説明して，特に整級数と呼ばれる $\sum_{n=0}^{\infty} a_n x^n$ という関数項級数で定義される指数関数や三角関数の連続性を証明することにします（例 3.80）．導関数については紙幅の制約と本書の性格上，残念ながら割愛しますが拙著[70, 第 7 章] などの微積分の教科書を参照してください．そこで，この項では一つの特殊な具体例について連続性を直接証明するとともに，連続な狭義の単調増加あるいは単調減少関数の逆関数の連続性を証明します．

3.2.2.1　ある人工的関数の連続性

各実数 x に対して $f(x)$ を次のように定義します：

$$f(x) := \begin{cases} 0 & \text{（}x = 0\text{ または }x\text{ が無理数のとき），} \\ \dfrac{1}{q} & \text{（}x \neq 0\text{ が有理数で }x = \dfrac{p}{q},\ p \in \mathbb{Z},\ q \in \mathbb{N} \\ & \text{と既約分数で表されるとき）.} \end{cases}$$

ここで $\mathbb{Z}$ は整数全体の集合を表します．図 3.1 にこの関数のグラフを載せましたが，$f(\pm 1) = 1$ は描画範囲の外になるので描かれていません．また，このグラフは f の定義に現れる q が 30 以下の数に対する値しか含んでいません．本当に f のグラフを描くと，横軸の近くはベタッと真っ黒になってしまいます．さて，グラフからも分かりますが，この関数 f は有理

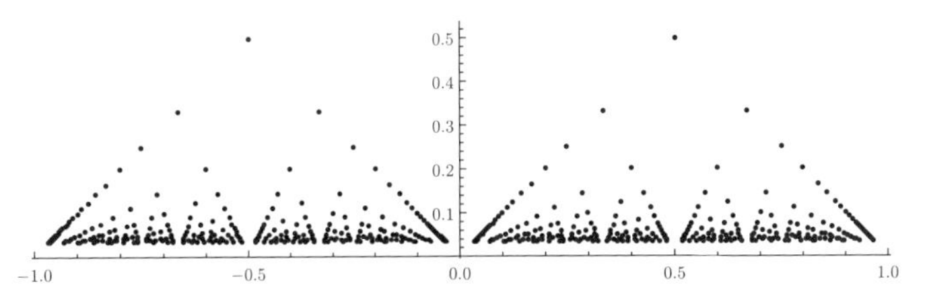

図 **3.1**　無理数では連続な関数

点では不連続です．しかし x_0 が無理数とすると，f は x_0 では連続になります．実際，$\{x_n\}_n$ を x_0 に収束する任意の数列とすると，x_n が無理数ならば $f(x_n) = 0 = f(x_0)$ なので，$\{x_n\}_n$ から無理数を取り除いてできる数列を $\{y_n\}_n$ として，[58] $f(y_n) \to 0$ $(n \to \infty)$ を示せば $f(x_n) \to f(x_0)$ $(n \to \infty)$ が言えて，f が x_0 で連続なことが証明されます．さて y_n が有理数で $y_n = p_n/q_n$ $(p_n \in \mathbb{Z},\ q_n \in \mathbb{N})$ で p_n/q_n は既約分数であるとすると，$y_n \to x_0$ $(n \to \infty)$ で x_0 が無理数であることから，自然数列 $\{q_n\}_n$ は無限大に発散します．実際，もし無限大に発散しないとすると，ある実数 M に対して $q_n < M$ となる n が無限個存在することになります．また，p_n/q_n は x_0 に収束しているので有界（補題 3.3）だから，ある定数 L があって，任意の $n \in \mathbb{N}$ に対して $|p_n/q_n| < L$ となります．よって，$q_n < M$ を満たす n については $|p_n| < ML$ となります．したがって，$q_n < M$ となる n の全体を小さい順に $n_1 < n_2 < n_3 < \cdots$ とすると，$\{p_{n_i}\}_i, \{q_{n_i}\}_i$ はともに有界数列となり，収束部分列を持ちます．しかしこれらの数列は整数値なので，収束するということはその部分列は十分大きい番号の項について定数になるということです．一方 $y_{n_i} = p_{n_i}/q_{n_i}$ は $i \to \infty$ のとき x_0 に収束しているので，結局ある i について $x_0 = p_{n_i}/q_{n_i}$ すなわち x_0 は有理数となって x_0 を無理数とした仮定に矛盾します．したがって $\{q_n\}_n$ は無限大に発散することが示され，$f(y_n) = 1/q_n \to 0 = f(x_0)$ $(n \to \infty)$ となり，f が x_0 で連続なことが示されました．

[58] x_n が有限個を除いて無理数の場合は，$\{y_n\}_n$ を考える必要がないことはお分かりでしょう．

3.2.2.2　連続関数の逆関数の連続性

分数関数（有理関数）の連続性は個別にチェックするまでも

なく，四則演算と連続性の関係から得られますが，その方法では $x \geq 0$ で定まる n 乗根関数 $\sqrt[n]{x}$ $(n \in \mathbb{N})$ の連続性は示されません．しかし $\sqrt[n]{x}$ は，連続である n 乗関数 x^n の逆関数であるということに注目すると，容易に連続であることが証明できるのです．

定理 3.66. f は閉区間 $[a,b]$ で定義された連続関数で，狭義単調増加とする．このとき f の逆関数 f^{-1} は閉区間 $[f(a), f(b)]$ 上で定義され，その上で連続となる．f が狭義単調減少の場合は，f^{-1} は閉区間 $[f(b), f(a)]$ 上で定義されその上で連続となる．

注 3.67. f が狭義単調増加とは，$x < x'$ ならば $f(x) < f(x')$ となることをいう．また，f が狭義単調減少とは，$x < x'$ ならば $f(x) > f(x')$ となることをいう．f が狭義単調減少であることは，符号を変えた $-f$ が狭義単調増加であることと同値になる．

証明. f が狭義単調増加とすると，f が単射（$x \neq x'$ ならば $f(x) \neq f(x')$ が成り立つこと）であることは容易に分かるので，f^{-1} は f の像 $f([a,b])$ を定義域とする関数となる．実は $f([a,b]) = [f(a), f(b)]$ であり，通常これを示すにはまだ証明していない中間値の定理（定理 3.69）を用いるが，循環論法などの心配はないので，ここは $f([a,b]) = [f(a), f(b)]$ を認めて進むことにする．

さて，逆関数 f^{-1} の連続性を ε-δ 論法で証明しようとすると，定義域が実数全体でない場合はいろいろと場合分けが必要になって，考え方は易しいのにきっちりした証明を書くのは煩わしいことになる．そのため，ここでは f^{-1} がある点で連続でないとすると，定理 3.61 の証明の後半で示した数列の存在から矛盾が導かれることによって示す．そこで，f^{-1} がある $y_0 \in [f(a), f(b)]$ で連続でないとすると，定理 3.61 の証明の後半での議論により，ある $\varepsilon > 0$ と，$[f(a), f(b)]$ 内のある数列 $\{y_n\}_n$ で，y_0 に収束する一方ですべての n に対して $|f^{-1}(y_n) - f^{-1}(y_0)| \geq \varepsilon$ を満たすものが存在する．$n = 0, 1, 2, \ldots$ に対して $x_n := f^{-1}(y_n)$ とすると，$x_n \in [a,b]$ で $y_n = f(x_n)$ である．したがって $\{x_n\}_n$ は有界な数列なので，ボルツァーノ・ワイエルシュトラスの定理により収

束する部分列 $\{x_{n_i}\}_i$ を持つ．$\tilde{x} := \lim_{i\to\infty} x_{n_i}$ とすると，$\tilde{x} \in [a,b]$ なので f の連続性から $f(\tilde{x}) = \lim_{i\to\infty} f(x_{n_i}) = \lim_{i\to\infty} y_{n_i} = y_0$ となる．他方，$y_0 = f(x_0)$ であったから，f の狭義単調性から $\tilde{x} = x_0$ が得られる．よって，

$$|f^{-1}(y_{n_i}) - f^{-1}(y_0)| = |x_{n_i} - x_0| = |x_{n_i} - \tilde{x}| \to 0 \quad (i \to \infty)$$

となるが，これは任意の n で $|f^{-1}(y_n) - f^{-1}(y_0)| \geq \varepsilon$ ということに矛盾する．

f が狭義単調減少の場合には，符号を変えた $-f$ が狭義単調増加となるので，すでに示したことから $(-f)^{-1}$ が $[-f(a), -f(b)]$ 上での連続関数となる．そして $(-f)^{-1}(y) = f^{-1}(-y)$ が任意の $y \in [-f(a), -f(b)]$ で成り立つことが容易に分かるので，$(-f)^{-1}$ の連続性から f^{-1} の連続性が導かれる． □

例 3.68. (a) n を自然数とすると，$f(x) := x^n$ は $x \geq 0$ の範囲で連続かつ狭義単調増加です．f の逆関数は $f^{-1}(y) = \sqrt[n]{y}$ ですが，f の逆関数が n 乗根関数で与えられるというよりも，n 乗根関数が f の逆関数として定められるというほうが理論的には正しいところです．とにかく，任意の $a > 0$ について，f を $[0,a]$ 上で考えて定理 3.66 を適用すれば，$y \geq 0$ の範囲での $\sqrt[n]{y}$ の連続性が得られます．

(b) 本書の現在地点では，まだ指数関数 e^x を定義していませんが（関数項級数で扱います），連続性と単調増加性は分かっているものとします．このとき，逆関数 $\log x$ の $x > 0$ の範囲での連続性が得られます．

3.2.3　連続関数の一般性質

ここまで実 1 変数実数値関数の連続性を ε-δ 式に定義し，その同値条件や連続性と関数の四則演算などの関係を改めて調べてきましたが，関数の連続性自体が個々の関数にどのような特性を与えるかということにはほとんど触れてきませんでした．すでに承知している方も多いと思いますので具体的に言うと，中間値の定理や，有界閉区間を定義域とする連続関数の有界性などの性質をこれから証明していきます．証明には ε-δ 式の定義

だけでなく，場合に応じて同値である数列の収束による特徴付けも用いられます．

3.2.3.1　中間値の定理とワイエルシュトラスの最大値定理

中間値の定理から始めます．

中間値の定理

定理 3.69. 有界閉区間 $[a,b]$ 上で定義された連続関数 f は，区間の端点での値 $f(a)$, $f(b)$ の中間の値をすべて取る．

証明. $f(a)=f(b)$ ならば中間の値は $f(a)$ のみで，$f(x)$ は $x=a$ でこの値を取るので，この場合は定理の主張は成り立つ．

$f(a)<f(b)$ の場合に定理を証明すれば，$f(a)>f(b)$ の場合も同様に示される[59] ので，以下では $f(a)<f(b)$ とする．$f(a)\le r\le f(b)$ を満たす r が f の取る値の一つになることを示すことが目標であるが，$r=f(a)$ または $=f(b)$ の場合はこれは自明に成り立つので，$f(a)<r<f(b)$ の場合を考えれば十分である．このとき $A:=\{x\in[a,b]\mid f(x)\le r\}$ とすると，$a\in A$ なので A は空集合ではない．また $A\subset[a,b]$ だから A は上に有界なので，定理 3.33 により A は上限 x_0 を持つ．このとき，命題 3.34 により x_0 に収束するような A 内の点列 $\{x_n\}_n$ が取れるが，任意の n について $x_n\in A$ だから $f(x_n)\le r$ で，さらに f の連続性から $f(x_0)=\lim_{n\to\infty}f(x_n)\le r$ となる．[60] よって $f(x_0)<f(b)$ なので $x_0<b$ が分かる．ここで $f(x_0)<r$ とすると，f の連続性から十分小さい $\delta>0$ を取れば $x_0\le x<x_0+\delta$ を満たすすべての x に対して $f(x)<r$ が成り立つ．これは x_0 での連続性を ε-δ 論法で考え，$\varepsilon:=r-f(x_0)>0$ とすれば分かるが，必要なら δ を $\delta<b-x_0$ を満たすように小さく取り直して $[x_0,x_0+\delta)\subset[a,b]$ が成り立つとしてよい．しかしこのとき $x:=x_0+(\delta/2)$ は $f(x)<r$ を満たし x_0 より真に大きい A の元となるので，x_0 が A の上限であることに矛盾する．よって $f(x_0)<r$ ではないが，$f(x_0)\le r$ が成り立っているので $f(x_0)=r$ となり，r が f の取る値の一つであることが示された．　□

[59] f の代わりに $-f$ を考えてもよい．

[60] ここで定理 3.9 の数列の収束と順序の関係を用いている．

次に有界閉区間上で定義された連続関数が最大値や最小値を持つことを示します.

ワイエルシュトラスの最大値定理

定理 3.70. f は有界閉区間 $I := [a,b]$ で定義された連続関数とすると，f は I 上で最大値と最小値を持つ.

注 3.71. 定理 3.70 において，$a > b$ とすると $I = \emptyset$ となってしまい定理は成り立たないが，暗黙の了解で $a < b$ とするのが普通なので，以下でも同様な場合特に断らない.

証明. 最初に f が有界，すなわち絶対値がある定数以下であることを背理法によって示す．実際，f が有界でないとすると，任意の自然数 n に対して $|f(x)| > n$ を満たす $x \in I$ が存在するので，その一つを選び x_n とすれば I 内に値を取る数列 $\{x_n\}_n$ ができる．[61] $\{x_n\}_n$ は有界数列だから，ボルツァーノ・ワイエルシュトラスの定理により収束する部分列 $\{x_{n_i}\}_i$ を持つ．このとき $x_0 := \lim_{i\to\infty} x_{n_i}$ とすると $x_0 \in I$ なので，f の連続性から $\{f(x_{n_i})\}_i$ は $f(x_0)$ に収束する．収束する数列は有界（補題 3.3）なので，$|f(x_{n_i})|$ はすべてある定数以下であるが，それは $|f(x_{n_i})| > n_i$ $(i = 1, 2, \dots)$ に矛盾する.

[61] ここで可算選択公理を用いていますが，別証で可算選択公理を用いないものもあります．実は本書で紹介した証明法とは異なる証明によれば最大値定理は加算選択公理を使わずに証明できます（[29, p. 68]）.

以上で f の有界性が示されたが，このことから f の値域 $A := \{\, f(x) \mid x \in I \,\}$ は上にも下にも有界となり，空集合ではないから上限 α と下限 β を持つ．α に対して A 内の点列 $\{y_n\}_n$ で α に収束するものが存在し（命題 3.34），各 n について y_n はある $z_n \in I$ の像，すなわち $y_n = f(z_n)$ となっている．数列 $\{z_n\}_n$ は有界なのでボルツァーノ・ワイエルシュトラスの定理により収束部分列 $\{z_{n_i}\}_i$ を持つが，$z_0 \in I$ をその極限とすると，f の連続性から

$$f(z_0) = \lim_{i\to\infty} f(z_{n_i}) = \lim_{i\to\infty} y_{n_i} = \alpha$$

が分かる．[62] α が f の値域の上限で，それが実際にある点での f の値になっていることが示されたので，α は I における f の最大値となる.

[62] 収束数列 $\{y_n\}_n$ の任意の部分列は同じ極限に収束します．命題 3.36 参照.

下限 β についても同様にある点で f が取る値になるので，I

における f の最小値であることが分かる. □

3.2.3.2 一様連続性

関数の連続性よりも少し強い性質に**一様連続性**があります. ここで「少し」強いと言っているのは, 有界閉区間上の関数の場合には同値になってしまう[63] からですが, そのことも含めて一応の整理ができたのは19世紀の後半になってからでした.

63) このことが, コーシーによる積分の定義が連続関数に対して有効だった理由です.

一様連続性

定義 3.72. 実数の部分集合 I 上で定義された実数値関数 f が (I 上で) 一様連続であるとは, 任意の $\varepsilon > 0$ に対してある $\delta > 0$ があって, $|x - y| < \delta$ を満たす任意の x, $y \in I$ に対して $|f(x) - f(y)| < \varepsilon$ が成り立つことを言う. 論理式で書くと,

$$\forall \varepsilon > 0 \, \exists \delta > 0 \, \forall x \in I \, \forall y \in I$$
$$\bigl(|x - y| < \delta \Rightarrow |f(x) - f(y)| < \varepsilon\bigr)$$

が成り立つということである.

上の定義では, 場所が狭いので論理式が2行になっていますが, つなげて考えてください. f が定義域の I 上で一様連続ということと, I 上で連続ということの違いが分かりにくいかもしれませんが, それは $\delta > 0$ が何に応じて決まっているのかの相違なのです.

「I 上の (すべての点で) 連続」というのは, そこで連続であることを主張したい点 x と, ε ごとに $\delta > 0$ があって $|x-y| < \delta$ を満たすすべての $y \in I$ について $|f(x) - f(y)| < \varepsilon$ となることです. つまり, これまでの定義により「f が I 上で連続」な場合は $\varepsilon > 0$ と $x \in I$ ごとに $\delta > 0$ が決まるので,[64] 象徴的に書けば δ を ε と x の関数として $\delta(\varepsilon, x)$ のように表すことが可能です. これに対して一様連続の場合は, $\varepsilon > 0$ だけに対応して決まる $\delta = \delta(\varepsilon) > 0$ が存在して $|x - y| < \delta$ ならば $|f(x) - f(y)| < \varepsilon$ が成り立つのです. したがって, 連続性の場合は ε と x に依存していた $\delta(\varepsilon, x)$ を, x に関して**一様に**, す

64) 「決まる」と言っても, もちろん一つに定まるわけではなく, ある範囲に決まるという意味です.

なわち x に関係なく一定に取れるのが一様連続性です．

例 3.73. 実数全体を定義域として，関数 $f(x) := x$ と $g(x) := x^2$ を考えると，ともに $\mathbb{R}$ 上で連続です．さらに f のほうは $\mathbb{R}$ 上で一様連続です．実際，$\varepsilon > 0$ に対して $\delta := \varepsilon$ とすると，$|x-y| < \delta$ ならばもちろん $|f(x)-f(y)| = |x-y| < \delta = \varepsilon$ となり，一様連続性が分かります．しかし，g のグラフを考えてみれば分かりますが，$x, x' \in \mathbb{R}$ の距離 $|x-x'|$ が同じでも，それらの位置によって $|g(x)-g(x')|$ はいくらでも大きくなるので，$\varepsilon > 0$ に対して $\delta > 0$ をどのように取っても，$|x-x'| < \delta$ だけから $|g(x)-g(x')| < \varepsilon$ とすることは不可能です．

例 3.73 で，一様連続でない連続関数 g の定義域が有界ではないことは，必然に近いことが次の定理から分かります．

定理 3.74. 有界閉区間 $I := [a, b]$ で定義された実数値連続関数 f は I 上で一様連続である．

証明. I 上の連続関数 f が I 上で一様連続でないとして矛盾を導こう．さて，f が I 上で一様連続でないとすると，ある $\varepsilon > 0$ があって，それに対してはどんな $\delta > 0$ を取っても x, $y \in I$ で $|x-y| < \delta$ なのに $|f(x)-f(y)| \geq \varepsilon$ となるものが存在するということになる．[65] そこで，各自然数 n について $\delta = 1/n$ と考えると，ある $x_n, y_n \in I$ で $|x_n - y_n| < 1/n$ かつ $|f(x_n)-f(y_n)| \geq \varepsilon$ を満たすものが取れる．[66] $\{x_n\}_n$ は有界数列となるので，ボルツァーノ・ワイエルシュトラスの定理により収束する部分列 $\{x_{n_i}\}_i$ を持つ．$x_0 := \lim_{i\to\infty} x_{n_i}$ とすると $x_0 \in I$ である．また，

$$|x_0 - y_{n_i}| \leq |x_0 - x_{n_i}| + |x_{n_i} - y_{n_i}| < |x_0 - x_{n_i}| + \frac{1}{n_i}$$

だから，$\{y_{n_i}\}_i$ も x_0 に収束することが分かる．そして

$$\varepsilon \leq |f(x_{n_i}) - f(y_{n_i})| \leq |f(x_{n_i}) - f(x_0)| + |f(x_0) - f(y_{n_i})|$$

が成り立つが，f は x_0 でも連続なので上式の最右辺は $i \to \infty$ のとき 0 に収束し，これは $\varepsilon > 0$ に矛盾する． □

65) この変形が分かりにくい場合，定義 3.72 に記した論理式を一歩一歩変形してみていただきたい．

66) ここで可算選択公理が使われています．

3.2.4 関数列と関数項級数の収束

3.2.4.1 関数列の収束

数列と級数の収束は，直観的な定義から ε-δ 式に再定義され，微妙な問題をしっかり扱うことができるようになりましたが，同様なことが関数列と関数項級数について考えられます．ここで「同様なこと」と言いましたが，考える対象が実数から関数へと高次元化[67] するに伴い，「収束」の意味もいくつか考える必要が出てきます．歴史的には，当初はこの必要性に気がつかず，コーシーでさえも間違った定理を証明してしまったことが有名ですが,[68] それに関係する 2 種類の収束を定義しましょう．そのうちの一つでは，ε-δ 的な話法が欠かせません．

[67] 「高次元化」という言葉を使いましたが，$a < b$ のとき，$[a, b]$ 上の連続関数全体は普通の和とスカラー倍によって無限次元の線型空間となるので，1 次元と有限次元の差以上のギャップがあるのです．

[68] この誤りを指摘したのは，有名な N. アーベルです．

各点収束と一様収束

定義 3.75. $\{f_n\}_n$ を同一の定義域 $I\ (\subset \mathbb{R})$ 上で定義された実数値関数の列，f_0 をやはり I 上で定義された実数値関数とする．このとき，$\{f_n\}_n$ が（または f_n が）f_0 に（I 上で）**各点収束**するとは，任意の $x \in I$ に対して実数列 $\{f_n(x)\}_n$ が $f_0(x)$ に収束することを言う．
また，$\{f_n(x)\}_n$ が（または f_n が）f_0 に（I 上で）**一様収束**するとは，$n \to \infty$ のときに，$f_n(x)$ と $f_0(x)$ との差 $|f_n(x) - f_0(x)|$ が $x \in I$ に関して**一様に** 0 に収束するという意味であるが，正確に表現すると次のようになる：任意の $\varepsilon > 0$ に対してある n_0 があって，$n \geq n_0$ を満たす任意の n と任意の $x \in I$ について $|f_n(x) - f_0(x)| < \varepsilon$ が成り立つ．

注 3.76. 上に述べた各点収束の定義を論理式で表すと

$$\forall x \in I\, \forall \varepsilon > 0\, \exists n_0 \in \mathbb{N}\, \forall n \in \mathbb{N} \left(n \geq n_0 \Rightarrow |f_n(x) - f_0(x)| < \varepsilon \right)$$

となります．一方，一様収束は

$$\forall \varepsilon > 0\, \exists n_0 \in \mathbb{N}\, \forall x \in I\, \forall n \in \mathbb{N} \left(n \geq n_0 \Rightarrow |f_n(x) - f_0(x)| < \varepsilon \right)$$

で表され，二つの定義において n_0 が何に依存しているのかの違いが，現れてくる位置によって明確に示されています．

例 3.77. (a) $[0,1]$ を定義域とする関数列 $\{f_n\}_n$ を $f_n(x) := x^n$ $(x \in [0,1])$ で定めると，$0 \leq x < 1$ の場合は $\lim_{n\to\infty} f_n(x) = 0$ で，$f_n(1)$ は n に関わりなく 1 です．したがって，$[0,1]$ 上の（不連続な）関数 f を

$$f(x) := \begin{cases} 0 & (0 \leq x < 1) \\ 1 & (x = 1) \end{cases}$$

で定めると，f_n は f に各点収束することになります．しかし，n を固定したとき，f_n は $[0,1]$ 上で連続ですから，$x(< 1)$ が十分 1 に近いと，$|f_n(x) - f(x)| = f_n(x)$ は $1/2$ より大きくなります．これは f_n が f に一様収束していないことを示しています．この「一様収束していない」という結果は，次の定理 3.78 の対偶からも分かります．

図 3.2 は，$n = 1$ から $n = 15$ までの f_n のグラフを示しています．

(b) a を正の定数として，$[0,a]$ 上で $f_n(x) := \sum_{k=1}^{n} \frac{x^k}{k!}$ とすると，f_n は $[0,a]$ 上で e^x に一様収束しています．証明は微分積分学でよく知られたテイラー級数の剰余項の評価によって得られますが，ここでは省略します．

次の定理は，ε-δ 的な論証の典型であり，各点収束の仮定で同様の主張をしたコーシーの誤りを修正するものです．

定理 3.78. 実数の部分集合 I 上で定義された連続関数の列 $\{f_n(x)\}_n$ が，ある関数 f に I 上で一様収束しているならば，

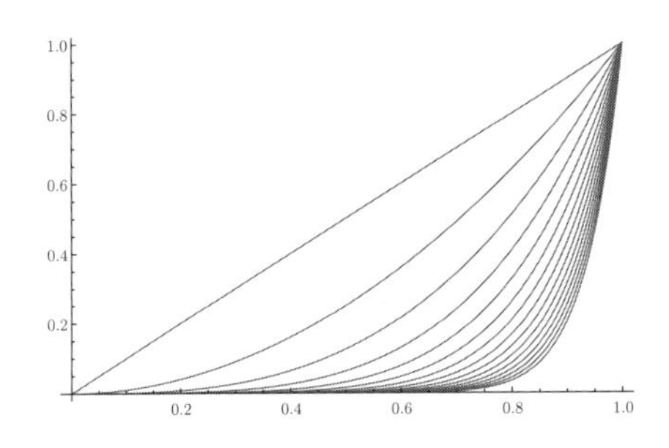

図 3.2 不連続関数への各点収束

極限関数 f も連続である．

証明． $x_0 \in I$ を任意に取り，f が x_0 で連続となることを示そう．$\varepsilon > 0$ が任意に与えられたとき，仮定からある $n_0 \in \mathbb{N}$ があって，

$$\text{任意の } n \geq n_0 \text{ と任意の } x \in I \text{ に対して } |f_n(x) - f(x)| < \varepsilon/3 \tag{3.2.27}$$

となる．ここで f_{n_0} は仮定より x_0 で連続だから，ある $\delta > 0$ があって，

$$|x - x_0| < \delta \text{ を満たす } x \in I \text{ に対して } |f_{n_0}(x) - f_{n_0}(x_0)| < \varepsilon/3 \tag{3.2.28}$$

が成り立つ．よって，$|x - x_0| < \delta$ を満たす $x \in I$ に対して

$$\begin{aligned}|f(x) - f(x_0)| &\leq |f(x) - f_{n_0}(x)| + |f_{n_0}(x) - f_{n_0}(x_0)| \\ &\quad + |f_{n_0}(x_0) - f(x_0)| \\ &< \frac{\varepsilon}{3} + \frac{\varepsilon}{3} + \frac{\varepsilon}{3} = \varepsilon\end{aligned}$$

が成り立つ（ここで上式の 2 行目への移行には式 (3.2.27) と式 (3.2.28) がフルに使われていることに注意）．$\varepsilon > 0$ は任意だったので，これは f が x_0 で連続なことを示している．□

3.2.4.2　関数項級数の収束とその判定法

関数列の収束の定義でも，定義域を実数の部分集合に限る必要はなかったのですが，入門編ということで，ここでもそれを踏襲します．

実数の部分集合 I を定義域とする関数の列 $\{f_n\}_n$ が与えられると，f_n を一般項とする級数 $\sum_{n=1}^{\infty} f_n$ が考えられますが，この級数の収束は部分和 $g_n := \sum_{k=1}^{n} f_k$ が定める関数列 $\{g_n\}_n$ の収束で自然に定義されます（実数の級数の収束の定義と平行）．つまり，

$\sum_{n=1}^{\infty} f_n$ が関数 h に各点収束するとは部分和 g_n が h に各点収束することとして定義され，

$\sum_{n=1}^{\infty} f_n$ が関数 h に一様収束するとは部分和 g_n が h に一様収束することと定義されます.

関数項級数の一様収束を保証する十分条件として,**ワイエルシュトラスの M 判定法**[69] があります.

[69] 「M 判定法」の "M" とは何かが気になりますが,ワイエルシュトラスの母語であるドイツ語では,"Weierstraßsches Majorantenkriterium" と呼ばれていて,"Majoranten" は上界(複数形)という意味です.

ワイエルシュトラスの M 判定法

定理 3.79. $I \subset \mathbb{R}$ を定義域とする関数 f_n $(n = 1, 2, \ldots)$ を一般項とする関数項級数は,ある実数列 $\{M_n\}_n$ で,次の条件を満たすものが存在するとき,I 上のある関数 h に一様収束する.このとき,各 f_n がすべて連続ならば h も連続となる.

(1) 任意の n と $x \in I$ に対して $|f_n(x)| \leq M_n$ が成り立つ,

(2) $\sum_{n=1}^{\infty} M_n$ は収束する(これを $\sum_{n=1}^{\infty} M_n < \infty$ で表すことが多い).

証明. 各 $x \in I$ と n について $|f_n(x)| \leq M_n$ だから,仮定の (2) および系 3.23(比較原理)と命題 3.26 により,任意の $x \in I$ で $h(x) := \sum_{n=1}^{\infty} f_n(x)$ が収束し,I 上の関数 h が定まる.この h に対して,任意の $x \in I$ と $n \in \mathbb{N}$ で

$$\left|\sum_{k=1}^{n} f_k(x) - h(x)\right| = \left|\sum_{k=n+1}^{\infty} f_k(x)\right| \leq \sum_{k=n+1}^{\infty} |f_k(x)| \leq \sum_{k=n+1}^{\infty} M_k$$

が成り立つ(最初の不等号は命題 3.26 中の式 (3.1.14) による).また,やはり仮定の (2) により,任意に $\varepsilon > 0$ が与えられたとき,ある自然数 n_0 で $\sum_{k=n_0+1}^{\infty} M_k < \varepsilon$ を満たすものが存在する.このとき $n \geq n_0$ ならば

$$\left|\sum_{k=1}^{n} f_k(x) - h(x)\right| \leq \sum_{k=n+1}^{\infty} M_k \leq \sum_{k=n_0+1}^{\infty} M_k < \varepsilon$$

が成り立つので,$\sum_{n=1}^{\infty} f_n$ は I 上で h に一様収束することが分かる.

最後の，連続性についての主張は定理 3.78 から直ちに得られる． □

例 3.80. (a) 関数項級数 $\sum_{n=0}^{\infty} x^n/n!$ を考えよう．任意の $r > 0$ に対して，$|x| \le r$ ならば $|x^n/n!| \le r^n/n!$ であり，$M_n := r^n/n!$ とすると $M_{n+1}/M_n = r/(n+1)$ だから $\lim_{n\to\infty} M_{n+1}/M_n = 0$ が成り立つ．よって ratio test（命題 3.25）により $\sum_{n=0}^{\infty} M_n$ は $[-r, r]$ 上で一様収束し，そこで連続．$r > 0$ は任意なので，結局 $\sum_{n=0}^{\infty} x^n/n!$ はすべての x で収束し，$\mathbb{R}$ 上で連続な関数を定めるが，これを e^x の定義に採用することができる．またこの関数の微分については例 3.90 を参照のこと．

(b) 関数項級数 $\sum_{n=0}^{\infty}(-1)^n x^{2n+1}/(2n+1)!$ も，同様にして任意の x に対して収束し連続関数を定義することが示されるが，これは $\sin x$ の級数による定義になる．

ワイエルシュトラスの例と高木関数　ワイエルシュトラスは 1872 年にその M 判定法を用いて，$0 < a < 1$, b を定数とすると

$$u(x) := \sum_{n=1}^{\infty} a^n \cos(b^n \pi x)$$

が各 $x \in \mathbb{R}$ で定まる連続関数となることを示しました．そして，b が正の奇数で $ab > 1 + \frac{3}{2}\pi$ のときには，$u(x)$ はすべての x で微分不可能であることを証明したのですが，このことは当時の数学者にとっては驚くべきことでした．

その後，高木貞治は 1902 年にこの関数よりも簡単な，至る所で微分できない連続関数の例を構成しました．微分不可能性については拙著[70, pp. 216–217] または高木[31] 巻末の黒田による補遺に任せますが，ここではワイエルシュトラスの M 判定法を用いて，候補の連続関数が構成できることを示します．そのために，ガウスの記号と呼ばれる $[x]$ を用います．$[x]$ は $x \in \mathbb{R}$ 以下の整数の中で最大のものを表します．これを用いて $x \in \mathbb{R}$ に対して

$$\varphi(x) := \min\{\, x - [x], [x] + 1 - x \,\}$$

と定めます．$\varphi(x)$ は x に一番近い整数座標の点と x の距離を

表していて，x の周期 1 の連続関数になっています．そのグラフは図 3.3 の左にある，ノコギリの歯のような形をしています．そして

$$T(x) := \sum_{n=0}^{\infty} 2^{-n}\varphi(2^n x) \quad (x \in \mathbb{R})$$

で定めた $T(x)$ が高木関数です．$0 \leq 2^{-n}\varphi(2^n x) \leq 2^{-n-1}$ で，$\sum_{n=0}^{\infty} 2^{-n-1}$ は収束するので，Weierstrass の M-判定法により，$T(x)$ を定める関数項級数は $\mathbb{R}$ 上で一様収束し，したがって $T(x)$ は $\mathbb{R}$ 上で連続です．$T(x)$ が周期 1 の周期関数であることも明らか．$T(x)$ のグラフはおおよそ図 3.3 の右図のようになりますが，実際はもっと細かく振動しています．しかし残念ながら，本当に無限和を取ったグラフは描けません．

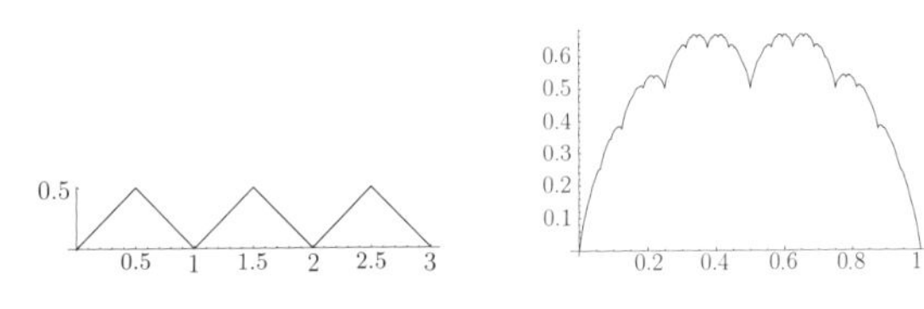

図 **3.3**　$\varphi(x)$ と高木関数

3.3　1 変数関数の極限値と微分係数

3.3.1　関数の極限値

連続関数の話では，極限を表に出す必要はそれほどなかったのですが，微分はニュートンの始めの比，終わりの比の直系であり，連続性に比べると難しい概念です．関数 $f(x)$ の連続性の場合，x が a に近づくときに値を比べるべき「極限状態」$f(a)$ があらかじめ存在しています．それに対して，微分係数の定義の場合，$\bigl(f(a+h)-f(a)\bigr)/h$ において h を 0 にしたときの極限状態は，連続性の場合のように自然には存在していないため，極限値の存在主張を含めて考える必要があります．ここが少し難しく，ニュートンもうまく説明できなかったのでした．

極限は様々な場面で定義され，有用な結果を導くものですが，

ここまでの本書では数列の極限を扱ってきました．この節では微分積分の基本となる，1 変数関数について極限を考えます．さらに一般の場合については第 6 章で説明します．

始めに，実数 a の**除外近傍**を定義します．実数の集合 V が a の除外近傍であるとは，$a \notin V$ かつ，ある $\varepsilon > 0$ があって，$V \supset \{x \in \mathbb{R} \mid 0 < |x-a| < \varepsilon\}$ となることを言います．この条件は，V が a そのものを除いて，a に十分近い点を含んでいる，ということを言っています．a が除かれているのは，微分係数の定義などに対応するためです．この用語を用いて実数値関数の極限を定義します．

定義 3.81 (極限値の定義). f を $a \in \mathbb{R}$ の除外近傍 V で定義された実数値関数とする．このとき次の条件 (L) を満たす $y_0 \in \mathbb{R}$ は x が a に近づくときの $f(x)$ の極限（または極限値）と呼ばれ，$\lim_{x\to a} f(x) = y_0$ と書かれる．

$$(L) \quad \begin{cases} \text{任意の } \varepsilon > 0 \text{ に対してある } \delta > 0 \text{ が存在して,} \\ 0 < |x-a| < \delta \text{ を満たす任意の } x \in V \text{ について} \\ |f(x) - y_0| < \varepsilon \text{ が成り立つ.} \end{cases}$$

数列の極限の場合のように本当は証明しなければならないことですが，x が a に近づくときの $f(x)$ の極限値は存在すれば一通りに定まることが容易に分かりますので，$y_0 = \lim_{x\to a} f(x)$ と書くことは正当化されます．また，数列の場合の定理 3.9 と同様に，極限値と関数の四則演算や関数の大小関係と極限値の大小関係が成り立ちます．たとえば，$f(x)$, $g(x)$ が共に a のある除外近傍で定義されていて，極限値 $\lim_{x\to a} f(x)$, $\lim_{x\to a} g(x)$ が存在すれば，$\lim_{x\to a} f(x)g(x) = \lim_{x\to a} f(x) \cdot \lim_{x\to a} g(x)$ が成り立ちます．定理 3.9 の証明に倣えば，読者は容易にこれらを証明できるでしょう．また，f が a の除外近傍で定義されているとき，$y_0 \in \mathbb{R}$ に対して a での値を y_0 として f の定義域を a が含まれるように拡張した関数を $\tilde{f}$ とすると，$\varepsilon, \delta > 0$ に対して

$$\forall x\ (0 < |x-a| < \delta \Longrightarrow |f(x) - y_0| < \varepsilon)$$

と

$$\forall x\ (|x-a|<\delta \Longrightarrow |\tilde{f}(x)-y_0|<\varepsilon)$$

が同値であることは明らかです（$x=a$ のとき $|\tilde{f}(x)-y_0|=0<\varepsilon$ だから）．このことから次の命題が直ちに導かれます．

命題 3.82. f を $a\in\mathbb{R}$ の除外近傍 V で定義された実数値関数とする．このとき任意の $y_0\in\mathbb{R}$ に対して次の条件は同値となる．

(1) $\lim_{x\to a} f(x)=y_0$,

(2) a での値を y_0 として，f の定義域を a が含まれるように拡張した関数 $\tilde{f}$ は a で連続．

この命題と命題 3.58 から，先ほどの $\lim_{x\to a} f(x)g(x) = \lim_{x\to a} f(x)\cdot\lim_{x\to a} g(x)$ などを導くこともできます．

また，可算選択公理を前提とすれば，命題 3.82 と定理 3.61 を経由して，あるいは直接にも，次の命題を容易に証明できます．

命題 3.83. f を $a\in\mathbb{R}$ の除外近傍 V で定義された実数値関数とする．このとき $y_0\in\mathbb{R}$ に対して $y_0=\lim_{x\to a} f(x)$ が成り立つことと，a に収束するような V 内の任意の点列 $\{x_n\}_n$ に対して $\lim_{n\to\infty} f(x_n)=y_0$ が成り立つことは同値である．

この命題を用いれば，定理 3.9 に対応するような 1 変数関数の極限値の性質の証明は，完全に定理 3.9 に帰着されます．

1 変数関数 $f(x)$ の極限値としては，これまで説明してきたもの以外にも，片側極限値や $x\to\infty$ のときの極限値などが重要ですが，先を急いで微分係数に進みます．

注 3.84. 数列の収束を確かめる場合，極限値の候補が分からなくてもコーシー列かどうかで収束の判定ができました．極限値 $\lim_{x\to a} f(x)$ の存在についても同様に，極限値の候補が不明でも存在が判定できる条件を，コーシー列の概念を模倣して構成することができます（拙著[70] 命題 3.1）．難しくはないので是非読者がご自身で考えてみてください．

3.3.2 1 変数関数の微分係数

極限値の定義では除外近傍が必要でしたが，微分係数の定義には近傍の概念が必要になります．実数の部分集合 U が $a \in \mathbb{R}$ の近傍であるとは，ある $\varepsilon > 0$ が存在して $U \supset (a-\varepsilon, a+\varepsilon)$ が成り立つことを言います．念のために言うと，開区間 $(a-\varepsilon, a+\varepsilon)$ は集合 $\{x \mid a-\varepsilon < x < a+\varepsilon\}$ のことなので，直観的には，U が a の近傍であるとは a に十分近い点はすべて U に含まれるということです．このとき微分係数が次のように定義されます．

微分可能性と微分係数

定義 3.85. $a \in \mathbb{R}$ とし，f は a の近傍 U で定義された実数値関数とする．このとき a の除外近傍で定義された関数 $F(x) := \big(f(x)-f(a)\big)/(x-a)$ が考えられるが，$\lim_{x\to a} F(x)$ が存在するとき f は a で微分可能であると言い，極限値 $\lim_{x\to a} F(x)$ を $f'(a)$ で表し f の a における微分係数という．すなわち，次式の右辺が存在するときそれで左辺を定義する：

$$f'(a) := \lim_{x\to a} \frac{f(x)-f(a)}{x-a} \tag{3.3.29}$$

(3.3.29) では隠れている ε-δ 論法を表に出すと，次のようになります．

$$\forall\varepsilon > 0\,\exists\delta > 0\,\forall x\left(0 < |x-a| < \delta \Rightarrow \left|\frac{f(x)-f(a)}{x-a} - f'(a)\right| < \varepsilon\right)$$

定義 3.85 において x の代わりに $h = x - a$ を変数に取れば，$\big(f(a+h)-f(a)\big)/h$ が 0 の除外近傍で定義された関数となりますが，

$$f'(a) := \lim_{h\to 0} \frac{f(a+h)-f(a)}{h} \tag{3.3.30}$$

となります．これをもう少し別の角度から見てみます．上式が極限を取らなくても成立しているとすると $f(a+h) = f(a) + f'(a)h$ が成り立ちますが，一般には無理なのでその差を $\varphi(h)$ とします．つまり $\varphi(h) := f(a+h) - f(a) - f'(a)h$ と置きます．この定義は $h = 0$ でも有効で $\varphi(0) = 0$ となります．このとき (3.3.30) が成立することは $\lim_{h\to 0} \varphi(h)/h = 0$ と同値であることが分かります．これから結局，$f(x)$ が $x = a$ で

微分可能であることは，ある定数 λ（これが実は微分係数 $f'(a)$ です）と，$\lim_{h\to 0}\varphi(h)/h=0$ を満たす関数 $\varphi(h)$ によって，0 の近傍において

$$f(a+h)=f(a)+\lambda h+\varphi(h) \tag{3.3.31}$$

と表せることと同値であることが分かります．この性質による微分可能性の特徴付けはワイエルシュトラスによって用いられていたもので，現代でも多変数のベクトル値関数などへの微分の一般化として有用なものです（拙著[71] 第 3 章など参照）．さらに $h\neq 0$ のとき $\psi(h):=\varphi(h)/h$ と置くと，$\lim_{h\to 0}\psi(h)=0$ なので $\psi(0)=0$ と定めれば $\psi(h)$ も 0 の近傍で定義され $h=0$ で連続な関数となります．したがって，$f(x)$ が $x=a$ で微分可能であることは $\psi(0)=0$ を満たし 0 で連続な関数 ψ によって

$$f(a+h)=f(a)+(f'(a)+\psi(h))\,h \tag{3.3.32}$$

が 0 の近傍で成立することと表現されます．この形を使うと，合成関数の微分法則の証明を，0 による除算を気にせずに行えます（例：拙著[70, p. 116]）．

もう一つ微分係数の定義について触れるべきことは，数列の収束を用いた言い換えです．それは命題 3.83 から容易に得られる結果で，次のようになります．

命題 3.86. $a\in\mathbb{R}$ とし，f は a の近傍 U で定義された実数値関数とする．このとき f が a で微分可能であることは，a に収束するような $U\setminus\{a\}$ 内の任意の点列 $\{x_n\}_n$ に対して $\bigl(f(x_n)-f(a)\bigr)/(x_n-a)$ が $n\to\infty$ のとき $\{x_n\}_n$ の取り方によらない極限値に収束することである．

微分に関する初歩的結果で ε-δ 論法が直接的に役に立つ例は次の命題です．

命題 3.87. f を有界閉区間 $[a,b]$ で定義された実数値関数で，$a<x_0<b$ なる点 x_0 で最大値または最小値を取るものとする．このとき f が x_0 で微分可能ならば $f'(x_0)=0$ である．

証明． 最大値の場合を考えれば十分．$a<x_0<b$ としている

ので，ある $\delta_0 > 0$ があって $(x_0 - \delta_0, x_0 + \delta_0) \subset [a, b]$ となる．定義 3.85 のあとの注意により，任意の $\varepsilon > 0$ に対してある $\delta > 0$ ($0 < \delta < \delta_0$ としてよい) があって，$0 < |x - x_0| < \delta$ を満たす任意の x について

$$\frac{f(x) - f(x_0)}{x - x_0} - \varepsilon < f'(x_0) < \frac{f(x) - f(x_0)}{x - x_0} + \varepsilon \qquad (3.3.33)$$

が成り立つ．$f(x_0)$ が最大値なので，$x < x_0$ ならば $\dfrac{f(x) - f(x_0)}{x - x_0} \geq 0$, $x_0 < x$ ならば $\dfrac{f(x) - f(x_0)}{x - x_0} \leq 0$ となる．よって $x_0 - \delta < x < x_0$ を満たす x を取ると (3.3.33) の最初の不等号から $-\varepsilon < f'(x_0)$ が得られる．また $x_0 < x < x_0 + \delta$ を満たす x を取ると (3.3.33) の 2 番目の不等号から $f'(x_0) < \varepsilon$ が得られる．よって任意の $\varepsilon > 0$ に対して $|f'(x_0)| < \varepsilon$ が成り立つので $f'(x_0) = 0$ が示された． □

この命題とワイエルシュトラスの最大値定理（定理 3.70）から，よく知られた平均値の定理 ([70, 定理 3.8]) が導かれますが，特に ε-δ 論法が活躍することもないため証明は省略します．その代わりそれを使って関数列の収束と微分との関係を示す定理を証明しますが，そのために一つ用語を導入します．

定義 3.88. 1 変数実数値関数 f が定義域の各点で微分可能で，x にその点での微分係数 $f'(x)$ を対応させる関数（f の導関数）が x の連続関数となるとき，f は C^1 級であるという．

定理 3.89. $\{f_n\}_n$ は $[a, b]$ を定義域とする C^1 級の関数の列であって，$[a, b]$ 上の関数 f に各点収束しているものとする．さらにその導関数 f'_n は $[a, b]$ 上の関数 g に一様収束しているとすると，極限関数 f は $[a, b]$ の各点で微分可能で $f' = g$ が成り立つ．

厳密には，区間の端点 a, b では微分係数は片側微分係数を考えることになりますが，今はあまり気にせずに進むことにします．また，この定理の証明は積分を用いると簡単になりますが，微分だけを用いる以下の証明は多少 ε-δ 論法の威力を感じさせるものと思います．

証明. $x_0 \in [a, b]$ として,

$$\lim_{x \to x_0} \frac{f(x) - f(x_0)}{x - x_0} = g(x_0) \tag{3.3.34}$$

となることを示せばよい．このために，まず任意の $\varepsilon > 0$ に対して次の (1), (2) を満たすように $\delta > 0$ と番号 n_0 が取れることに注意する．

(1) $n \geq n_0$ を満たす任意の自然数 n に対して $\sup_{x \in [a,b]} |f'_n(x) - g(x)| < \varepsilon$,

(2) $|x - x_0| < \delta$ を満たす任意の $x \in [a, b]$ に対して $|g(x) - g(x_0)| < \varepsilon$.

(1) を満たす n_0 が取れるのは f'_n が g に一様収束するからである．また g は連続関数 f'_n の一様収束での極限として連続（定理 3.78）であるから (2) を満たす $\delta > 0$ が取れる．

さて，(2) の δ に対して $0 < |x - x_0| < \delta$ を満たす x をしばらく固定して考えると，f_n が f に各点収束しているので，$n \geq n_0$ を十分大きく取れば

$$\left| \frac{f(x) - f(x_0)}{x - x_0} - \frac{f_n(x) - f_n(x_0)}{x - x_0} \right| < \varepsilon \tag{3.3.35}$$

が成り立つ．ここで平均値の定理により，x と x_0 の間のある ξ_n^x（$\xi_n^x \neq x_0$ かつ $\xi_n^x \neq x$）で

$$\frac{f_n(x) - f_n(x_0)}{x - x_0} = f'_n(\xi_n^x) \tag{3.3.36}$$

が成り立つが，条件 (1) から $|f'_n(\xi_n^x) - g(\xi_n^x)| < \varepsilon$ となる．また $|\xi_n^x - x_0| < |x - x_0|$ なので $|\xi_n^x - x_0| < \delta$ となり，したがって条件 (2) から $|g(\xi_n^x) - g(x_0)| < \varepsilon$ が成り立つ．よって

$$|f'_n(\xi_n^x) - g(x_0)| \leq |f'_n(\xi_n^x) - g(\xi_n^x)| + |g(\xi_n^x) - g(x_0)| < 2\varepsilon$$

が得られる．この不等式と (3.3.35), (3.3.36) を合わせると，

$$\left| \frac{f(x) - f(x_0)}{x - x_0} - g(x_0) \right| < 3\varepsilon$$

が成り立つことが分かる．この不等式は条件 (2) の δ について

$0 < |x - x_0| < \delta$ を満たす任意の x について成り立ち，$\varepsilon > 0$ は任意だったので (3.3.34) が示された． □

この証明はやや複雑なので，何の準備もなくいきなり証明を書き下すのは難しいと思います．しかし ε-δ 論法によれば，目的あるいは仮定から従うことを数式で明確に表現できて，証明を組み立てることが容易になります．読者もご自分で証明を試みてみると，ε-δ 論法の威力を感得できるものと思います．

例 3.90. (a) 実変数 x の整級数 $\sum_{n=0}^{\infty} x^n/n!$ は例 3.80 で扱ったように，任意の区間 $[-r, r]$ $(r > 0)$ 上で一様収束する．この整級数の各項を微分して得られる整級数 $\sum_{n=1}^{\infty} nx^{n-1}/n! = \sum_{n=0}^{\infty} x^n/n!$ は元の級数に一致するのでやはり同様に $[-r, r]$ 上で一様収束する．よって，$f(x) := \sum_{n=0}^{\infty} x^n/n!$（実は指数関数 e^x に一致）と置くと，定理 3.89 より $f(x)$ は微分可能で $f'(x) = f(x)$ が成り立つことが分かる（正確には $[-r, r]$ での成立だが $r > 0$ は任意なので実数全体で成り立つ）．

(b) 一般の整級数 $\sum_{n=0}^{\infty} a_n x^n$ の場合でも，ある $x_0 \neq 0$ で $\sum_{n=0}^{\infty} a_n x_0^n$ が収束していれば，$|x| < |x_0|$ を満たす x に対して $f(x) := \sum_{n=0}^{\infty} a_n x^n$ が定まり，f の導関数が項別微分によって $f'(x) = \sum_{n=1}^{\infty} n a_n x^{n-1}$ と表されることが分かる（拙著[70] 定理 7.1, 7.6 参照）．

4 ε-δ 論法から数学の基礎へ

ε-δ 論法が確立されると，極限の議論が心配なくできるようになりましたが，そうなると極限の主な舞台である実数というものに関心が向くようになります．極限を考える場合，実数は数直線と強く結びつけられていますが，それらは本来別のものであり，直線という幾何学的存在も最終的な土台としては不完全でした．そのため実数の基礎を求めて，有理数，自然数へとさかのぼり，最終的には集合論へ行き着いたのですが，それに平行して議論を支える論理自体も問題となり，述語論理の論理学が産み出されました．この節では，ε-δ 論法があればこそ辿ることになったこのような過程をおおまかに述べていきます．

4.1 有理数の切断による実数の構成

1820 年代に ε-δ 論法を展開したコーシーには実数論はなく，単調増加で上に有界（一般項がある定数以下）な数列はある実数に収束することは自明で，証明する必要を感じていなかったようです．ε-δ 論法の完成者と言えるワイエルシュトラスは独自の実数論を講義していて，それは有理数を前提として実数を構成するものでしたが，複雑で普及しませんでした．しかし，1872 年にメレー (Charle Méray, 1835–1911)，カントール (Georg Cantor, 1845–1918)，そしてデデキント (Richard Dedekind, 1831–1916)[1] が独立に有理数からの実数の構成に関する論文を発表しました．デデキントはこの論文『連続性と無理数』(*Stetigkeit und irrationale Zahlen*) の序文において研

[1] ゲッティンゲン大学でガウスの最後の弟子として学位を取得後，ガウスの後任として赴任してきたディリクレに多くを学び，その整数論講義を整理し，イデアルの概念を導入するなど，貢献が大きい数学者です．

究の動機を語っています．そこには，1858 年にチューリッヒ連邦工科大学教授として微分学の講義を初めて持ったとき，「絶えず増加するが一定の限界を超えない変量はある境界値（極限）に収束する」という命題の証明を幾何学的直観に頼らざるを得なかったことに非常に不満を覚え，純粋に算術的で完全に厳密な無限小解析の原理の基礎付けを見いだすまで熟考しようと固く決意した，と述べられています．

さて，有理数をもとにして実数を構成することは，乱暴に言うと，有理数だけからなる穴だらけの数直線の穴を埋めることです．多少の数学用語を用いれば，このためのカントールとメレーの方法は，コーシー列の同値類を用いる，距離空間の完備化に通じるものですが，デデキントは順序に関する完備化を用いていると言えます．デデキントの方法では，有理数の中にはない $\sqrt{2}$ を，有理数のうち $\sqrt{2}$ より小さいもの全体の集合 A と，$\sqrt{2}$ より大きいもの全体の集合 B の順序のついた組 (A, B) として実体化することになります．ここで「$\sqrt{2}$ より大きい有理数」という表現を使用していますが，これではこれから定義されるべき $\sqrt{2}$ をその前に使っているので有理数だけからの定義になりません．しかし，$\sqrt{2}$ より大きい有理数の全体は $B = \{\, x \in \mathbb{Q} \mid x > 0 \land x^2 > 2 \,\}$ として，有理数だけを用いて表され，$\sqrt{2}$ より小さい有理数の全体 A はその補集合 $\mathbb{Q} \setminus B$ なので，順序対 (A, B) が有理数の言葉だけで[2] 定義できることが分かり，問題はないのです．この (A, B) のように，有理数の全体を重なりがないように上下の二組に分けたものを有理数の**切断**と言います．すでに p. 195 では「実数の切断」を定義しましたが，今回は「有理数の切断」を考えていて，以後単にこれを切断と呼ぶこともあります．したがって (A, B) が（有理数の）切断であるとは正確には，

[2] 見て分かるように，集合の概念も必要です．

$$A, B \neq \emptyset, \quad A \cup B = \mathbb{Q}, \quad \forall x \in A\, \forall y \in B\ (x < y)$$

が成り立つことと定義されます．[3] かなり乱暴に言うと，有理数の切断全体に加法や乗法を定義できて，それを実数と見なすことができるのです．そして実数をこのように構成すると，まさにデデキントが不満に耐えなかった命題の証明を，「純粋に算術的で完全に厳密」に行うことができるのです．切断そのものを

[3] 和集合が $\mathbb{R}$ になるか $\mathbb{Q}$ になるかの違いです．

実数と見なすことを乱暴と言ったわけは，有理数 r については対応する切断が二通りできてしまうからです．r を境に有理数全体を上下に分けて切断を作ろうとすると，r 自身も上か下のどちらかの組に入れる必要があるため，どちらに入れるかで二つの切断ができます．切断自身を実数と見なすと，有理数 r に対して二つの「実数」が対応することになり，有理数の穴を埋めて実数を作るという目的からはおかしな事態となります．この問題を解消する一つの方法は，このような場合の二つの切断を同一視することですが，正確には有理数の切断全体にこれらを同値とする同値関係を定め，それによって類別した同値類を実数と見ることです．もう一つは，r をどちらに入れるかを約束してしまうことです．同値関係で類別した場合は，どうしても代表元を取って何かを定義して，その結果が代表元の取り方によらないことを確かめるという形式的な手続きが必要になるので，ここでは有理数 r が定める二つの切断のうち，r 自身は小さいほうの組に入っているものだけを認める方法を採用し，切断に順序と加法，乗法を定義し，その結果実数の公理を満たすものが得られることを略述します．

これまで切断を一般に (A, B) で表してきましたが，和や積の定義に便利なように (A_-, A_+) のように表すことにします．また，A_- を切断 (A_-, A_+) の下組，A_+ を上組と言うことにします．

定義 4.1. 有理数の切断 (A_-, A_+) のうち，A_+ に最小数がないようなもの全部のなす集合を $\mathcal{R}$ で表す．[4)]

[4)] 我々の求める実数になっているかどうか，まだ分からないので $\mathbb{R}$ とは異なる文字にしています．

この定義の下で，$\mathcal{R}$ は実は実数全体の集合 $\mathbb{R}$ と同じものと見なしてよいことが分かります．もちろんそのためには，$\mathcal{R}$ にうまく加法と乗法，順序を定義することができて，その結果連続性の公理を満たす順序体ができ上がることを示さなければなりません．その前に，有理数 a は

$$A_- := \{x \in \mathbb{Q} \mid x \leq a\}; \quad A_+ := \{x \in \mathbb{Q} \mid x > a\}. \tag{4.1.1}$$

によって定められる切断 $(A_-, A_+) \in \mathcal{R}$ と 1 対 1 対応するので，この (A_-, A_+) を a と同一視して，a による切断と呼び

ます.

定義 4.2. ($\mathcal{R}$ における順序と加法の定義)
以下では $\alpha := (A_-, A_+)$, $\beta := (B_-, B_+) \in \mathcal{R}$ とする

(1) (順序の定義) $\alpha \leq \beta$ を $B_+ \subset A_+$ で定める. $\alpha \leq \beta$ を $\beta \geq \alpha$ とも書く.

(2) (加法の定義) $\alpha + \beta \in \mathcal{R}$ を
$$C_+ := \{ x + y \mid x \in A_+,\ y \in B_+ \}; \quad C_- := \mathbb{Q} \setminus C_+$$
としてできる切断 (C_-, C_+) で定義する.

定義中の (C_-, C_+) が確かに $\mathcal{R}$ の元になっていることのチェックは省きますが, この定義によって $\mathcal{R}$ は加法に関して群をなし, 加法は順序と両立することが確かめられます (3.1.3 項の実数の公理のうち加法と順序に関する部分を満たす). この確認について, 2, 3 のことを注意しておきます. まず加法の単位元は (切断と同一視された) $0 \in \mathbb{Q}$ になります. また $\alpha = (A_-, A_+) \in \mathcal{R}$ に対して $\alpha \geq 0$ ということは A_+ の元がすべて正であることに同値です. そして $\alpha = (A_-, A_+)$ の加法の逆元 $-\alpha$ は, α がある有理数 a による切断であるときは

$$B_- := \{x \in \mathbb{Q} \mid x \leq -a\}; \quad B_+ := \{x \in \mathbb{Q} \mid x > -a\}.$$

で定められる切断 (B_-, B_+) になります. そして α が有理数による切断でないときは $(-A_+, -A_-)$ が逆元です. ここで $S \subset \mathbb{Q}$ に対して $-S$ は $\{ -x \mid x \in S \}$ を表します.

これらのことを利用して $\mathcal{R}$ において乗法を定義することができます.

定義 4.3. (乗法の定義) $\alpha = (A_-, A_+)$, $\beta = (B_-, B_+) \in \mathcal{R}$ の積 $\alpha\beta$ の定義は場合を分ける必要がある.

(1) $\alpha \geq 0$ かつ $\beta \geq 0$ の場合
このときは, A_+, B_+ の元がすべて正であることに注意して
$$C_+ := \{ xy \mid x \in A_+,\ y \in B_+ \}; \quad C_- := \mathbb{Q} \setminus C_+$$

としてできる切断 (C_-, C_+) を $\alpha\beta$ の定義とする．

(2) $\alpha \geq 0$ かつ $\beta < 0$ のとき
このときは $-\beta \geq 0$ だから上で定義した $\alpha(-\beta)$ を利用して $\alpha\beta := -\bigl\{\alpha(-\beta)\bigr\}$ と定める．

(3) $\alpha < 0$ の場合
このときは $-\alpha \geq 0$ だから (2) までで定義した $(-\alpha)\beta$ を利用して $\alpha\beta := -\bigl\{(-\alpha)\beta\bigr\}$ と定める．

この定義によって $\mathcal{R}$ は連続性の公理を含めて 3.1.3 項に述べた実数の公理系をすべて満たすことが言えるのです（もちろん乗法の単位元は $1 \in \mathbb{Q}$ による切断です）．また $a \in \mathbb{Q}$ と (4.1.1) の同一視によって $\mathbb{Q}$ は順序，加法，乗法もこめて $\mathcal{R}$ の一部分（部分順序体）と見なされます．これらのくわしい確認は省略しますが，実は乗法の交換法則，結合法則および分配法則の証明は符号によって場合を分ける必要があって面倒になります．特に分配法則の証明は，α, β, γ がすべて非負ならば，$\alpha(\beta+\gamma)$, $\alpha\beta + \alpha\gamma$ のそれぞれの上組が一致することは演算の定義から簡単に分かるのですが，一般にはたいへん手間が掛かります．筆者なりの証明は得ていますが，長くなりますので割愛します．[5)]

$\mathcal{R}$ が連続性の公理を満たしていることだけはしっかり見ておきます．まず，$\{\alpha_\lambda \mid \lambda \in \Lambda\}$ を $\mathcal{R}$ の下に有界な空でない部分集合として，この集合が下限を持つことを示します．$\alpha_\lambda = (A_-^\lambda, A_+^\lambda)$ とするとき

$$A_+ := \bigcup_{\lambda \in \Lambda} A_+^\lambda \ ; \quad A_+ := \mathbb{Q} \setminus A_+$$

の定める切断[6)] $\alpha = (A_-, A_+)$ が $\{\alpha_\lambda\}_{\lambda \in \Lambda}$ の下限になります．[7)] 実際，$\alpha_\lambda \geq \alpha$ は，定義により $A_+^\lambda \subset A_+$ なので成り立ちます；また，$\beta = (B_-, B_+)$ が α_λ 全体の下界ならば，任意の $\lambda \in \Lambda$ に対して $A_+^\lambda \subset B_+$ だから $A_+ \subset B_+$ となり，$\alpha \geq \beta$ が得られて α が問題の集合の下限であることが示されました．

さて，$(\mathcal{A}, \mathcal{B})$ を 3.1.3 項で定めた意味での，$\mathcal{R}$ の切断（つまり $\mathcal{A} \cup \mathcal{B} = \mathcal{R}$, $\mathcal{A}, \mathcal{B} \neq \emptyset$, かつ任意の $\alpha \in \mathcal{A}$, $\beta \in \mathcal{B}$ に対して $\alpha < \beta$）とするとき，今述べたことから $\mathcal{B}$ は $\mathcal{R}$ で下限 α を持

5) [43] には分配法則の話はありません．また，ある本では「易しいから省略する」となっていましたが，勘違いとしか思えません．

6) $\{\alpha_\lambda \mid \lambda \in \Lambda\}$ が下に有界であることから $A_+ \neq \mathbb{Q}$ となります．

7) α が有理数の切断になることはすぐ分かりますが，$\alpha \in \mathcal{R}$，すなわち A_+ には最小元がないことの確認も必要です．

ちますが，α は $\mathcal{A}$ の最大元になるか $\mathcal{B}$ の最小元になるかのどちらかが成り立つことが分かり，$\mathcal{R}$ は連続性の公理を満たすことが言えるのです．実際，$\alpha \in \mathcal{B}$ ならば α は $\mathcal{B}$ の最小元になります．$\alpha \notin \mathcal{B}$ とすると $\alpha \in \mathcal{A}$ ですが，定義により $\mathcal{A}$ の任意の元 γ は $\mathcal{B}$ の下界だから $\gamma \leq \alpha$ を満たすので，α は $\mathcal{A}$ の最大元になります．

4.2 解析学の算術化と自然数論

デデキントやカントールらによって有理数をもとにして実数を構成できることが示されましたが，有理数は自然数から簡単に構成することができるので，結局は自然数から出発してわれわれが通常イメージしている実数を数学の世界に作り上げたことになります．[8] 19 世紀には，特にドイツで，数学を初等的な演算を持つ自然数（算術）によって基礎付けるべきであるという考えが広がっていました．この考えは「算術化」(Arithmetisierung) と呼ばれましたが，それは古来の，数の世界と幾何学の世界の関係，すなわち独立したものでありながら比を通じて関係し，かつユークリッドの『原論』により幾何学のほうが理論的には優位，という関係を逆転して，算術を基礎として数学を厳密な理論体系として展開しようとするものでした．デデキントの仕事はこの考え方を現実化するものでしたが，実数論を述べた『連続性と無理数』の執筆前に算術化の思想に深く触れていたことは，これから話題とする著作『数とは何かそして何であるべきか』(*Was sind und was sollen die Zahlen?*, 1888) の前書きからも確実です．そこでは，私淑していた指導的数学者ディリクレ[9] (Peter Gustav Lejeune Dirichlet, 1805–1859) から何度も聞いたこととして，次の言葉を紹介しています：「代数や高等な解析学の彼方にあるようなものも含め，命題のすべては自然数に関する命題に対応している」．

さて，デデキントは解析学の算術化[10] を成し遂げたと言ってよいと思いますが，さらに進んで自然数をより根源的なものから基礎付けようと試みます．その成果として 1888 年に『数

[8] 自然数から有理数までは，整数を経由して同値関係による類別を 2 段階にわたって用います．整数からの有理数の構成については，たとえば[46]が詳しく述べています．

[9] ルーツが現ベルギーのフランス語地区であったため，Dirichlet の読みを最近ではフランス語流に「ディリシュレ」とすることが広まっています．

[10] 解析学における算術化の歴史の解説として，たとえば[73, §22.6] があります．

とは何かそして何であるべきか』と題する論文を出版しますが，そこで自然数よりも根源的なものとされたのは集合[11]と写像です．当時は集合論は生まれたばかりで直観的な理解の下に扱われていて，デデキントは前書きで「この書は健全な理性と呼ばれるものを備えた人なら誰でも理解できる」と述べています．また，どれほど当時の集合の理解がゆるやかだったのかは，自然数の構成に欠かせない無限集合の存在を証明するために「私の思惟の対象となり得る物の全体」という集合を例に挙げていることから分かります（命題 66 の証明）．[12] なお，デデキントは集合論の創始者であるカントールとは 1874 年以来の知己で，何度も書簡も交わし，カントールの集合論を強く支持していましたが，本文中にはカントールへの言及はありません．

11) 集合を指す名詞もまだ定まらず，デデキントは *System* と言っています．

12) この証明は 1851 年にボヘミアのボルツァーノが『無限の逆説』という著書の中でも述べていますが，デデキントがこれを知ったのは論文出版後でした．

デデキントによる自然数の構成は，数学的帰納法の成立を自然数の本質と見る立場から素朴な集合論の中で行われています．そしてその結果は，『数とは何かそして何であるべきか』の直後の 1889 年に出版されたペアノ (Giuseppe Peano, 1858–1913) による自然数の公理的な特徴付けに利用されています．[13] デデキントの構成を現代の用語によって略述すると，まず無限集合の存在からある集合 S と，S から S への単射[14] φ でその像 $\varphi(S)$ が S の真部分集合となるものの存在が言えます．[15] 次に $S \setminus \varphi(S)$ の要素 s_1 を一つ取ると，s_1 を含む S の部分集合 T で $\varphi(T) \subset T$ を満たすものの中で集合として最小のもの N が存在することが言えます（N は実は上の条件を満たす T 全部の共通部分）．このとき，ψ を φ の N への制限とすれば $\psi(N) \subset N$ で，N と ψ の組は次の性質を持つことになります：(a) ψ は N から N への単射；(b) s_1 は $N \setminus \psi(N)$ の要素；(c) N の部分集合 U が $s_1 \in U$ と $\psi(U) \subset U$ を満たすならば $U = N$．素朴に言って，s_1, $s_2 := \psi(s_1)$, $s_3 := \psi(s_2)$ として次々に得られる要素は互いに相異なり，それらの全体が N になることが分かります．したがって N を自然数の全体と見なせます．しかし今は自然数を定義する話なので，ここの「見なす」という話は「非公式の言明」であり，証明するというわけにはいきません．その代わりに，上の性質 (a), (b), (c) を持つような N[16] はみな互いに同型[17] であることが示され，さら

13) [45, p. 449]

14) 1 : 1 であること，すなわち異なる点は異なる点に写されることを言う．

15) この部分はデデキントによる無限の定義が関係しています．

16) 正確には集合 N，写像 ψ と要素 s_1 の組．

17) (a), (b), (c) を満たす (N, ψ, s_1) と (N', ψ', s'_1) が互いに同型とは，N から N' への全単射 f で，$f(s_1) = s'_1$ かつ任意の $x \in N$ に対して $\psi'(f(x)) = f(\psi(x))$ を満たすものが存在すること．

に N には通常の自然数に期待される性質を持つ加法と乗法が定義されることも証明されます．これらの証明には，数学的帰納法に対応する主張が N において成り立つことが重要な役割を果たします．

4.3 論理主義の自然数論

自然数をさらに根源的なものによって解明しようという試みは，デデキントやペアノだけのものではありませんでした．デデキントは，数の概念は純粋な思考の法則から直接導かれるものと考え（『数とは何かそして何であるべきか』の序文），結局は集合概念を根拠にしました．フレーゲ (Gottlob Frege, 1848–1925) とラッセル (Bertrand Russell, 1872–1970)[18] はさらに論理そのものについて深く考察し，そこから自然数を導こうとしました．彼らは独立に研究し自然数の理論については，フレーゲのほうが早かったのですが，ほぼ同様な考えに到達し，それは数学的帰納法を自然数の本質と考える点でデデキントの考え方とも一致していました．特にラッセルは自然数だけでなく数学全体が論理から導かれると明確に主張し，実際に A. N. ホワイトヘッドとの共著 *Principia Mathematica* において極限の理論や幾何学そして力学にまで議論を進めています．しかしその主張が成り立つかどうかは，当然ながら論理の領分をどこまでとするかにかかってきます．デデキント，フレーゲ，ラッセルなどの論理主義者と呼ばれる人たちは，実のところ集合に関することまで論理の中に含めていたとも見なせるので，彼らの主張は「数学は集合論の上で述語論理によって展開される」という現代の見解とあまり差はないと言えます．[19] なお，集合に関することを論理の中に含めるということは，ものごとを根底から考えるという態度からは自然なことに感じられます．というのは，その際には「万人に備わる理性」を信頼するしかなく，その理性のうちにはある範囲のものをひとまとめに扱うという概念形成も含まれていると思うのが自然であり，それは結局は定義できない「何らかの集まり」すなわち集合に行き着くからです．

18) ラッセルは英国ウェールズの貴族出身で哲学と論理学を中心とする学究であったが，第 1 次大戦中に反戦運動を行った結果ケンブリッジ大学を解雇された．その後の大部分は在野の研究者，評論家，社会運動家として多方面に活躍した．人道的理想と思想の自由を擁護する多様で重要な著作活動を認められ，1950 年度ノーベル文学賞受賞．

19) 当時はまだ現代的な論理学や集合論はなかったことに注意する必要があります．逆に論理主義者の努力が現代の論理学を導いたのです．ただし，デデキントには述語論理についての意識は乏しいように思います．フレーゲは単独で述語論理の骨格をほぼ固めたと言えます．ラッセルはフレーゲの研究を取り入れて *Principia Mathematica* に至って述語論理の具体的な体系を作り上げましたが，ペアノの記号法と分岐タイプ理論の採用により現代人にはとても分かりにくいものです．

注 4.4. ラッセルは論理主義のスローガンとして，著書『数理哲学序説』(*Introduction to Mathematical Philosophy*, 1919) の第 18 章で「論理学は数学の青年時代であり，数学は論理学の成年時代である」(*Logic is the youth of mathematics and mathematics is the manhood of logic.*) という有名なフレーズを述べています．

ラッセルの自然数論　フレーゲについては述語論理との関係も非常に重要なので後回しにして，まずラッセルについて述べます．ラッセルはおびただしい仕事をし，その考えはいろいろと変遷しますが，1903 年の著書『数学の原理』(*The Principles of Mathematics*) においては，モノの集まりであるクラス (*class*) と二つのクラスの間の 1 対 1 対応という概念をもとに数（無限大の場合を含む基数）を定義しています．すなわち，あるクラスの基数（直観的にはそのクラスに属する要素の個数）は，そのクラスと 1 対 1 対応するクラス全体からなるクラスと定めるのです．たとえば，基数 2 とは 2 個の要素を持つクラスの全体からなるクラスとなります．さらに自然数を得るには，一つのクラスにそれに含まれない要素を一つ追加する操作から，基数に対してその次に大きい基数への対応を定義します．これを用いて，空なクラスから出発してデデキントによる自然数の構成と同様にして自然数を定義しています．[20] なお，ラッセルはペアノによる論理学研究も学んだ上でホワイトヘッドとともに『数学の原理』を執筆し，フレーゲについてはその主著『算術の基本法則』(*Grundgesetze der Arithmetik*) 第 1 巻 (1893) も読んで，付録において自らの結果とフレーゲの結果を比較検討しています．[21]

クラスについては，初歩の集合論での説明のように，具体的に列挙する場合と，ある概念（「偶数である」とか「人間である」などのようなもの）を満たすモノ全体が例示されていますが，クラスをさらに基礎的な概念で説明することはできない (indefinable) と認めています．さらにラッセルは，ラッセルのパラドックスと呼ばれる逆理にすでに気付いていました．それはクラスのレベルで言うと，「自分自身には所属しない」という性質を持っ

[20] 別の方法として，デデキント的に有限なクラスを定義して，そのようなクラスの基数全体を自然数とすることも考えられています．

[21] 『数学の原理』は大著であり，無限基数や無限順序数という集合論から，実数論とその応用まで論じています．幾何学，空間論や物理学までの展開も構想していました．

たクラスの全体をクラスと認めると矛盾が起きるということです．集合の言葉で言うと，$\{x \mid x \notin x\}$ が集合である[22] とすると矛盾が起きるということです．実際，これが集合であるとして R と置くと，$R \in R$ または $R \notin R$ のどちらかが必ず成り立つわけですが，定義から $R \notin R$ ならば $R \in R$ となります．また，$R \in R$ ならば再び R の定義から $R \notin R$ となってしまい，$R \in R$ としても $R \notin R$ としても矛盾が起きてしまいます．『数学の原理』の段階ではこの矛盾を防ぐために，存在する個物の「タイプ」を導入するアイデアを述べていましたが，A. N. ホワイトヘッドとの共著 『数学原理』(*Principia Mathematica*, 1910, 1912, 1913) [23] においてそれを完全にした分岐タイプ理論 (ramified type theory) という体系を展開し，自然数だけでなく数学を論理学から導く「論理主義」を実践しました．しかし分岐タイプ理論では，当時知られていたいくつかのパラドックスを回避するために導入した「オーダー」という階層[24] のために，自然数でさえ各階層ごとに別のものが存在することになります．これを避けるためにラッセルは「還元公理」という公理を取り入れたのですが，それは場当たり的だとして正当性に疑問を抱かせました．

22) 現在の標準的な集合論の公理の下では，すべての集合 x について $x \notin x$ が成り立つので，$\{x \mid x \notin x\}$ は集合全体の集まりを表し，これは集合ではありません．

23) この大著の多くをペアノの提案した論理記号を用いた式が占めています．

24) 「オーダー」については，文献[3] 中の戸田山による III 章を参照してください．

フレーゲの自然数論　フレーゲは幾何学の論文で学位を取得し，イェーナ大学で数学の教授の地位にあったのですが，哲学的思考への傾きが強く，近年では哲学者としての評価が高くなっています．フレーゲの自然数論は著書『算術の基礎』(*Grundlagen der Arithmetik*, 1883) に発表され，その後独自の記法によってそれを論理的に完璧に記述する『算術の基本法則』(*Grundgesetze der Arithmetik*, I. 1893; II. 1903) が出版されました．フレーゲによる自然数論はデデキントやラッセルに先行し内容も非常に近いものですが，自然数という一般人にとっては分かりきった印象の存在について，細密な哲学的議論を展開したものなので，ほとんど注目を集めませんでした．実際，ラッセルは『算術の基礎』における自然数の定義について，自分が 1901 年に再発見するまでほとんど知られていなかったと述べています (『数理哲学序説』第 2 章)．また，『算術の基本法則』第 1 巻は売れ行きが悪く，第 2 巻は自費出版を余儀なくされました．

さて，『算術の基礎』の冒頭においてフレーゲは数学において証明の厳密性への要求の高まり[25]は数（基数）の概念の吟味に行き着くと述べ，算術の法則が哲学者カントのカテゴリー分類（アプリオリ，アポステリオリ，分析的，総合的）のどれに当たるかを問題として提起しています．この問題を解決するにはその法則に現れるもの，特に数そのものをより普遍的なものへ還元する必要があり，その解決がこの書物の課題であるとしています．フレーゲは，算術的真理は数え得るものの領域という最も包括的な領域を支配するのだから，数の法則は思考の法則と最も緊密に結びついているのではないかと考えます．そこでまず二つの概念 F, G についてそれらが等数 (gleichzahlig) であるということを，概念 F に該当する対象の全体と G に該当する対象の全体の間に 1 対 1 の関係があることと定義します．そして概念 F に対してその基数 (Anzahl) を，「概念 F と等数」という概念の外延と定めるのです．『算術の基礎』の段階では「外延」についてはフレーゲはよく知られた用語であるとして説明を与えていませんが，常識的には概念 F の外延とは先ほど述べた「概念 F に該当する対象の全体」のことです．[26] したがって，概念 F の基数とは F と等数な概念の全体と考えられ，概念の代わりにその外延を考えるなら，ラッセルによる定義と同じになります．ちなみに，基数 0 は「自分自身と等しくない」という，外延が空な概念の基数と定義されます．そして，自然数は『概念記法』において準備された「系列」の理論を用いて，0 から出発してデデキントによる定義と同様にして定められます．しかし，後に『算術の基本法則』においてフレーゲは自身の開拓した論理学に従って『算術の基礎』で述べた理論を厳密に展開したのですが，その中での外延の規定からは矛盾が発生することがラッセルによって指摘されました．この矛盾をフレーゲは解決できなかったのですが，現在でもフレーゲの議論は無意味ではなく，いろいろな意味で十分意義があると考えられています ([51], 第 13 章).

25) 関数の連続性や極限を例に挙げているので，コーシーに始まる傾向を指しているものと思われます．

26) たとえば，三角形という概念の外延は三角形の全体と考えます．

4.4 述語論理と集合論

4.4.1 フレーゲによる論理学の革新

フレーゲは算術を論理学から厳密に導くためには，ユークリッドの『原論』以来の，日常用いている言葉を使った論証では証明に意識されないギャップや仮定が入り込むことが避けられないことに注意し，それを防ぐため独自の記号言語を開発しました．それはそれ以前のブール (George Boole, 1815–1864) やシュレーダー (Ernst Schröder, 1841–1902) などによる，記号を用いて論理的推論を代数計算として扱う方向とはまったく異なっていて，現在の述語論理につながるものです．フレーゲの論理学は著書『概念記法』(*Begriffsschrift*, 1879) で発表され，『算術の基本法則』では算術の理論を新しいこの記号言語で展開しました．『概念記法』におけるフレーゲの功績は，次の点にあります（野本[51] 第 2 章).

(1) 命題論理の結合子「ならば」を実質含意として定め，この「ならば」と否定を基礎として命題論理の体系を樹立した；
(2) 主語と述語という言語表現に引きずられすぎていた命題の構造分析を，関数 $f(x)$ のような，項 x と述語[27] A の合成 $A(x)$ の形にした；
(3) 等号を含む述語論理の推論規則を実質的に完全に整備した．

27) フレーゲは「項 Argument」と「関数 Function」という用語を採用していました．

以下に少しだけフレーゲの用いた記号とともにフレーゲの考え方を説明します．まず，—— A は真偽に中立的に A で表される命題そのものを表し，$\vdash$—— A [28] という記号は「A が真である」という判断 (Urteil) を表します．数学を実践する上では，これらを分けて考えるのは自然です．実際，主張 A が証明された場合やその内容に関して深い直観的理解から真と思われる場合には確かに $\vdash$—— A がふさわしく，その一方，背理法での議論では真であるという判断抜きに命題を扱っています．しかし現代の標準的論理学では，記号列として表現された命題を，真偽を問わずに論理的関係に集中して扱う構文論 (syntax) と，意

28) この記号はラッセル・ホワイトヘッドの *Principia Mathematica* でも $\vdash$ という形で受け継がれていますが，現在では $\vdash A$ は「A は証明される」という意味になっています．

味を考え真偽を扱う意味論 (sematics) ははっきりと分けられていますが，フレーゲではまだそうなっていない印象です．それはともかく，否定命題 $\neg A$ を概念記法では ―┬― A のように短い縦線を付けて表します．そして実質含意の $B \Rightarrow A$ は

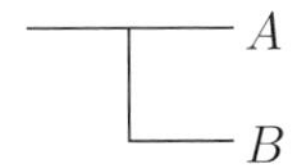

で表されます．これを否定と組み合わせた

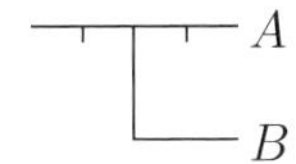

は $A \wedge B$ を意味します．

量化子については，$\forall x\, Ax$ が $A(\mathfrak{a})$ で表されます．そして否定と組み合わされた $A(\mathfrak{a})$ が $\exists x\, Ax$ を意味します．

これらの命題中の記号へは他の命題の代入を認めますので，たとえば

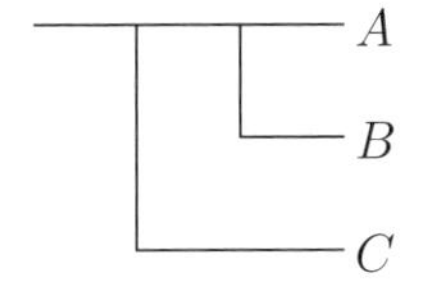

や，もっと大きい図へと発展します．『概念記法』には日本語訳[63] や英訳[107] もありますので，興味ある読者はその実際の運用に触れてみてください．

フレーゲは概念記法を用いた推論について，現在の 1 階述語論理のレベルでは同等と言えるものを築いたことが確かめられています ([51, p. 123])．たとえば述語論理で前に p. 20 で触れた全称汎化については，

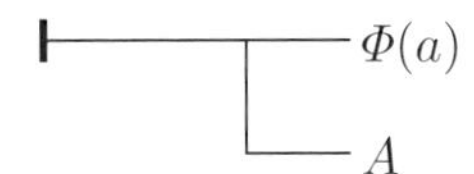

から

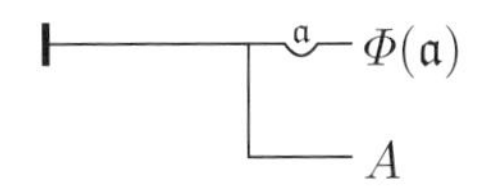

を導くことができる，と明記されています ([63, p. 37])．ただし，a は A には現れない文字で，$\mathfrak{a}$ も $\Phi(a)$ の中には現れないものとします．

フレーゲ論理学の矛盾と意義　ここまでフレーゲの論理学は，見かけこそ異なるけれども現代の述語論理と同等，という側面を強調した感がありますが，実はフレーゲは高階の述語論理を扱っていたため，フレーゲの自然数論の項で述べたように解決できない矛盾に直面したのです．少し詳しく述べると，述語記号 B と論理的変数（変項）x からなる論理式 Bx において，x を量化子 $\forall$ や $\exists$ で修飾した $\forall x\, Bx$ や $\exists x\, Bx$ を扱うのが 1 階述語論理ですが，述語記号 B も変数と同様に考え $\forall$ や $\exists$ で修飾することを認めるのが 2 階述語論理です．日常言語で例を挙げると，「彼は将軍に必要な資質をすべて備えている」という文は 2 階述語論理に属すると言えます．なぜならば，資質というのはフレーゲの論理学で言えば述語に相当するからです．実際，「勇敢」というような資質は変項 x と結びついて「x は勇敢である」という意味ある主張を構成するので述語と考えるべきです．フレーゲは 2 階述語論理も認めた論理学を構築したのですが，自然数論のために導入した「概念の外延」に 2 階の述語論理を適用すると矛盾が出てしまうのです．[29] フレーゲの論理学は全体としては矛盾を起こしてしまいましたが，無価値であるどころか大変に価値の高い業績です．矛盾を起こさない範囲に限定したものが現在の 1 階述語論理ですし，日常言語による推論に入り込むギャップを避けるため，推論のすべての過程を，あらかじめ正当と認められる要素的ステップまで分解してそれらを具体的に網羅することを企図し，実現した[30] ことは高く評価されます．

29) [51, p. 436] に矛盾に至る議論が説明されています．

30) 実現できたことの証明は次世代のゲーデル等の仕事です．

4.4.2　現代の述語論理

述語論理の構文論　フレーゲの論理学はラッセル・ホワイトヘッドの *Principia Mathematica* に大きな影響を与えましたが，その後ヒルベルト (David Hilbert, 1862–1943) とベルナイス (Paul Bernays, 1888–1977) らにより 1 階述語論理の部分が整理され

て現在の (1 階) 述語論理としてまとめられました．彼らの結果は著書 *Grundzüge der Theoretischen Logik* に述べられていますが，ここでは『記号論理学の基礎』という題での第 3 版[31]の邦訳[58] に従って説明します. [58] の第 3 章「狭義の述語論理」(Die engere Prädikatenkalkül) が 1 階に制限したフレーゲの論理学にほぼ相当しますが,「判断」を重視したフレーゲの考えと異なり，推論規則は意味を考えない記号列の変形操作として扱われます（構文論の立場）.[32] p と $p \Rightarrow q$ から q を導くという推論（肯定式）が p, q の真偽や内容に関わらず正しい推論であるように，普遍妥当な論理的推論はまさにある形式に従っているかどうかによるものなので，ヒルベルト・ベルナイスの立場は合理的なものです．紙数の都合もあるため詳しくは述べられませんが，たとえばフレーゲが取り上げた，x を含まない論理式[33] A に対して，$A \Rightarrow B(x)$ から $A \Rightarrow \forall x\, B(x)$ を導くことは推論規則として認められています．認められた論理的公理や推論規則を有限回適用して公理から得られるものが定理で，それに至る過程がその定理の証明になります.

31) 初版は 1928 年でした.

32) [58] では基本的な記号として関数記号を認めていない点で数学の理論を扱う場合の一般論と異なっています.

33) 論理式とは有意味と認められる記号列のことですが，次項でもう少しだけ詳しく説明します.

論理的公理と推論規則の取り方は同等なものがいくつも考えられますが, [58] を始めとするヒルベルト流では論理的公理が多く，推論規則は少なくなっています．しかしこの流儀は数学の実際の証明にあまり合っていません．手近なところでは[41] の pp. 152–153 に述べられたものがより分かりやすいと思われますが, [12] 他の論理学の書物も参照してください.

述語論理の意味論　構文論の立場では，論証の形式面に注意を集中しており，証明が形式として正しい推論の連鎖でなされているかどうかは明確に判断できます．したがって述語記号や変項などの記号（言語）と公理が指定されれば，その言語で記述された文（閉論理式）が 1 階述語論理で証明可能かどうかは，記号列についての問題として，どちらかに定まっています．ところが構文論では意味内容は考えていないので，真偽については問題にすることもできません．しかしアリストテレス以来，人が論証について研究してきたのは，あることが真であるかどうかを確認するのに役立てるためですから，論理学で真偽をまったく扱わないのは不自然です．そして1階述語論理の場合，集合を介して意味を与える方法が採用されました．[34] それによって一応は真偽を議論することができますが，実は真偽の問題はそれで解決とも言い切れない深さがあります．

[34] 実は論理体系ごとに意味の考え方は異なります．

まず集合を用いた意味論について，必要最小限かつ簡略な説明をします．1階述語論理での数学理論は，論理記号と論理的変数記号（変項） $x, y, \ldots$ および等号と，括弧のような補助記号に加えて次のような記号で記述されます：[35] いくつかの定数記号 $c_0, c_1, \ldots$；いくつかの関数記号 $f, g, \ldots$（各記号はいくつ変数を取るのか指定されている)；いくつかの述語記号 $A, B, \ldots$（これも各記号はいくつの変数を取るのか指定されている)．このとき，たとえば f が1変数関数記号，g が2変数関数記号で，A が3変数述語記号だったら，$A(f(x), g(x,y), y)$ は関数や述語が通常理解される意味ならば有意味な記号列になり，このようなものを与えられた1階言語の論理式[36] と言います．たとえば群論の場合，x, y の積を表すことが想定される写像 $f(x,y)$ の記号 f と単位元を表す定数記号 e があれば十分で，

[35] これらの記号全体を1階言語あるいは語彙と言います．一般的なことは，たとえば[41, §4.4] 参照．

[36] 正式には帰納的にどういう記号の並びが有意味となるか定義し，それらを与えられた言語での論理式と呼びます．

$$\forall x\,\forall y\,\forall z\, f(f(x,y), z) = f(x, f(y,z))$$

は論理式となり，結合法則を表します．この他に逆元の存在と単位元の性質 ($\forall x\, f(x,e) = f(e,x) = x$) を公理として群の理論ができあがります．この段階では積や単位元に具体的な意味はまったく与えられておらず，上記の公理も冷静に見れば単なる記号列なのです．これらの記号列に意味を与えるのは，簡単に言うと群の例を考えることです．群の例とは，空でない集合 G と積を与える写像 $\tilde{f}\colon G \times G \to G$ および単位元 $\tilde{e}$ があって，それらが群の公理を満たすということでした．このとき f, e, x, y などの群の言語で書かれた文字列である論理式において，f を $\tilde{f}$, e を $\tilde{e}$ で置き換え，$\forall x$ などの量化子を「任意の $x \in G$ に対して」というように解釈することができ，得られた命題は G の中で真か偽のどちらかに定まります．[37] この意味で，群の例 G に対しては群の公理は真となります．[38]

[37] 考える論理式には，量化子で修飾されていない文字変数は含まないものとします．

[38] 群の例になっていなくても，$\tilde{f}\colon G \times G \to G$ と $\tilde{e} \in G$ が指定されれば，群の言語で書かれた論理式（量化子で修飾されていない文字変数なし）の真偽が定まります．

群の場合のように，1階言語で記述された公理が定める数学の

理論については，定数項や写像，述語（2 項関係なども含まれます）を表す記号に対して，空でない集合 A と定数項に対応する A の元，n 変数の写像を表す記号に対応する $A^n := A \times \cdots \times A$（$n$ 個の A の直積集合）から A への写像，n 項関係を表す記号に対応する A^n の部分集合を指定すれば[39] 記号列としての 1 階言語での論理式に A の中での意味が定まります．そしてその論理式が，量化子で修飾されていない変項（自由変項）が含まれない閉論理式であるときは，その真偽を問うことができると考えられます．[40] たとえば，1 変項の述語記号 P, Q に対して A の部分集合 $\tilde{P}, \tilde{Q}$ が対応しているとき，論理式 $\forall x\,(Px \Rightarrow Qx)$ が真となるのは，任意の $a \in A$ に対して $a \in \tilde{P}$ ならば $a \in \tilde{Q}$，すなわち $\tilde{P} \subset \tilde{Q}$ が成り立つときです．もっと詳しいことは戸次[64, 5.3 節] などの論理学のテキストを参照してください．そして理論の公理として指定された論理式がすべて真となるなら，A と 1 階言語の記号に対応する元や写像などの組がその理論を満たす具体例（正式にはモデル）になります．群の場合と同様に，1 階言語で記述された理論には一般に無数の具体例（モデル）がありますが，重要なこととして，すべての具体例で真となる（与えられた 1 階言語で記述できる）主張は理論の公理から 1 階述語論理で許された推論によって証明できることが示されています．これが，むしろ不完全性定理のほうで有名になったゲーデル (Kurt Gödel, 1906–1978) が博士論文で示した完全性定理です．[41] この定理は 1 階述語論理が認める有限個のパターンの論理的公理と推論規則が（述語論理で記述された）数学理論の証明にとって必要十分であることを示すものです．そして原理的には，述語論理の上に立って展開される集合論の中で，ほぼすべての数学の理論が展開できると考えられています．[42] ちなみに，完全性定理と逆方向の，1 階言語で表現された数学理論について，公理から 1 階述語論理で証明された定理は，その理論のすべてのモデルで真となることは容易に確かめられます．

39) A とこれらの指定の全体を，与えられた 1 階言語に対する構造と言います．

40) ここにも問題が潜んでいます．次の 4.4.3 項参照．

41) ここでは粗く述べましたが，ヘンキンによって少し一般化されたものが[41] § 5.2 に解説されています．

42) あくまでも「原理的には」であって，実際に大きな数学理論を述語論理上の体系として展開することは人間には不可能です．

注 4.5. 上述のように集合を用いて論理式の意味を与えるという考えとは異なる，証明論的意味論 (proof-theoretic semantics) というものがあります（戸次[64, 13.7]）．これは個々の論理式に意味を与え真偽を論じるのではなく，論理結合子 $\vee$ などの意味は証明体系の中で認められる推論規則により定められるものと見ます．

4.4.3 集合を用いた意味論の問題

この項は「数学の哲学」に近くなり，数学を学ぶ上では不必要でもありますが，筆者は哲学の素養に欠けるものの長く気になっていたことなので，敢えて素朴な考えを述べてみます．読者には批判的に読んでいただければよいと思います．

集合の実在性 1 階述語論理の意味論に集合を用いることは，数学を扱う上では便利なことですが，真面目に考えていくと大きな問題に突き当たります．構造を定めれば 1 階言語の閉論理式の真偽が定まるという話は，素朴には集合の世界で解釈された閉論理式は真か偽のどちらかになるということに依存しています．たとえばある 1 階述語論理で形式化された理論の定数記号 c に集合 M の元 $\tilde{c}$ が割り当てられ，述語記号 A に M の部分集合 $\tilde{A}$ が割り当てられたとすると，集合の世界で $\tilde{c} \in \tilde{A}$ が成り立つかどうかで記号列 Ac の真偽が定められます．そして今まであまり強調してきませんでしたが，単に 1 階述語論理と述べてきたのは古典述語論理なので，Ac の真偽値は真か偽のどちらかでなくてはならず，したがって集合の世界において $\tilde{c} \in \tilde{A}$ が成り立つかどうかは，私たちがそれを証明できるかどうかにかかわらず，確定していると見なしているのです．これは集合という抽象的なものの自立的で一意的な存在をある意味で認める，プラトニズム[43] と言える考えです．[44] 集合の実在性については，ゲーデルはこれを認めていたということはよく言われています（[38] 第 III 部）．しかし，集合一般という茫漠としたものの実在性はなかなか感得しにくいものですし，さらに考えていくと，存在するとはそもそもどういうことかという哲学の迷宮に入り込んでしまいます．

論理学の入門書は一般に集合の実在性には触れていないのですが，[43] の訳者の渕野 昌氏は同書にある解説 (p. 190) で，この点について極めて率直に次のように述べています．すなわち，

43) 抽象概念が「善のイデア」などとしてイデア界に実在する，というプラトンの説に由来する名称です．

44) シャピロ[103] もその序論で同趣旨の主張をしています．また，集合の存在問題は，中世の普遍論争と同様の構図です．個々の人ではなく「人間」というような類概念の存在について実在論と否定側の唯名論が争ったのが普遍論争ですが，集合の実在論は往時の実在論に対応します．

1 階言語で公理が記述された数学理論についての，ゲーデルの完全性定理のような，意味論に本質的に関わる定理を証明するに当たって，「ここでは，とりあえず，**ある種のフィクションとして，**[45] 以下での議論に必要最小限の性質を持つ，集合からなる世界が“存在”することを仮定して，そこで議論を進めてみることにする」というわけです．集合からなる世界の存在はフィクションである，と明言されるとちょっと驚く読者がいると思います．しかし，すべての集合からなる世界に実在感を持つのは当然ではなく，どこにどのような意味で存在すると言えるのかはっきりしません．[46]

45) この部分の強調は筆者によります．

46) 一般の集合を数学的に定義することすらできません．「数学的対象の，範囲のはっきりした集まり」などは，『原論』の「点とは部分を持たないものである」という「定義」と同様な説明でしかないですが，かといってそれなしには集合論もありえなかったでしょう．

存在するとは？ 日常生活では五感で知覚できるものの存在を疑わずそれに名前を付け，名前を含む言語によって現実世界の状況を記述しています．しかし数学の場合，2 個のリンゴや 2 本の木は存在しても，2 という数は現実の世界には存在せず，この点で現実世界と関わる科学とも異なっています．そして数に対応するモノはないのに $1, 2, 3, \ldots$ という記号を用いて計算し，現実に応用していることは驚異的にも思えます．ただ，ある具体的な方程式が自然数の解を持つかどうかという問題とは異なり，数がどういう意味で存在するかといったことは数学の問題にはなりえません．論理学者のクワインは，「存在するということは，変項の値であるということだ」(To be is to be a value of a variable.) ([18, p. 30]) と述べました．それは，あるものを変項の値として認めて矛盾が起きなければそれは論理的には十分に存在の資格がある，[47] ということに他なりません．よって，1 階述語論理で展開される理論にとっては，存在の問題は無矛盾性という構文論的な問題となり，何か外部の世界に記号が表すものが存在するかどうかは問題ではなく，それは理論を展開する人にとっての信条の問題とも言えます．実際，集合論を展開する際には，集合論の公理を満たす集合の世界が実在するものと思っても思わなくても，公理が矛盾してさえいなければどちらでもよいのです．ゲーデルの（第 2）不完全性定理によって，ZFC 集合論の無矛盾性を証明することは不可能ですが，すでに 1 世紀ほどのあいだ矛盾は発見されず，将来的にもその可

47) ヒルベルトはつとにこのような主張をしていました．文脈は少しずれますが，[107, p. 383] にそのような主張が見られます．

能性はほぼないと信じられますので，論理的には集合の存在を否定する理由はありません．また，たとえ矛盾が発見されたとしても，それによって数学のすべての成果が無になることはあり得ません．

注 4.6. 19 世紀の終わりから 20 世紀の初めに掛けて，ラッセルのパラドックスとか，無限集合の存在や論証における無限回の選択を数学として許容してよいのか，といった数学の基礎に関わる多数の問題が浮上してきました．これらは数学の根幹に関わる問題として注目され，ヒルベルト，ブラウアー[48]，ポアンカレ，ベール，ルベーグといった現在でも著名な多数の「現場の数学者」(working mathematician) が議論に参加していました．その様子の一端は[40] の第 2 章や, [107] に英訳されているヒルベルトの論文などからうかがえます．一方，近年の「数学の哲学」の議論は, [2] などを見ると哲学者が中心で，working mathematician はほぼ参加していないように見受けられます．

48) Luitzen Egbertus Jan Brouwer, 1881–1966. トポロジーにおいて顕著な貢献をした人ですが，その後，排中律を認めない直観主義の数学を主張しました．

メタレベルの集合論　集合を用いた意味論のもう一つの問題として，集合論の意味論を考えると，集合論について議論するために集合を用いるということになり，循環論法ではないかという心配が生まれます．この点については，分析対象となる形式化された集合論を対象レベルとして，それについて議論をするのは一つ上と言ってよいメタレベルの言語なので問題ではないと考えられています．いいたとえではないのですが，日本語の論理性についての論文を分析するのに日本語を用いて考えても問題がない，という話に通じるものがあります．しかし，集合を「範囲のはっきりした，モノの集まり」という素朴なレベルで考えていると，たちまちラッセルのパラドックスに逢着してしまうため，意味論で用いる集合についても，やはり公理をもとにした理論としてある程度は整える必要があります．[49] 実際, [91, Chapter VII, § 3] では，意味論を考えるときの集合論 (background set theory) として通常の ZFC 集合論とは少し異なるものを使用する方法が解説されています．

49) 1 階言語で記述され，現在標準的に認められている ZFC 集合論については第 5 章で扱います．

ここから先は解析学徒である筆者が現代数理論理学の肝心な

ポイントを理解できていないことを示すだけの話かもしれませんが，気になることを述べてみます．

まず，1 階言語（定数記号，関数記号，述語記号）が定められ，それらを用いて書かれる閉論理式の集まりを公理系として指定すると，形式化された数学理論が得られます．その中で公理から 1 階述語論理による論証で定理を得ていくのが，その理論における対象レベルの議論です．それに対して，その形式化された数学理論が無矛盾であるかどうかや，関数記号や述語記号に集合の世界の中で解釈を与えてモデルの構成を議論するのは，その理論のメタレベルの話と呼ばれます．そして 20 世紀初めの，ヒルベルトによる数学理論の無矛盾性証明の構想では，メタレベルでの推論は確実性の高い有限的なものに限るとしていましたが，ゲーデルの不完全性定理により，これは不可能になりました．そして日本数学会編集の『数学辞典第 4 版』では，メタレベルでの推論について「メタ推論としては，通常の数学で用いられる推論はすべて用いてよい」[50] となっています．一方キューネン[16, pp. 40, 278, 279] では，「メタレベルで用いる推論」という意味かどうか断定し難いですが，メタ推論という語をヒルベルトの用法と近い意味で用いています．

50) 第 123 項目，「形式体系と証明」のパート A.

さて，意味論というメタレベルで用いられる集合については，形式化しない場合もありえますが，上に述べた [91, Chapter VII, § 3] のように background set theory を考える場合もありました．しかし，1 階述語論理で形式化された理論に関するゲーデルの完全性定理は，その理論に関するメタレベルの主張ですが，ヘンキンによって一般化された形の証明 ([16, II. 12] など) は集合論の選択公理を用いています．つまりメタレベルでの集合は通常の ZFC 集合論の公理を満たす存在とされています．これは，フィクションとしてかどうか分かりませんが，ZFC 集合論の公理を満たすような，集合からなる世界の存在を認めているように思われます．他方では，1 階理論の論理式を ZFC 集合論内の集合で表現し，さらにモデルの概念も同様に表現することでゲーデルの完全性定理を形式化された ZFC 集合論における主張として表現し，証明できる ([91, p. 113]) ということもあります．この場合は，意味論で用いる集合は形式化された集合論の中の存在であり，実在性や論理式の真偽はそもそも問題になりません．

以上のように，1 階述語論理の意味論で集合を用いると言っても，その立場はいろいろあり得ます．しかし論理学のテキストのほとんどすべては，どの立場で集合を用いた意味論を展開するのかを明らかにはしていません．このため，暗黙のうちに，形式化された集合論の中で考える最後の立場に立っているという見方も否定しがたいのですが，門外漢には断定はできません．

4.4.4 論理と集合は数学の基礎？

敢えて疑問形のタイトルにしましたが，論理と集合は間違いなく現代数学の基礎です．確実な論理的推論は数学の生命線ですし，集合はその世界の中に数学的対象を構成できて，必要な言葉を提供してくれます．ただし，数学を学ぶ前に論理学をマスターしなければならないわけではなく，普遍的に妥当な論理的推論に関する感覚を備えていれば十分とするのが数学科でも普通です．[51] この点で数学界の姿勢は「万人に平等に与えられた理性」を信頼したデカルトのようです．ほとんどすべての数学者は排中律（命題は真偽のどちらかになる）[52] を含む 1 階の古典述語論理に従っていますので，本書で説明したことに加えて少しだけ学んだほうがいいと思いますが，後回しにしても問題は少ないと思います．一方，集合の概念は，歴史的には基礎へ基礎へとさかのぼって得られたものですが，そのことよりも自然数から出発して有理数さらには実数を作り出す構成法，そのときにも使われる同値関係による類別の考えや，無限基数（濃度）など数学で道具として広く用いられることがらがたくさんあります．

51) 大学の数学科では論理学を必修としていないところが多いです．これは情報系学科とは好対照です．

52) 構文論的には $\varphi\vee\neg\varphi$ という形の論理式がすべて定理（証明可能）となる，と言えます．

このように論理と集合は数学の基礎と言えるのですが，これらが絶対かつ究極の基礎であるとは言い切れないところがあります．論理について言うと，本書では排中律を認めていますが，有限個の対象の場合に成り立つことを安易に無限の場合に拡張することを拒否して，排中律を認めない数学者もごく少数います．どちらが正しいということはなく考え方の違いですが，排中律を認めないと，古典的な数学の定理が証明できなくなったり，同値であったいろいろな定義が同値でなくなるなど，排中律を認める立場からすると著しく不便になります．排中律を認めない立場での推論規則は直観主義の論理体系としてまとめられていますが，この体系で証明されることはすべて古典述語論理で証明されます．

また数学者たちが，数学は完全に集合の世界に含まれると思っているわけでもありません．集合論における数学的対象の構成と言えば，筆者は大学 1 年のときに高木貞治著『数の概念』（岩波書店）を読んで，自然数のペアノの公理から出発して集合[53)]の中で実数まで作り上げる話を知り，今まで知っていた「あの実数」は何だったのかとショックを受けました．その後ずいぶん経ってから解析学の大先達にあの構成法をどう思うのか伺ったところ，うまく作ったものとは思うが別にあれが本物というわけでもない，という回答を得てなるほどと思ったものです．また，ハッキング[52] でも取り上げられているフィールズ賞受賞者アラン・コンヌは，数学の対象の実在性を強く主張することでも有名なのですが，一般に数学者は自分の研究対象の実在性を疑ったりしないものと思います．これらの研究対象は集合として構築することができますが，実在感を感じている対象はおそらく集合として整理される前のものでしょう．結局，集合の言葉は非常に便利で有効に活用され，公式見解的にはすべての数学的対象は集合の世界に存在するものとされますが，数学者はそれぞれの感覚に従ってその研究対象の本当の姿を現実世界とは別なところに思い描いていると思います．[54)]

53）形式化されない，素朴集合論の対象でした．

54）研究分野によって事情はかなり異なるものと思います．

実在に対する立場と数学の研究　数学的対象の存在は，数式を使って計算する場面では問題にならないのですが，それを一般に考えると大変難しい問題です．そして，数学的対象の存在問題は数学によって解決が付くものでもありません．しかしある程度の公理を満たすような集合の世界の存在を認めれば，デデキントたちの示したように，しかるべき性質を備えた様々な数学の対象が集合の世界に存在することを示すことができて，数学者はやっかいな哲学的問題に煩わされることなく研究に邁進できることになります．このため，大方の数学者はその上に数学を展開することができる集合の世界[55] の存在を少なくとも消極的には認めて，そのメリットを享受していると思います．

55) 具体的には第 5 章で述べる ZFC 集合論の公理を満たすような集合の世界です．

ただ，集合の世界の存在についての認め方は，哲学者プラトンの考えたように，イデア界に集合が厳然と存在すると考えるレベルから，積極的に反対はせず便利だから ZFC 集合論で規定されるものを認めるというレベルまでいろいろあります．また，少数派ですが，集合について有限集合しか認めず，1 階述語論理の公理や推論規則についても，排中律を正しいとは認めない立場 ([16, III.1]) の人もいて，その場合にはまったく話が違います．もう一つの立場として，数学についての形式主義という，「実在する集合」による意味論を断念して，1 階言語で記述された数学理論を，1 階述語論理による定理の形式的な導出活動に過ぎないと見る，形式主義という立場があります．この立場から，集合については実在を有限集合にしか認めずに 1 階述語論理や集合論についての結果を得ていく方法が[16, III.2] に，非常に簡略ですが説明されています．興味を持った方は直接同書を参照していただきたいと思います．

数学者は自分の研究対象には通常強い実在感を持っていますが，問い詰められると形式主義に立つと表明せざるを得ないかもしれません．しかし何らかの意味で存在を認めている場合であれ形式主義に立つ場合であれ，ほとんどすべての数学者にとって，定理の証明と認められるのは，公理からの 1 階述語論理に従う論証プロセスである[56] ということは一致しているので，認められる定理，すなわち得られる数学的結果はまったく同じです．

56) 数学者が証明するときにいちいち 1 階述語論理の形式に従っているということはなく，自然に論理的推論を重ねたものはすべて 1 階述語論理で正当化できると信じられるということです．

5 選択公理と集合論

極限や連続性について，ε-δ 論法により定義がはっきりして微妙な主張の証明による確認ができるようになりましたが，数列の収束に基づく連続性の定義も直観的で分かりやすいものです．定理 3.61 では両者の同値性が示されていましたが，それは普通には当然として見過ごしてしまいそうな，可算回の選択の存在を認めた上でのことでした．本章ではこのような「選択」に関わる論理的な問題を掘り下げて検討します．その中で，現在標準的に認められている ZFC 集合論の公理系についても解説します．

5.1 微分積分学の基礎と選択公理のかかわり

高校までの数学では，図で考えたり計算して何かを具体的に求める，ということが中心だったと思います．しかし，さらに進んだ数学では抽象的な議論が増えて，あるものの「存在を論証する」という必要が増してきます．たとえば，ボルツァーノ・ワイエルシュトラスの定理（定理 3.44）では，有界な数列に対して収束部分列の存在が示されていました．このような存在主張やその証明法は高校数学では扱われていないものです．

この例ではあからさまに「存在の論証」が主題になっていますが，微分積分学の基礎には，もっとひそかにある数学的対象の「存在」が関わってくることがあるのです．実際，定理 3.61 では，関数の連続性について，ε-δ 方式の定義と数列の収束を用いた定義の同値性が示されていましたが，その証明の後半に

それが現れています．そこでは点列式定義での連続性，すなわち簡単に言って，「$x_n \to x_0 \Rightarrow f(x_n) \to f(x_0)$」が成り立つならば，「$f$ は x_0 において（ε-δ 式定義で）連続」であることが示されています．この部分の証明は背理法に依っていました．すなわち，f が x_0 で ε-δ 式の定義で連続でないならば，ある $\varepsilon > 0$ があって，各 $n \in \mathbb{N}$ に対して $|x - x_0| < 1/n$ かつ $|f(x) - f(x_0)| \geq \varepsilon$ を満たす x が存在するので，**その一つを選んで x_n として**，数列 $\{x_n\}_n$ ができるとしていますが，ここが実は問題なのです．また，ワイエルシュトラスの最大値定理（定理 3.70）の証明にも同様な論法が使われています（ただし使用を避けることも可能）．この議論は，一般化して言えば

> 各自然数 n に対して空でない集合 A_n が定まるならば，A_n から要素を一つずつ選びだしてそれを a_n として，点列 $\{a_n\}_n$ が定まる　　(5.1.1)

ということを認めることです．[1] この主張 (5.1.1) は次節で説明する選択公理の特別な場合で，「可算選択公理」と呼ばれるものです．そして筆者もそうでしたが，微分積分学で初めてこの主張に基づく証明に接するほとんどの人は，この主張をほぼ違和感なく認め，何も問題がないと思うでしょう．また，改めて考えてみると，もっと自明に正しそうな根拠からこの主張を証明することは不可能で，そのままこれを認めるしかなさそうだということも分かってくると思います．一方で，現代数学では数学的対象の「存在主張」については厳しく考え，「自明にそう思える」という程度では認められません．認められるのはその対象が具体的に構成できる場合や，あらかじめ認めた，存在に関する公理から論理的に導かれるときだけです．そのため，現在では主張 (5.1.1) を一般化したものを公理（**選択公理**）としてそのまま認め，重要な基本定理の証明に使用しています．[2]

しかし 20 世紀の初頭には，選択公理の正当性をめぐって数学界ではかなりの論争が起きました．これについては巻末文献[40]が詳しいのですが，ここではまず数列の場合について，なぜ選択公理の正当性が問題になるのかを少しだけ述べてみます．

1) ある集合 A があって，n ごとに A の要素（数値とは限らない）a_n が定まっているとき，$\{a_n\}_n$ を A の**点列**と言います．今の場合，A は A_n 全体を寄せ集めた集合（和集合）と考えればよいのです．

2) 現在でも，選択公理を用いない範囲での数学の試みは一部では続けられていますが，他方では選択公理の他にさらに公理を追加した集合論もさかんに研究されています．

注 5.1. 各自然数 n に対して空でない集合 A_n が与えられたとき，$a_n \in A_n$ を選び出して点列 $\{a_n\}_n$ を作ることに必ず可算選択公理が必要か，というとそうではありません．たとえば A_n がすべて自然数の部分集合とすると，各 A_n には最小の数 a_n が存在するので，それを並べた列 $\{a_n\}_n$ の存在は問題なく認められます．漠然と A_n から一つの要素を選ぶ，という記述と異なり，「a_n は A_n に含まれる最少数である」という主張が，自然数の言語（順序関係）を用いて述語論理の形式で明確に記述できることが本質的に重要なのです．

何が問題なのか

高校数学で扱われる数列 $\{a_n\}_n$ というと，一般項 a_n が $a_n = 1/n^2$ のように n を含む数式で表される場合か，初めのいくつかの項と漸化式によって定義されるものが中心でしょう．このような場合，自然数 n を決めれば実数 a_n が一意的に決定され，自然数全体から実数への写像としての，数列 $\{a_n\}_n$ の「存在」については何の疑義もありません．それでは a_n を円周率 π の小数点以下 n 桁目の数と定めた場合はどうでしょうか．この場合でも，n が与えられるごとに，時間と労苦をいとわなければ a_n が計算できますので，数列としての $\{a_n\}_n$ の存在には疑問は持たれないと思いますが，$a_n = 1/n^2$ の場合に比べると「確定の度合い」が弱まっている感じがします．$a_n = \log n$ とした場合は，10 進法での数値として正確に a_n を求めることは一般に不可能ですが，微分積分学の中で対数関数は確固たる存在ですので，$\{a_n\}_n$ が数列として存在していることに疑いはありません．

以上に例示した数列 $\{a_n\}_n$ を考えると，一般の実数 x に対する，「ある自然数 n について $x = a_n$ が成り立つ」という主張は，真偽の定まる命題であり，世界中の誰が研究してもその真偽は一致するはずです．これに対して，各 n に対して実数からなる空でない集合 A_n が定まっていて，A_n の中から任意に要素を一つ選んで a_n とした場合の $\{a_n\}_n$ はどうでしょうか．この場合にも，「ある自然数 n について $x = a_n$ が成り立つ」というのは x に関する命題と言えるでしょうか．私が「A_n から一つ選んでそれを a_n とした」と主張しても，A_n が空ではないという情報だけからは，「これを選んだ」と具体的に提示することはできません．他人にも当然 a_n が何かは分からないので，「ある自然数 n について $x = a_n$ が成り立つ」という主張の真偽を研究して一致した結論を得ることは不可能です．

このように，空ではないことだけが保証されている A_n から一つずつ a_n を選んで点列（a_n が数の場合は数列）$\{a_n\}_n$ が得られると言っても，その「存在」のレベルは $a_n = 1/n^2$ や $a_n = \log n$ の場合に比べてずっと落ちていることが分かります．言い換えると，この場合は「考えるだけ」で存在を認めるようなものであって，論理的にはちょっと危険ではないかと心配になりませんか？ このように選択公理に対する初期の疑念は，実効的でない「選択」を無限回繰り返すことに対することが中心でしたが，一つの空でない集合から一つの要素（元ともいう）を選択する場合でも，同じような心配はあり得ます．実際，「空だとすると矛盾が起きる」という背理法によって集合 A が空でないことが示されたとしても，具体的に A の要素の一つを指定することは不可能です．

また，次節で説明しますが，可算選択公理を含む一般の選択公理を仮定すると，常識に反するような驚くべき結論が得られることも分かり，選択公理に「危うさ」を感じるのはある程度自然なことと言えます．しかしながら可算選択公理は，スーパーマーケットで，同じ商品の並んだ区画から次々と必要なものを選んでいく日常的な行為の延長のように感じられて，認めるのが当然とも思われます．また，現代数学の至る所で，（一般の）選択公理は重要な基礎的定理の証明にとって不可欠なものとなっています（詳しくは 5.2.2 項参照）．この自然さ，有用性と「存在」についての疑念の狭間で，20 世紀の初めから 30 年代くらいまでの数学者は少し不安な日々を過ごしていたようです．[3)]

[3)] 数式を用いて計算するという場面には，選択公理はまったく関わることがないので，不安一色だったわけではありません．

注 5.2. 定理 3.61 における同値性の証明には可算選択公理が不可欠であることも分かっています（[40, pp. 226–227]）．一方，$[a,b]$ 上の実数値関数が $[a,b]$ 全体で連続であるための必要十分条件が，「$[a,b]$ に値を取る任意の収束数列 $\{x_n\}_n$ に対して

$\lim_{n\to\infty} f(x_n) = f(\lim_{n\to\infty} x_n)$ が成り立つ」という点列的連続性により表現できることは，可算選択公理を使わずに証明できるのです．このことは，自然数全体 $\mathbb{N}$ から有理数全体 $\mathbb{Q}$ への全射が具体的に構成できることと注 5.1 に述べたことから，点列的連続ならば，任意の有限集合 F について f を $(F \cup \mathbb{Q}) \cap I$ に制限したものが ε-δ 式定義で連続となることから証明できます．

5.2 集合論の 1 公理としての選択公理

さて，話を進めるためにきちんと一般の選択公理を紹介します．そのためには，一般の集合の要素を添字に持つ集合族とその直積という概念が必要になります．集合 Λ の各要素 λ に対して集合 A_λ が対応しているとき，この対応を $\{A_\lambda\}_{\lambda\in\Lambda}$ で表し，Λ を添字集合（あるいは添数集合）(index set) とする**集合族** (family of sets) と言います．このとき，A_λ $(\lambda \in \Lambda)$ 全体の和集合を $\bigcup_{\lambda\in\Lambda} A_\lambda$ で表します．すなわち，x が $\bigcup_{\lambda\in\Lambda} A_\lambda$ に属することは，ある $\lambda \in \Lambda$ について $x \in A_\lambda$ が成り立つこととして定義されます．そして，Λ から $\bigcup_{\lambda\in\Lambda} A_\lambda$ への写像 f で，各 $\lambda \in \Lambda$ に対して $f(\lambda) \in A_\lambda$ を満たすもの全体を $\prod_{\lambda\in\Lambda} A_\lambda$ で表し，$\{A_\lambda\}_{\lambda\in\Lambda}$ の**直積集合** (direct product set または direct product) と呼びます．直観的には，$\prod_{\lambda\in\Lambda} A_\lambda$ の要素とは，すべての λ について A_λ の要素 a_λ を取って並べたものと考えられ，Λ が自然数全体の集合 $\mathbb{N}$ の場合は数列になります．選択公理は，以上の用語によって次のように表現される，集合論における存在公理です．

選択公理 (Axiom of Choice, AC)

> $\{A_\lambda\}_{\lambda\in\Lambda}$ をすべての $\lambda \in \Lambda$ について A_λ が空集合でない集合族とすると，$\prod_{\lambda\in\Lambda} A_\lambda$ は空ではない． (5.2.2)

直積集合の定義から，選択公理は結局ある写像の「存在」を主張していることに注意しましょう．また選択公理において，添字集合 Λ を自然数全体の集合 $\mathbb{N}$ に限定した主張を**可算選択公**

理 (axiom of countable choice) と言いますが，これは (5.1.1) と同じ主張です．

選択公理は，E. ツェルメロ (Ernst Zermelo, 1871–1953)[4] が1904年に発表した論文で，整列可能性問題[5] の肯定的証明の根拠として初めて明確に述べて使用しました．選択公理に基づくツェルメロの証明法は画期的でしたが，選択公理の正当性については当時様々な疑問が呈されました．諸説ありますが，おそらくそれらへの応答の意味もあって，ツェルメロは1908年に史上初の集合論の公理系を提出しました．その中では，選択公理は (5.2.2) の形ではなく，それと同値ですが，ある集合の存在を主張する形に表現されています．詳しく述べると次のようになっています：x を空でない集合を要素とする任意の集合とすると，x の和集合の部分集合 y で，x の任意の要素 z に対して共通部分 $y \cap z$ がちょうど1点となるものが存在する．

4) 公理的集合論の祖ですが，学位論文は変分法に関するものでした．

5) 任意の集合にうまく順序を入れて整列集合 (well-ordered set)（任意の空でない部分集合が最小要素を持つ）にできるか，という問題．

ツェルメロの公理系中の「分出の公理」は，その後フレンケル (Adolf Fraenkel, 1891–1965) によって「置換公理」に強化され（1921年），さらにフォン・ノイマン (John von Neumann, 1903–1957) によって「正則性公理」（「基礎の公理」とも言う）が追加されて，最終的にツェルメロ–フレンケルの集合論（ZF集合論）の体系となりました．これに選択公理を加えたものを公理系とする集合論を ZFC 集合論といい，すべての数学はこの上に建てられるべきものと考えられていました．たとえば，ZFC 集合論の中で自然数を構成し，有理数，実数と進み，微分積分学を展開することは，理論上は難しくありません（[6] を参照）．今でも集合論の重要性は衰えていませんが，分野によっては集合を表に出さない圏論（カテゴリー論）という見方が重要になっています．ただし，詳しい説明はできませんが，カテゴリー論も ZFC 集合論を外側から語るメタ理論（超数学）での理論と解釈することが可能です（[38] の渕野氏による第2章 p. 56 の脚注）．あるいはまた，ZFC 集合論と集合に関しては同等な NBG 集合論[6] における理論と解釈することが可能です．

6) NBG は von Neumann, Bernays, Gödel という3人の姓の頭文字を並べたもの．

ZFC 集合論の公理系は 5.2.4 項に述べてありますが，選択公理を除くと，何かの存在を主張する公理は，和集合やベキ集合のような場合と置換公理図式による場合に共通して，存在を要請される集合はすべて集合論の論理式で一意的に明確に規定されていることが分かります.[7] 選択公理だけが，一意的でなくゆるい条件を満たす集合の存在を主張しており，その特殊性が際だっています.

7) 置換公理図式による存在の規定はベキ集合の場合よりも強いと思われます.

正当な論法か集合論の一公理か　集合論の一部としての選択公理についてさらに話を進める前に，一つ明らかにしておきたいことがあります．現在，可算選択公理として整理される主張は，集合論や現代の論理学が形成される以前から用いられていたので，当初は集合論の一公理という位置付けではなかったことに注意する必要があります．それではどういう位置づけだったのかを確定するのは難しいのですが，人間の思考にとって自然な，「正当な論法」という感覚だったのではないでしょうか．しかしそれを普遍的に妥当な推論規則と認めるには特殊過ぎます．妥当な推論規則である，「p かつ $p \Rightarrow q$ から q を導くこと」，「Aa から $\exists x\, Ax$ を導くこと」などはすべて前提に非常に単純な記号的操作をして結論を得ています．これに比べると可算選択公理は前提と結論の関係が離れすぎています．また，元々の主張である「A_n から一つ選んで a_n として，点列 $\{a_n\}_n$ が得られる」ということを客観的に扱うには，「選ぶ」という人間の意思の作用を排することが必要であり，これが直積集合による表現につながります．したがって可算選択やもっと一般の選択を正当化することを集合論の公理として認めることは合理的ですが，実は 5.3 節で見るように論理のレベルで選択することを取り入れる方法も考えられていました．しかし結局のところ，選択に関することは集合論の一公理として定式化され，研究が進んだのです．

5.2.1　選択公理からの意外な結論

19 世紀から 20 世紀への変わり目の，集合論および現代的な数理論理学の形成期には，いくつもの逆説的な現象が発見されていました．たとえば，「ラッセルの逆理」では，「$x \notin x$ となるような集合 x 全体の集合」が存在するとすれば矛盾が発生することが示されました (p. 239).[8] このように，「範囲のはっきり

8) 整備された ZF 集合論や ZFC 集合論では，すべての集合 x に対して $x \notin x$ が成り立っています．したがって，M に当たるものは集合全体の集まりとなりますが，これは集合とは認められず，「クラス (class)」として扱われます.

したものをひとまとめに考える」という思考作用の結果を，安易に数学的対象として存在するものと認めれば，思わぬ事態を引き起こすことが分かったので，当時の数学者が慎重になったのは当然です．

また，選択公理を認めると，3 次元空間での普通の球をうまく有限個に分割して組み立て直すと，同じ大きさの球が 2 個できる，というちょっと信じがたい主張（バナッハ・タルスキーのパラドックス）が証明できます．この主張は，F. ハウスドルフによる，球面についての同様な主張に基づいていますが，バナッハとタルスキーは球に限らない一般的な結果も示しています．なおバナッハ・タルスキーの結果は，球を分割した各々の部分の体積を考えると，2 個の球の体積が 1 個の球の体積に等しいことになっておかしいのですが，これは，3 次元空間のすべての部分集合に対して平行移動や回転で不変な体積を定義できないというだけで，矛盾ではありません．

バナッハ・タルスキーのパラドックスに興味がある方は，巻末文献の[30] を見てください．

5.2.2 選択公理によって証明される定理

前述のバナッハ・タルスキーのパラドックスのような驚くべき結果も導かれるので，選択公理への疑問が湧くのは当然と言えます．しかし他方では可算選択公理なしでは，「可算集合の可算個の和集合は可算集合である」という自明に思えるようなことも証明不可能ですし，一般の選択公理は代数学や解析学などにおける多数の重要な定理を導く有用な主張です．これらの定理を示す際は，直接に選択公理を使わずに，ZF 集合論においてそれと同値なことが分かっている命題に頼ることも多いので，まずその話をします．二つの命題を紹介しますが，それらが ZF 集合論の中で各々選択公理と同値であることは自明とは言えなくてもそれほど困難なく示せます．しかし紙数に余裕がありませんので証明は[16] などを参照してください．

5.2.2.1 ZF 集合論において選択公理と同値な命題

ここでは代数学や解析学といった特定分野の命題ではない集

合論レベルの命題で，ZF 集合論の下で選択公理と同値なことがよく知られていて重要なものを紹介します．このほかにも実はたくさん同値な命題が知られています．

整列可能性定理　ツェルメロが選択公理に着目した動機となった，「任意の空でない集合には整列集合となるように順序を入れることができる」という命題．名前に「定理」が付いているのは，選択公理をより基本的なものとして公理と認めた歴史的経緯によります．

ツォルンの補題　この補題を述べるには，順序関係について少し準備が必要です．集合 M に順序関係 $\leq$ が指定されている[9] とします．このとき，M の部分集合 A で，任意の $x, y \in A$ に対して $x \leq y$ または $y \leq x$ の少なくとも一方が成り立つならば，A は M の全順序部分集合であるといいます．そして M の任意の全順序部分集合 A 対して上界 $x_0 \in M$ [10] が存在するとき，M は帰納的順序集合であると定義します．そして，ツォルン (Max Zorn, 1906–1993) の補題とは「空でない任意の帰納的順序集合 M は極大元 m，すなわち $m \leq x$ かつ $x \neq m$ を満たす $x \in M$ が存在しないようなもの，を持つ」という命題です．

9) 任意の $x, y, z \in A$ について，反射律 $(x \leq x)$，反対称律 $((x \leq y) \wedge (y \leq x) \rightarrow x = y)$，推移律 $((x \leq y) \wedge (y \leq z) \Rightarrow x \leq z)$ が成り立つことを言います．

10) 任意の $a \in A$ に対して $a \leq x_0$ が満たされること．

5.2.2.2　選択公理から導かれる諸定理

ここではそれらの定理の一部を述べますが，多少専門用語を使わざるを得ません．未修の方は，とても基本的なことに関係しているという雰囲気だけでも感じ取っていただければよいと思いますが，用語の意味を手短に知るためには文献[74] も役に立つでしょう．証明も省略しますが，選択公理あるいはツォルンの補題から以下の諸結果を導くことは困難ではありません．ただし，これらのうちいくつかの定理で成り立つ，選択公理との同値性の証明はちょっと難しいです．

- 任意のベクトル空間は基底を持つ．
- 単位元[11] を持つ任意の可換環は極大イデアルを持つ．

11) ここでの「元」は要素の意味ですが，慣用として「元」を用います．

- 任意の可換体は代数的閉包を持つ.
- コンパクト空間の任意の直積位相空間はコンパクトである.(チホノフの定理)
- ノルム空間の部分空間上で定義された有界線型汎関数は, ノルムを変えずに全空間上の有界線型汎関数に拡張できる(ハーン–バナッハの定理).

これらの定理の導出には, ZF 集合論の下で選択公理と同値なツォルンの補題が用いられることが多いです. また, 上記の中で, ベクトル空間の基底の存在定理やチホノフの定理は ZF 集合論の下では選択公理と同値であることが知られています. その点も含めて, 田中[40, pp. 224-225] には, 選択公理と同値な主張あるいはそれから導かれる主張が多数, ダイアグラムとして整理されています.

このように, 多分野にわたって選択公理から得られる重要な結果が多く, その中には選択公理なしでは絶対に得られないものも含まれています. このため, 大多数の数学者にとっては, 直観的に納得しやすく証明の根拠として大変有用な, 選択公理を積極的に活用することが望ましかったのです. ただし, いくら正しそうに見えても, 選択公理を用いて数学的論証を重ねた結果として矛盾が得られるようだったら, 数学としては選択公理を認めるわけにはいきません. このことについては, 次の項で述べるように, 選択公理の提起から 30 年ほど経って, その心配がほぼないことが示されたのです.

5.2.3 選択公理の無矛盾性

一見自然そうでかつ有用な選択公理が, ひょっとして何らかの矛盾に導くのではないかという心配は, 不完全性定理で有名な K. ゲーデル[12] によってほぼ払拭されました. すなわち, 次の結果が 1938 年にアナウンスされ, 1940 年に完全な論文として出版されたのです：選択公理のない ZF 集合論が無矛盾ならば選択公理を公理として追加した ZFC 集合論も無矛盾である. [13]

ここで矛盾とか無矛盾と言われているのは公理的に整備され

[12] この人を抜きにしては 20 世紀の論理学を語れないような巨人です.

[13] この結果は, ZF 集合論に選択公理を追加することが無害であることを示していますが, ZFC 集合論そのものの無矛盾性は示していないことに注意.

た数学理論に関する性質です．問題にしている理論の言語で書かれるいかなる論理式 φ に対しても，φ とその否定 $\neg\varphi$ の両方が証明されることがないとき，その理論は無矛盾 (consistent) であると言われます．この主張を正確に述べるためには，正当な論理的推論の体系である 1 階述語論理と，それを前提とした集合論の公理系を具体的に完全に列挙しなくてはなりません．ZFC 集合論の公理系をただ羅列するだけなら 10 行程度で書けますが，述語論理の論理式や推論規則から始めて集合論の各公理の直観的な意味内容を述べると，かなりのページ数が必要です．詳しくは[41] あるいはさらに専門的な集合論の成書を参照していただきたいのですが，本書でも議論を正確に理解していただくために，集合論の公理系を次の項に述べておきます．

さて，ゲーデルの結果により，ZF 集合論から矛盾が生じないことが示されれば安心して選択公理を使えますが，ZF 集合論の公理のそれぞれは集合の存在についての非常に控えめな主張ばかりなので矛盾は生じそうもありません．しかし実はゲーデル自身が 1931 年に示していた第 2 不完全性定理により，ZF 集合論が矛盾を生じないことは証明できません．そのため結局は究極の安心を得ることは無理ですが，すでにおよそ 1 世紀のあいだ ZF 集合論や ZFC 集合論を使い続けて矛盾は得られていません．そして現代の数学者のほとんどは，分野にもよりますが，選択公理の恩恵は受けつつも直接に選択公理を使用する機会はさほど多くなく，矛盾の心配をするよりも，絶え間ない数学の進歩に接しその一翼を担うことに忙しくしていると思います．また，万一 ZFC 集合論が矛盾を導いたとしても，今日の数学の本質的部分は何らかの形で保持されるという自信も持っていると思います．

さらに言うと，P. コーエン[14] によって 1963 年に，ZF 集合論が無矛盾ならば，選択公理の否定を ZF 集合論の公理系に追加しても無矛盾であることも証明されています．[15] したがって心理的な納得を別にすれば，選択公理を認める数学と認めない数学は両方とも同じ論理的正当性を持っていることになりますが，多くの成果を生み，直観的にも抵抗がほとんどない選択公理を認めるほうが自然であると思います．

[14] Paul Cohen (1934–2007)，選択公理の否定は ZF 集合論に矛盾しないことを画期的な手法 (forcing) によって解決し，フィールズ賞を受賞．コーエンは論理学の組織的な教育を受けたことはなく，調和解析の研究で最初の成果を挙げました．

[15] このあたりのことは，田中[40] を参照してください．

注 5.3. (1) ゲーデルとコーエンの結果を合わせると，選択公理のZF集合論からの独立性（否定も肯定もZF集合論では証明されないこと）が証明されただけでなく，カントールが提起して以来未解決だった「連続体問題」[16] の独立性も示されています．

(2) 選択公理によって多くの問題が解決されましたが，選択公理をもってしても解決できない問題も存在します．連続体問題もその一つですが，筆者の知る範囲では，作用素環論にはそういう問題がいくかあります．また，代数学ではアーベル群に関するホワイトヘッドの問題[17] が有名です．

16) 実数の無限部分集合は可算集合でなければ実数全体と対等（1対1対応が存在する）になるのではないかという問題．閉集合などを含む，ボレル集合というある程度制限された部分集合のクラスについては，答は肯定的です．

17) アーベル群 A について，任意の完全系列 $0 \to \mathbb{Z} \to B \to A \to 0$ が分裂するならば A は自由群であるかという問題．

5.2.4 集合論の公理系

以下に列挙する (1) から (8) までがZF集合論の公理系で，それに (9) の選択公理を追加したものがZFC集合論の公理系です．しかしこれらの公理には見やすくするための工夫が入っていますし, 集合論における論理式についての説明も必要なので, 公理と合わせて次の事項にも目を通してください ([41, §4.4],[40, 第4章] 参照のこと).

- 論理学的な理論としての集合論は，述語としては等号 $=$ 以外にただ一つの2変項述語 $\in$ を持った体系です．これをもとに，述語論理の論理記号 $\vee, \wedge, \Rightarrow, \neg, \forall, \exists$ を用いて組み立てられた主張が，集合論における**論理式** (well-formed formula) です．これらの論理記号は順に,「または」,「かつ」,「ならば」,「でない」(否定),「任意の $\sim$ について」「ある $\sim$ について」に対応しています．対応していると書いたのは，これらの記号は「または」などの言葉の代用ではなく，本来的には意味のない記号と見るべきだからですが，代用と解釈するのが自然なように，述語論理の推論規則や論理の公理が定められます．[18] また，論理式 φ, ψ に対して $\varphi \Leftrightarrow \psi$ は $(\varphi \Rightarrow \psi) \wedge (\psi \Rightarrow \varphi)$ の略記です．$\Leftrightarrow$ は長い形 $\Longleftrightarrow$ を使うこともあります．
- 論理式も，意味を参照して論理式かどうか定まるのではなく，$x = y$ や $x \in y$ は論理式であると認め，それから「φ が論理式ならば $\neg\varphi$ も論理式である」，とか「φ, ψ が論理式なら

18) たとえば，論理式 p と $p \Rightarrow q$ から q を導く推論を正しいものとしておくのです．

ば $(\varphi)\lor(\psi)$ も論理式である」,「φ が論理式ならば $\forall x\,(\varphi)$ と $\exists x\,(\varphi)$ も論理式である」などとして,帰納的に論理式を定義するのです.論理式は公理系の中では「置換公理」の記述に欠かせません(括弧の使用についてはいろいろな流儀がありますが,以下では紛らわしくなければ省略することにします).

- 以下では論理的な変数(変項)に x, y などを使っていますが,個数に限界があるので,正式には v_0, v_1, v_2 などの添字を付けたものに固定します.
- 論理式 φ に含まれる変項 x に対して,φ の中には $\forall x$ あるいは $\exists x$ が現れていないとき,[19] x は(φ の中での)自由変項といいます.日常の言語表現で言えば,x が「任意の」や「ある」で修飾されていないことに対応します.自由変項でない変項は束縛変項といいます.自由変項を含まない論理式を文または閉論理式と言い,適切な解釈の下では真偽を問い得る主張となります.数学理論の公理はすべて閉論理式から成っています.
- (7) の「置換公理図式」は,論理式 $\varphi(x,y)$ ごとに異なる形になるので,それらをすべて公理とする,という意味で図式と名付けられています.また,$\varphi(x,y)$ という表現は,「x, y を自由変項とする論理式」という意味ですので,本当に最後の部分が (x,y) という記号列になっているわけではありません.もう一つ,$\varphi(x,y)$ はパラメーターのように他の自由変項を含む場合を許しますが,その場合は (7) に書かれた形では閉論理式になりません.そのときは (7) の式の前に,$\varphi(x,y)$ に現れる自由変項(代表して p とする)すべてに対して $\forall p$ を並べたものを公理とします.[20] なお,テキストによっては置換公理図式が少し異なる形に述べられていることがありますが,その場合でも公理系全体として見ると以下に述べる形と同値になっています.
- (6) と (8) で空集合の記号 $\emptyset$ を使っていますが,(1) の外延性の公理から (5) で存在を保証された空集合は一意的に定まるので,それを $\emptyset$ で表す,とするのが通常の考え方です.ただ,「それを $\emptyset$ で表す」というのは形式的な集合論の言語(等号,$\in$ と変項および論理記号のみを用いる)の中では表現できないので,正

19) 実は,出現場所にかかわらず単に変項 x に言及したり,「現れていない」とすると少し問題があるのですが,今は気にしなくてよいでしょう.

20) このように,論理式に現れる自由変項すべてを $\forall$ で束縛して得られる論理式を,最初の論理式の全称閉包 (universal closure) といいます.

式には略記として扱います．たとえば，$x=\emptyset$ は $\forall y\,\neg(y\in x)$ のことですし，$\emptyset\in x$ は $\exists y\,\bigl((\forall z\,\neg(z\in y))\wedge(y\in x)\bigr)$ の略です．

- (2) の対の公理は，任意の x, y に対してちょうどそれだけを要素に持つ集合の存在を述べていますが，外延性の公理によってこの集合は一意的に定まるので，これを $\{x,y\}$ で表します．特に $\{x,x\}$ を $\{x\}$ と書きます．ただし，これらも空集合の場合と同様に，略記であり，$z=\{x,y\}$ は正式には $\forall v\,(v\in z\Leftrightarrow(v=x\vee v=y))$ のことです．$z\in\{x,y\}$ や $\{x,y\}\in z$ も，やはり等号と $\in$ および論理記号のみを用いた論理式で書き換えたものが正式の表現となります．さらに，数学でよく用いられる順序対 (a,b) も，$\{a,\{a,b\}\}$ として集合論の中で表現できます．読者はこの定義によって $(a,b)=(c,d)$ が「$a=b$ かつ $c=d$」と同値であることを示してみるとよいでしょう．

  (3) の和集合の公理で存在が主張されているものは，通常 $\bigcup x$ で表されるものです．集合 x の要素はみな集合なので，x は集合の集まりであり，それらの集合の要素を平等にひとまとめにした集合が $\bigcup x$ です．自然数が集合論の中で定義されたとして，$x=\{\{1\},\{2,3\}\}$ だったとすると，$\bigcup x$ は $1,2,3$ を要素とする集合となります．[21]

- ベキ集合の公理では集合の包含関係 $z\subset x$ が用いられていますが，これは $\forall v\,(v\in z\Rightarrow v\in x)$ の略です．また，無限集合の公理では，和集合の記号を用いた $y\cup\{y\}\in x$ が使われています．一般の $y\cup z$ は対の公理から定まる集合 $\{y,z\}$ に和集合の公理を適用した $\bigcup\{y,z\}$ のことであり，y と z の要素を合わせてできる集合です．

  また，選択公理と正則性公理では等号の否定 $\neq$ が使われていますが，$x\neq y$ は $\neg(x=y)$ の略です．

- 選択公理において用いられている $\exists!v$ は一意的な存在の主張です．一般に $\exists!x\,Ax$ は '$(\exists x\,Ax)\wedge\forall y\forall z\,(Ay\wedge Az\Rightarrow y=z)$' の省略です．最後に，(9) における選択公理の記述では文字 x が量化子で修飾されていないのですが，これは印刷上の理由と見やすさのためであり，本来は全体に $\forall x$ が掛かってい

[21] 通常の記法では $\bigcup x=\{1,2,3\}$ となります．

ます．

集合論の公理

(1)（外延性の公理）$\forall x \forall y\, (\forall z\, (z \in x \Leftrightarrow z \in y) \Rightarrow x = y)$

(2)（対の公理）$\forall x \forall y \exists z \forall u\, (u \in z \Leftrightarrow z = x \vee z = y)$

(3)（和集合の公理）$\forall x\, \exists y \forall z\, (z \in y \Leftrightarrow \exists u\, (z \in u \wedge u \in x))$

(4)（ベキ集合の公理）$\forall x\, \exists y \forall z\, (z \in y \Leftrightarrow z \subset x)$

(5)（空集合の存在）$\exists x \forall y\, \neg(y \in x)$

(6)（無限集合の公理）$\exists x\, \Big(\emptyset \in x \wedge \forall y\, (y \in x \Rightarrow y \cup \{y\} \in x)\Big)$

(7)（置換公理図式）x, y を自由変項とする論理式 $\varphi(x, y)$ に対して，v を $\varphi(x, y)$ には現れない変項として，次の論理式を公理とする：[22]

$$\forall u\, \Big(\forall x\, (x \in u \Rightarrow \forall y \forall z\, (\varphi(x,y) \wedge \varphi(x,z) \Rightarrow y = z)) \Longrightarrow \exists v\; \forall y\, (y \in v \iff \exists x\, (x \in u \wedge \varphi(x, y))\Big)$$

[22] p. 267 における置換公理についての注意参照．

(8)（正則性公理）$\forall x\, \Big(x \neq \emptyset \Rightarrow \exists y\, (y \in x \wedge \forall z\, \neg(z \in y \wedge z \in x))\Big)$

(9)（選択公理）

$$\big(\forall y\, (y \in x \Rightarrow y \neq \emptyset)\big) \wedge \big(\forall y \forall z\, (y \in x \wedge z \in x \wedge y \neq z) \Rightarrow y \cap z = \emptyset\big) \Longrightarrow \exists u\, \big(u \subset \bigcup x \wedge \forall y\, (y \in x \Rightarrow \exists! v\, (v \in u \wedge v \in y))\big)$$

公理についての解説

公理からの演繹的体系の中では，論理式は意味内容とは独立に扱われるものであり，強く言えば意味のない記号列にすぎません．とは言え，何を公理とするかを含め，意味をまったく考えないままでは，わざわざそんなものを考える甲斐がありません．集合論の公理も，誕生の当初「範囲のはっきりした，ものの集まり」と考えられていた集合が満たしていると考えられる性質を取り出したものです．この，「ものの集まり」程度の素朴な考えでの集合について学んだことのある人にとっては，上に挙げた (1) から (5) までの公理は当然成り立っていると思える，最低限の性質であると思われます．

(6) の無限公理は，$\underline{0} = \emptyset$, $\underline{1} = \{\emptyset\}$, $\underline{2} = \{\emptyset, \{\emptyset\}\}$ から始めて $\underline{n+1} = \underline{n} \cup \{\underline{n}\}$ として，すべての非負整数 n に対して集合 $\underline{n}$ が定義できて，その全体が集合をなすことを保証するものです．これによって自然数を集合論の中で構成できて，それから有理数，実数と進んで普通の数学が集合論で展開できるようになります．[23] とは言え，すべてを等号と所属記号 ($\in$) と論理記号だけで記述するのは現実的には不可能であり，いろいろな略記法を用いることによって，私たちが通常見かける数学になるのです．

23) 文献[6] にはこのあたりが丁寧に説明されています．

置換公理図式は，本章の始めで問題とした，数列の「存在」認定にも絡む重要なものなので後回しにして，(8) の正則性公理について説明しますと，これはほかの公理がすべて，ある集合の存在を主張しているのに比べて極めて異質です．この公理は集合の「成り立ち」に関する主張と言えますが，集合論の展開においては非常に大事なものです．しかし，集合論以外の分野の数学ではまったく使われないと言っても過言ではないと思います．筆者もお世話になったことはありませんし，解析学方面の論文や講演では一度も接したことはありません．実際，集合論の専門家も著書で「集合論の中で数学を展開するにあたって基礎の公理[24] は全然関連してきません」（[16, p. 100]）と述べているくらいです．

24) 正則性公理の別名です．

(9) の選択公理は，(5.2.2) と異なる形に述べてありますが，他の公理の下で (5.2.2) と同値です．こちらの形はツェルメロが 1908 年に提起したもので，写像を持ち出さず集合の言葉で直接的に述べられています．内容的には，「集合 x のすべての要素が空でない集合で互いに交わらないならば，それらの各要素から各々一つだけ選んでできる集合が存在する」という主張になりますが，もちろん公理には「選んで」ということに対応する表現は含まれていません．

いよいよ「置換公理図式」の説明に入りますが，ZF 集合論の公理の中でこれだけが写像に関係していて，この章の始めに問題にした，数列の存在に関わっています．簡単のために，x, y の他にパラメーターとしてもう一つ p が論理式 φ の自由変項であるとします．そのため φ を必要に応じ $\varphi(x,y,p)$ と書くことにします．この $\varphi(x,y,p)$ を用いた置換公理の大きめの括弧の中は条件文で，前提条件は

$$\forall x\,(x\in u\Rightarrow\forall y\,\forall z\,(\varphi(x,y,p)\wedge\varphi(x,z,p)\Rightarrow y=z))$$

となっています．これは（p を任意に固定して考えたとき）「$x\in u$ とすれば $\varphi(x,y,p)$ を満たす y は存在しても高々一つしかない」という主張に対応しています．そして結論のほうは，「集合 u のある要素 x に対して $\varphi(x,y,p)$ を満たすような y の全体と一致する集合 v が存在する」ということを表現しています．ここで「v は φ の中には現れない変項とする」という制限があるのは，今の説明中のようにパラメーター p を持つ場合に，v を p と書いてしまうと本来意図していない意味になってしまうからです．

以下に，置換公理図式から導かれる事柄のうち，本書の内容と関係の深いことをいくつか紹介します．

5.2.5 置換公理図式から得られること

直積集合の存在　A, B を集合として，[25] $a\in A$ をパラメータとする論理式 $y=(a,x)$ を考え，これを $\varphi(x,y,a)$ で表します．任意の $x\in B$ に対して，$\varphi(x,y,a)$ という主張は $y=(a,x)$ と同じであり，対の公理と外延性公理によって (a,x) は一意的に定まります．よって置換公理図式によって，$x\in B$ に対する (a,x) の全体は集合として存在します．これは通常は $\{a\}\times B$ と書かれるものです．次に論理式 $y=\{a\}\times B$ に置換公理図式を適用すると，$x\in A$ に対する $\{x\}\times B$ の全体は集合 C を成します．さらに C に和集合の公理を適用すれば，$x\in A$ と $y\in B$ に対する (x,y) の全体が集合となり，それが直積集合 $A\times B$ です．なお，実のところ直積集合の存在証明には，置換公理図式そのものは必要がなく，次項で置換公理図式から導かれる（それより弱い主張である）分出の公理と，対の公理，和集

25) 集合論の中では，これは A, B が変項あるいはすでに定義された集合であるという意味．

合の公理およびベキ集合の公理から示すことができます．

分出の公理 A が集合で，$\varphi(x)$ が x を自由変項とする論理式とします．このとき，置換公理図式により，$x \in A$ で $\varphi(x)$ を満たすようなものの全体が集合になることが示されます．この集合は，ふつう $\{x \in A \mid \varphi(x)\}$ と書かれるものです．このことは，論理式 $\varphi(x) \wedge y = x$ についての置換公理図式を用いて示すことができます．

写像の存在 $\varphi(x, y)$ は x, y を自由変項とする集合論の論理式とします（他の自由変項があってもよい）．さらに集合 A について，任意の $x \in A$ に対して $\varphi(x, y)$ が成り立つ y が一意的に存在するとします．このとき $x \in A$ に対して $\varphi(x, y)$ が成り立つような y を仮に $f(x)$ で表すことにします．この f はまだ正式な写像とは認定できず，仮に導入した略記です．この仮定の下では，置換公理図式から $x \in A$ に対する $f(x)$ の全体が集合 B として存在します．よって直積集合 $A \times B$ が存在しますが，分出の公理によって $\{(x, y) \in A \times B \mid y = f(x)\}$ も集合となり，f が A から B への写像として存在が認められることになります．ただし，$\varphi(x, y)$ が x, y 以外の自由変項を含むときは，それらの自由変数を任意に指定するたびに写像が得られる，ということになります．念のために述べますと，集合論的には A から B への写像とは，そのグラフである $A \times B$ の部分集合を指すのでした．[26]

ZF 集合論で存在を認められる数列 (1) から (8) までの ZF 集合論の公理で，数列（これは自然数の集合 $\mathbb{N}$ から実数への写像）の存在に直接に関係あるものは，置換公理図式またはその系の分出の公理しかないことが分かると思います．そして，すぐ上で見たように確かに置換公理図式は ZF 集合論の中で写像の存在を認めることにつながっています．しかし写像として認められるのは，論理式 $\varphi(x, y)$ があって，x に対して $\varphi(x, y)$ という主張を満たすただ一つの y があるときに限っていて，そのときに x から y への対応が写像として存在を認められます（x の動く範囲はある集合上に制限します）．ここまでの話では $\varphi(x, y)$ は等号と所属関

26) 初等的には A から B への写像 f からそのグラフ $\{(x, f(x)) \mid x \in A\}$ が定まるという感覚ですが，集合論の立場からはグラフそのものが写像と考えます．すなわち，$A \times B$ の部分集合 G があって，任意の $a \in A$ に対して $(a, b) \in G$ となる $b \in B$ が一意的に定まるとき，G は A から B への写像を定めるといいます．

係と論理記号からなる集合論の言語で書かれているとしていました．しかし自然数から微積分に至るまで集合論内で展開できますので，集合論の言語に比べて「高級言語」[27)] である微積分の言葉で $\varphi(x, y)$ が述べられていてもよいのです．このように言語を拡張しても，置換公理図式から写像として認められるのは，x に対して陰関数的に関連することが明確に記述される y に写すものしかないのです．これではあまりに不自由なのは分かると思いますが，その不自由を緩和するために選択公理が導入されて，非常に役に立つ一方で，意外な結果も導くというわけです．

27) ここで「高級」と言っているのは価値判断のことではなく，プログラム言語におけるアセンブリ言語と高級言語の関係との類比です．

5.3 論理に「選択すること」を取り入れると？

「何かの性質を持っているものが存在する」ということから，そのようなものをどれか一つ選ぶという操作は当たり前で問題のないように思えます．しかし数学ではとても慎重に扱い，これまで示したように集合論の中で選択公理という形でのみ認めることにしてきました．とは言うものの，筆者はこの「存在しているもののうちから何かを選ぶ」というのは，集合論以前の，存在を取り扱う論理のレベルの話ではないかということを感じていました．実際，選択公理を提起したツェルメロ自身もその後続けた研究では，選択公理を集合論の公理には含めず「一般的な論理法則 (“general logical principle”)」として認めていたと言われています ([90, p. 189])．さらに時代をさかのぼると，集合の考え方自体が論理学の一部と考えられていました（たとえば藤田[60, p. 111] はデデキントについてそのように述べています）．しかしここでは，ツェルメロ以後の論理学の発展期に考えられた，「存在しているもののうちから何かを選ぶ」ということを論理の中に取り入れる試みを見てみましょう．

論理の一部としての「選択」 論理の中で直接「選択すること」を扱うことは，最初はヒルベルト・ベルナイス（[59] [28)]）で数学理論の無矛盾性を示す「ヒルベルト・プログラム」の一環と

28) 証明は書かれていませんが，[81] のほうが読みやすいです．

して導入されましたが，その後ブルバキ[29]によって τ-項として再び取り上げられました．

τ-項の定義に進む前に，以前に集合論に限って説明した論理式についてもう少し述べておきましょう．詳しくは論理学の書物[30]に任せますが，ある数学の理論を考えたとき，そこにおける論理式とは，論理的な変数や定数の記号，写像や関係[31]の記号をその理論の記述に必要なだけあらかじめ用意し，それらの記号を（適当に括弧の使用を許して）$\forall$ や $\exists$ などの論理記号（等号を含む）とともに，**まともな順序**で並べた記号列を指します．ここで言う「まともな順序」とは，記号にしかるべき解釈を与えたとき意味が通るような順序なのですが，実は意味や解釈に関係なく純粋に記号の組み合わせだけで定義されます．論理学的には，帰納的定義によって論理式が定められますが，たとえば可換環の理論（自然数の理論でもよい）を考えましょう．このとき積の記号 $\cdot$ と和の記号 $+$ や加法の単位元 0 という記号は必須ですが，x, y, z を変項として，$x + y \cdot z = 0$ は普通に解釈できる論理式となる一方，同じ記号の順番を変えた $+ = y \cdot 0zx$ は論理式ではありません．また，理論の公理は論理式で表現され，公理から論理的推論によって得られる論理式がその理論の定理となるのです．

さて，ブルバキの τ-項について典型的な場合だけ説明すると，$A(x)$ が x を自由変項とする論理式であるとき，$\tau_x A(x)$ という記号を導入します．この形の式が τ-項です．[61] では，$A(x)$ の先頭に記号 τ を置いて，$A(x)$ の中のすべての x と τ を線で結び，その後 x を特殊記号（四角形）で置き換えています．そのため $\tau_x A(x)$ には文字 x は現れていません．[32] そして $\tau_x A(x)$ についてのヒルベルトらのもともとの考えでは

$$\exists x\, A(x) \Rightarrow A(\tau_x A(x))$$

という論理式をすべて公理に追加するのです．これは意味としては，$A(x)$ を真とする x が存在するなら $\tau_x A(x)$ はその一つを指しているということになります．$A(x)$ を真とする x が存在しないなら，$\tau_x A(x)$ は何であってもかまいません．同じことですが，実は[61] では $\exists x\, A(x)$ そのものを $A(\tau_x A(x))$ で定

29) 1930 年代後半から活動を始めたフランスの数学者集団．ユークリッド『原論』のように現代数学を組織的に記述する『数学原論 (*Éléments de Mathématique*)』の刊行に努め，数学は「構造を与えられた集合に関する理論」と見なす立場を打ち出しました．

30) たとえば[41] は読みやすいと思います．

31) たとえば所属関係 $\in$ や大小関係 $\leq$ など．

32) こうしておくと，同じ文字に τ が二重にかかることを防げます．

義しています．

特に a を空でない集合として，集合論における論理式 $x \in a$ に対する τ-項 $\tau_x(x \in a)$ は集合 a の要素の一つを指しています．よって，τ-項の導入は空でないすべての集合から，一つの要素を選び出すことを論理的操作として認めることになっています．そして，τ-項を導入して**選択公理を除いた集合論の公理（特に置換公理図式）**[33] **を τ-項の入った論理式も許容する形に拡張すると**，選択公理は公理ではなく定理として証明されます（[61, p. 106] 命題 6）．だからといってブルバキの提案するように τ-項を許容する論理学を受け入れるべきかというと，問題はそれほど簡単ではありません．ブルバキは，通常は論理の公理として前提されている等号の性質 $\forall x\,(x = x)$ などを導くのに，τ-項の「外延性」(extensionality) と呼ばれる次の性質を仮定しています：

$$\forall x\,(A(x) \Leftrightarrow B(x)) \Rightarrow \tau_x A(x) = \tau_x B(x).$$

つまり，「$A(x)$ を満たす x の任意の一つ」を $\tau_x A(x)$ で表すことから出発したのに，$A(x)$ を満たす x の全体と $B(x)$ を満たす x の全体が「たまたま」一致するときは，$A(x)$ と $B(x)$ に対して同じものを選ばなければならないということまで要求しているのです．これを自然なものとして受け入れるべきかどうかは問題ですし，τ-項を取り入れた論理学を定義に忠実に実践することは現実的には記号が複雑になりすぎて無理です．また，「空でない一つの集合から任意に一つの要素を選んで名前を付ける」という操作は，次節に見るように通常の 1 階述語論理上で実質的には扱えていますし，無限個の選択でもやはり 1 階述語論理上の選択公理で用が済みます．これらが理由だと思いますが，τ-項は数学を支える言語としてはこんにち，まったく顧みられることはありません．[34] ただし，論理学にこの τ-項やその他の形で「選択」を取り入れる研究は現在まで続いています．

33）ブルバキの集合論では置換公理図式に当たるものは公理としていますが，正則性公理は除外されています．

34）ブルバキ自身ですら，集合論以外の著書では τ-項を使っていません．

無限個の選択：論理法則か存在公理か　τ-項を導入して 1 階述語論理を強化した場合は，ZF 集合論の公理系をそれに伴った形にすれば，たしかに選択公理は定理となり，無限個の自由な選択を論理のレベルで保証できています．しかし τ-項を全面的に取り入れることには上記のような問題がありますし，論理の一部としてしまうと硬直的になるので，よほどの必然性がないと認めるのは困難です．

一方，選択公理として，無限個の自由な選択を集合論における存在公理として表現することは，有用性と柔軟性を兼ね備えています．有用性については，集合論の枠内で展開される数学において十分に示されていますが，柔軟性としては，選択公理よりも弱い存在公理をいろいろな形で考察できるようになる[35]ことが挙げられます．実際，近年「逆数学」という名称が知られるようになってきましたが，たとえば連続性の点列による特徴付けや「ワイエルシュトラスの最大値定理」などのよく知られた定理の証明には，ふつうは（可算）選択公理を用いていますが，これをどこまでもっと弱くて安全な存在公理に置き換えられるのかということが解明されています．[36]

結局，無限に関わる存在主張の論証には，有限の対象だけを扱っていたときには必要なかった，新しい根拠が必要なのですが，それに論理法則のレベルで対応するか，それとも存在公理の導入によるのかという選択になります．そして現実の歴史では，選択公理による対応が選ばれてきたと言えるでしょう．

[35] 逆に選択公理よりも強い存在主張の扱いも可能．

[36] [29] 参照．ただしこれらの議論では，実数の定義を改める必要が生じる場合もあります．

注 5.4. (1) ゲーデルによる「ZF 集合論が無矛盾ならば ZFC 集合論も無矛盾」という定理の証明は次のことを示しています：ZF 集合論が無矛盾ならば，構成可能性公理という公理を ZF 集合論の公理に追加しても無矛盾[37]で，そのときは外延性を満たす τ-項と同様な役割をする，任意の空でない集合からその一つの要素を指定するような広義の写像[38]の存在が **1 階述語論理の下で**示され，選択公理が定理として証明されます．これは構成可能性公理という強い要請を付加した場合の話で，もちろん ZF 集合論で選択公理が証明されるわけではないことは強調する必要があります．

(2) ZF 集合論の公理を τ-項の入らない元の形にしたままでは，論理に τ-項を取り入れても選択公理は定理にはなりません．実際，コーエンの結果によって選択公理は ZF 集合論の定理に

[37] この結果は構成可能性公理を満たすモデルを構成するという方法により示されます．

[38] 集合論において写像とは，集合を定義域とするものですが，空でない集合の全体は集合にはならずクラスになります．そのため「広義の写像」と言っていますが，「クラス関数」ということもあります．

はなりませんが，もしも論理に τ-項を導入したなら ZF 集合論の定理になったとしましょう．しかし[59] によって，公理に τ-項が入っていないなら，τ-項（同書では ε-項）を用いて証明できるような，τ-項を含まない論理式は τ-項を用いずに証明できることが示されているので，これはコーエンの結果に反してしまいます．

5.4 通常の 1 階述語論理で選択を扱うこと

ここまで，可算個の空でない集合から一つずつ選んで点列を作る，ということの論理的正当性の問題から始めて，その一般化を集合論の選択公理として認めるという話と，もっと一般に τ-項の導入による統一的な選択の記述の試みとその問題点を扱ってきました．この節では改めて通常の 1 階述語論理の中で選択を扱うことの可能性と限界について考えます．

5.4.1 一つの集合から要素を選ぶことについて

論理に敏感な読者は「一つの空でない集合から任意にその一つの要素を取り名前を付ける」という数学の証明でよく使われる論法も，無限個の選択の場合と同様に，それを形式化された述語論理の中で表現することは不可能ではないかと心配になるでしょう．実際，現在のところ証明で普通に認められている 1 階述語論理の体系では τ-項のようなものはないので，そのような操作を直接に表すことはできないのです．それではこの論法は使えないのかと思われるかもしれませんが，述語論理の祖であるフレーゲ (Gottlob Frege, 1848–1925) 以来，間接的な方法でこれを認めているのです．具体的には，自由変項 x を含む論理式 $A(x)$ があって，a を含まないような他の論理式 B に対して $A(a) \Rightarrow B$ が証明されるならば，$\exists x A(x) \Rightarrow B$ を導いてよい，という推論規則を認めているのです．[39]「B が a を含まない」ということが肝心ですが，この推論の趣旨は，「まったく素性が不明の a であっても，$A(a)$ さえ満たされていればそれを根拠に B を導くことができるならば，$A(x)$ を満たす x が存

[39] 直接にこの規則を認めていない論理体系もありますが，その場合も結局はこの推論は正当化されています (参考：[16] 補題 II.11.8)．

在さえすれば B が導ける」ということです．[40] これは「$A(x)$ を成り立たせるような x が存在するとき，その一つを選んで a とする」という論法について，「本当に a を決定する必要はなく，仮に選んでおけば十分」という場合を認めているということなのです．[41] 別の言い方をすると，この推論規則は，新しい定数項 a を導入して $A(a)$ を仮定すると B が証明されるならば，$\exists x A(x)$ を仮定しても B が導かれると認めているのです．

この論証法を繰り返し用いると，有限個の空でない集合 $A_1, \ldots, A_k$ が与えられたとき，**有限個の主張** $a_i \in A_i$ $(i = 1, \ldots, k)$ から a_i をまったく含まない主張 B が証明されるならば，$(A_1 \neq \emptyset) \wedge (A_2 \neq \emptyset) \wedge \cdots \wedge (A_k \neq \emptyset)$ から B が導かれることも分かります．これは，有限個の集合について一時的に A_i の要素 a_i を選ぶことが正当化できることを示しています．特に B として $\prod_{i=1}^{k} A_i \neq \emptyset$ とすることができて，選択公理の添字集合 Λ が有限集合の場合を定理として導けることが言えます．

40) 実例としては次のようなものです．f が実数全体で定義された実数値連続関数で $f(0) > 0$ とします．このとき，何かはまったく不明な実数 a に対して $f(a) < 0$ だとすると，0 と a の間で中間値の定理を用いて，$\exists x f(x) = 0$ という a を含まない主張が証明されます．これから $\exists y f(y) < 0 \Rightarrow \exists x f(x) = 0$ が証明されるわけです．

41) 文献[97] の III.3 節も参考になります．[16] はこの本の初版の翻訳のためこの節が欠けています．

注 5.5. キューネン[97, III.3] は，任意の論理式 φ に対する $\forall x \neg\varphi \Leftrightarrow \neg\exists x\, \varphi$ をすべて論理的公理と認めるならば，$\exists x\, Ax$ を利用する際に Aa が真となるような a を選ぶ必要がないことを示しています．始めに，ψ を変項 x と文字 a を含まない論理式とするとき，不定な a に対する Aa から ψ が導けることは $\forall x\,(Ax \Rightarrow \psi)$ が証明できることと同値になることに注意します（全称汎化）．そして $\forall x\,(Ax \Rightarrow \psi)$ と $\neg\psi$ から $\forall x \neg Ax$ が，何かを選んだりすることなく，導かれます．$\forall x \neg Ax$ の否定は $\exists x\, Ax$ なので（ここで排中律と最初に述べた仮定を用います），このことは $\exists x\, Ax$ と $\forall x\,(Ax \Rightarrow \psi)$ から ψ が導かれることを示しています．よってまったく選んでいない不定の a について $Aa \Rightarrow \psi$ が証明できるとき，$(\exists x\, Ax) \Rightarrow \psi$ が導かれました．このように証明の問題は，論理的公理や推論規則をいかに選ぶかということに依存しています．

5.4.2 改めて可算無限回の選択を考える

それでは x を自由変項に持つ可算個の論理式 $A_n(x)$ $(n =$

$1, 2, \ldots$) の場合はどうでしょうか．上の議論を延長して考えると，各 n に対して新しい定数 a_n を用意して，$A_n(a_n)$ ($n = 1, 2, \ldots$) のすべてを仮定に置いて B (a_n をまったく含まない論理式) を論理的に導ければ，$\exists x A_n(x)$ ($n = 1, 2, \ldots$) から B が導けるとしてよさそうです．ところが証明は有限な長さの記号列でなくてはいけないので，$A_n(a_n)$ の全部を利用することはできません．しかし $\forall n\, A_n(a_n)$ (任意の n に対して $A_n(a_n)$) という一つの論理式で $A_n(a_n)$ の全部と同じ効果があるように思えます．つまり，$\forall n\, A_n(a_n)$ という仮定から a_n をまったく含まない論理式 B が導かれれば，$A_n(a_n)$ ($n = 1, 2, \ldots$) から B が導かれたことになり，結局 $\exists x A_n(x)$ ($n = 1, 2, \ldots$) から B が導かれることになるような気がします．これで可算無限回の選択も論理的に正当化できそうですが，実はこの議論は 1 階述語論理における証明という観点からは無効なのです．その理由は，$n = 1, 2, \ldots$ に対する $A_n(a_n)$ の全体が $\forall n\, A_n(a_n)$ と**論理的に同値**になるという，一見正しそうなことが二重の意味で無理な主張だからです．

確かに，素朴に意味を考えたときは，$n = 1, 2, \ldots$ のすべてについて $A_n(a_n)$ を仮定するのと $\forall n\, A_n(a_n)$ を仮定するのは，ともに「すべての自然数 n について $A_n(a_n)$ を仮定する」という意味なので同値であるように思えます．このことは，$n = 1, 2, \ldots$ という普通の自然数のみを考えていて，$\forall n$ の n も普通の自然数の全体を動くものと思うことから来ていて，自然な感覚ではあります．しかしこの考えは，「普通の自然数全体」というモデルに基づいた無限に関わる判断であり，通常の 1 階述語論理の範囲で $n = 1, 2, \ldots$ に対する無限個の $A_n(a_n)$ から $\forall n\, A_n(a_n)$ を導くことは一般には不可能です．なぜならば，もし証明できたとすると，証明には有限個の論理式しか登場しないので，有限個の $A_n(a_n)$ から $\forall n\, A_n(a_n)$ が証明できることになり，明らかにこれは成り立ちません．さらに，「ペアノ算術」という自然数の理論をうまく拡張すると，その理論内のある命題 $B(n)$ で，$n = 1, 2, \ldots$ に対して $B(n)$ が真で $\forall n\, B(n)$ が偽となるものが作れることが知られています．[42] 不思議に思えるかもしれませんがこれは，数学的対象を何らかの意味で「実在」すると

[42] この事実はゲーデルの不完全性定理の証明で導入された，ω-無矛盾性という概念に関係しています(前原[67, p. 136])．

考えて，その研究のために論理を使用するという感覚と，1 階述語論理で形式化された理論とのギャップの現れなのです.[43] より詳しく言うと，自然数 $1, 2, 3, \ldots$ だけを記述する理論を作り上げたつもりでも，1 階述語論理では「無限大の自然数」のような想定外の存在を排除できないのです.

[43] 1 階述語論理で形式化された理論自体は，何について語っているのかを一般には「知らない」（一意的に規定できない）のです.

話を元に戻すと，重要なこととしてそもそも $\forall n\, A_n(a_n)$ 自体が，記号列として，問題としている数学の理論における論理式にはなりません．実際，$\forall n\, A_n(a_n)$ が論理式となるには，$A_n(a_n)$ が n を変項とする論理式でなければいけませんが，それにはまず a_n が n を変項とする項 (term)[44] であることが必要です．しかしそれは成り立っていないので，$A_n(a_n)$ は n を変項とする論理式ではなく，したがって $\forall n\, A_n(a_n)$ は論理式にならないのです．もしも a_n を，n を変項とする項としたいなら，n から a_n への対応を新しい関数と認めなくてはいけませんが，それは各 A_n から一つの要素 a_n を選ぶ選択関数の存在を認めることになってしまいます.[45]

[44] 個物を表すと解釈される記号列ですが，詳しくは下の注 5.6 を見てください.

[45] 形式化された理論としては，可算個の新しい定数記号と一つの新しい関数記号を追加することになります.

以上のように，可算無限個の選択を 1 階述語論理の推論規則の範囲内だけで正当化するのは不可能で，（可算）選択公理の使用は避けられないことが分かります.

注 5.6. 1 階言語（定数記号，関数記号，述語記号）が与えられたとき,[46] 1 階述語論理上でこれらにより定まる項とは，ある対象を表すと解釈されるような記号列ですが，そのような意味づけとは離れて，次のように帰納的に定義されます.

[46] 論理記号と変数記号は別枠で定まっているとします.

1. 定数記号，変数記号（変項）は項である.
2. f が n 変数の関数記号であり，$t_1, t_2, \ldots, t_n$ が項であるとき，$f(t_1, t_2, \ldots, t_n)$ は項である.
3. 以上の繰り返しによって得られる記号列のみが項である.

6 極限の一般化と無限小の合理化

これまで極限については自然数の関数である数列 $\{a_n\}_n$ の極限値と，実数を変数とする関数 $f(x)$ の極限値を扱ってきましたが，微分積分のうちでは積分を後回しにしていました．積分も極限の一種として定義されますが，微分に比べると少し複雑です．この章では極限としての積分の定義から始めて，いろいろな見かけの極限を統一的に扱えるフィルターに沿う極限を紹介します．そして選択公理によって得られる超フィルターを用いて，実数の体系を無限小や無限大を含むように拡大することによって，従来の微分や積分を異なる視点から捉える超準解析のごく初歩の部分を紹介します．本来の超準解析は 1 階述語論理の完全性定理から出発しますが，本書で紹介するのは最短で無限小や無限大に到達する簡易版です．

6.1 極限概念の一般化

6.1.1 積分も極限

定積分 $\int_a^b f(x)\,dx$ のリーマンによる定義を学んだ人は，これがリーマン和の「定義域の分割を細かくしたときの極限」と言えることを理解していると思います．まず，リーマン和は次のように定義されていました．

定義 6.1 (リーマン和の定義)**.** $I := [a, b] \subset \mathbb{R}$ は有界区間で，$f\colon I \to \mathbb{R}$ は I 上で有界な関数とする．$n \in \mathbb{N}$ として

$$a = x_0 < x_1 < x_2 < \cdots < x_n = b$$

を満たす有限数列 $\{x_k\}_k$ に対して，これらを端点とする小区間の列 $I_k := [x_{k-1}, x_k]$ $(k = 1, 2, \ldots, n)$ によって I の分割 $\Delta := \{I_k\}_{k=1,\ldots,n}$ が定まるが，I_k の幅 $x_k - x_{k-1}$ の最大値を $|\Delta|$ で表す．Δ と I の点の族 $\boldsymbol{\xi} = \{\xi_k\}_k$ で，任意の k で $\xi_k \in I_k$ となるものに対して定まる

$$\sum_{k=1}^{n} f(\xi_k)(x_k - x_{k-1})$$

を $(\Delta, \boldsymbol{\xi})$ に関する f の **リーマン和**といい，$R(f, \Delta, \boldsymbol{\xi})$ と書く．

そして，略式に言うと，$|\Delta| \to 0$ のとき $R(f, \Delta, \boldsymbol{\xi})$ がある値に収束するなら，その値を $\int_a^b f(x)\,dx$ と定めるのでした．これを正式に言うならば，f が $[a, b]$ 上で積分可能であるとは，ある実数 S が存在して次の条件が成り立つこととなります：任意の $\varepsilon > 0$ に対してある $\delta > 0$ があって，$|\Delta| < \delta$ を満たす任意の分割 Δ と $\boldsymbol{\xi}$ に対して $|R(f, \Delta, \boldsymbol{\xi}) - S| < \varepsilon$ が成り立つ．そしてこのような S を $\int_a^b f(x)\,dx$ で表し，f の $[a, b]$ 上の定積分と呼ぶのでした．このように，リーマン和 $R(f, \Delta, \boldsymbol{\xi})$ は $|\Delta|$ の関数ではないのに $|\Delta|$ についての ε-δ 方式で積分の定義がされているのは，関数の極限の定義と異なっています．

数列や実変数関数の極限，積分の定義という極限は，見かけ上は異なる形を取っていて，現代数学ではこれら以外にもいろいろな極限を利用しています．そのため，いろいろな極限を統一して扱えると非常に便利です．そのような考え方を探るために，まず数列，実変数関数，積分の定義における極限に何か共通するものがあるのか検討してみましょう．a_n の極限については，n が大きければ大きいほど極限に近づき，x が a に近づくときの $f(x)$ の極限では x が a に近いほど極限に近づきます．積分では，分割 Δ が細かければ細かいほど積分に近づきます．これらはすべてパラメーターに大小関係があって，その意味で大きくなればなるほど極限に近づく，と考えることができます．数列の場合は普通に $m < n$ のとき「n は m より大きい」とすればよく，$\lim_{x \to a} f(x)$ の場合は，$|y - a| < |x - a|$ のとき「y

は x より大きい」と考えればよいのです．積分の定義では，分割と小区間の代表点族の二つの対 $(\Delta, \boldsymbol{\xi})$ と $(\Delta', \boldsymbol{\xi}')$ について，$|\Delta| < |\Delta'|$ のとき「$(\Delta, \boldsymbol{\xi})$ は $(\Delta', \boldsymbol{\xi}')$ より大きい」と考えれば，すべての場合について，パラメーターが大きくなればなるほど極限に近づくと言うことができます．この状況を一般化して有向擬順序集合を導入します．

定義 6.2 (有向擬順序集合)**.** 集合 M 上の 2 項関係 $\preccurlyeq$ は次の性質 (1), (2) を満たすとき M 上の擬順序であると言われる（$\forall x$ などは $\forall x \in M$ の意味です）：

$$(1)\ \forall x\ (x \preccurlyeq x), \quad (2)\ \forall x \forall y \forall z\ \big((x \preccurlyeq y) \wedge (y \preccurlyeq z) \Rightarrow x \preccurlyeq z\big).$$

さらに次の性質 (3) も満たしているとき $\preccurlyeq$ は有向擬順序関係という：

$$(3)\ \forall x \forall y \exists z\ \big((x \preccurlyeq z) \wedge (y \preccurlyeq z)\big).$$

そして有向擬順序関係の指定された集合は有向擬順序集合といわれる．

数列を扱うときは $m \leq n$ をそのまま $m \preccurlyeq n$ とし，実変数関数の極限では $0 < |y-a| \leq |x-a|$ を $x \preccurlyeq y$ としてパラメーターの集合を有向擬順序集合と見なせます．積分を扱うときは $|\Delta| \leq |\Delta'|$ のとき $(\Delta', \boldsymbol{\xi}') \preccurlyeq (\Delta, \boldsymbol{\xi})$ と決めれば分割とその代表元の対の空間が有向擬順序集合となります（性質 (3) が満たされることは，分割の共通細分とその代表元を考えれば分かります）．

この有向擬順序集合という概念を用いると，これまで考えてきた極限がすべて同じ形式で表現されることになります．つまり，$n, x, (\Delta, \boldsymbol{\xi})$ といったパラメーターの空間を共通に S で表すと，そこには有向擬順序 $\preccurlyeq$ が定められ，S 上の関数 $F(s)$ の極限値 ℓ は，

> 任意の $\varepsilon > 0$ に対してある $s_0 \in S$ があって，$s_0 \preccurlyeq s$ を満たす任意の $s \in S$ に対して $|F(s) - \ell| < \varepsilon$ が成り立つ

という共通の形で定義されることが分かります．

次の項ではさらに一般な極限概念を得るため，フィルターというものを導入します．

注 6.3. 擬順序関係 $\preccurlyeq$ は順序関係の定義のうち，反対称律 $(x \preccurlyeq y) \wedge (y \preccurlyeq x) \Rightarrow x = y$ を除いた性質を持つものです．

6.1.2 フィルターに沿う極限

少し先を急ぎますが，有向擬順序集合において次のことが成り立ちます．

補題 6.4. 空でない集合 M 上に有向擬順序 $\preccurlyeq$ が与えられているとする．このとき，任意の $m \in M$ に対して $I_m := \{ x \in M \mid m \preccurlyeq x \}$ と置き，I_m の全体からなる M の部分集合族 を $\mathscr{F} := \{ I_m \mid m \in M \}$ とする．このとき任意の $F \in \mathscr{F}$ は空集合ではなく，また $\mathscr{F}$ は次の性質を持つ

$$F, G \in \mathscr{F} \Longrightarrow \exists H \in \mathscr{F} \ (H \subset F \cap G). \tag{6.1.1}$$

証明. $m \preccurlyeq m$ なので $m \in I_m$ となり，各 I_m は空ではない．

$F, G \in \mathscr{F}$ とすると，ある $m_1, m_2 \in M$ によって $F = I_{m_1}$, $G = I_{m_2}$ と表される．M は有向擬順序集合なので，ある $n \in M$ で $m_1 \preccurlyeq n$ かつ $m_2 \preccurlyeq n$ が成り立つ．$\preccurlyeq$ の推移律（定義 6.2 の性質 (2)）より，これらから $I_n \subset I_{m_1} = F$ かつ $I_n \subset I_{m_2} = G$ なので $H = I_n$ として所要の性質が満たされることが分かる． □

この補題に述べられた性質から，有向擬順序集合でなくても極限を定義できるようにフィルター基底とフィルターというものを導入します．

定義 6.5. M を集合とし，$\mathscr{F}$ を M の部分集合族（要素がすべて M の部分集合である集合）とする．$\mathscr{F}$ が次の性質 (1), (2) を持つとき，$\mathscr{F}$ を M 上の**フィルター基底**と言う．

(1) $\forall F \in \mathscr{F}\ F \neq \emptyset$,　(2) $\forall F, G \in \mathscr{F}\ \exists H \in \mathscr{F}\ H \subset F \cap G$.
[1]

フィルター基底 $\mathscr{F}$ がさらに次の性質 (3) も持つとき，$\mathscr{F}$ は M 上の**フィルター**と呼ばれる：

(3) $\forall F \in \mathscr{F}\ \forall G\ \big(F \subset G \subset M \Longrightarrow G \in \mathscr{F}\big)$.

[1] '$\forall F, G \in \mathscr{F}$' は '$\forall F \in \mathscr{F}\ \forall G \in \mathscr{F}$' の略記です．

($\mathscr{F}$ がフィルターならば，$F, G \in \mathscr{F}$ に対して $F \cap G \in \mathscr{F}$ となることに注意しよう．)

例 6.6. (1) 補題 6.4 が示すように，有向擬順序集合にはその擬順序からフィルター基底を定めることができます．特に $\mathbb{N}$ において，ある番号 n_0 以上の数全体からなる集合の全体を集めたものは $\mathbb{N}$ 上のフィルター基底です．このようにちょうどある番号以上の数全体と一致しなくても，ある番号以上の数を含んでいるような $\mathbb{N}$ の部分集合（たとえば $\{1,3,5\} \cup \{n \in \mathbb{N} \mid n \geq 100\}$）全体を集めたものは $\mathbb{N}$ 上のフィルターになります．

(2) 距離空間の位相について知識があれば，ある点 a の ε-近傍全体がその空間上のフィルター基底となり，同じ a の近傍全体がフィルターとなることは容易に分かるでしょう．

容易に示される次の命題は，フィルター基底から標準的にフィルターを生成できることを示しています．

命題 6.7. $\mathscr{F}_0$ を集合 M 上のフィルター基底とすると，

$$\mathscr{F} := \{\, F \mid F \subset M \text{ かつ } F \text{ はある } F_0 \in \mathscr{F}_0 \text{ を含む} \,\}$$

は $\mathscr{F}_0$ を含む M 上のフィルターとなる．

上の命題中の $\mathscr{F}$ をフィルター基底 $\mathscr{F}_0$ の生成するフィルターと言います．

いよいよフィルターに沿う極限を定義します．

定義 6.8. $\mathscr{F}$ は集合 M 上のフィルターで，f は M 上で定義された実数値関数とする．このとき，次の条件を満たす実数 a を f の $\mathscr{F}$ に沿う極限と言い，$\lim_{\mathscr{F}} f = a$ と表します．

$$\forall \varepsilon > 0 \ \exists F \in \mathscr{F} \ \bigl(\forall x \in F \ |f(x) - a| < \varepsilon\bigr). \qquad (6.1.2)$$

すでに数列の極限，関数の極限 $\lim_{x \to a} f(x)$，積分の定義のそれぞれの場合について有向擬順序集合が考えられることを述べましたが，これらはすべて定義 6.8 の意味で，有向擬順序集合において標準的に生成されるフィルター（補題 6.4 と命題 6.7 による）に沿う極限として捉えられます．

M 上の実数値関数 $f\colon M \to \mathbb{R}$ の極限値を M 上のフィルターを通して扱うのは非常に一般性が高いのですが，本書では f の取る値は実数しか考えていません．f が一般の集合に値を取る場合も，値の集合上にフィルターを考えれば極限を扱えますが，本書では実数値の場合に限定して先を急ぎます．しかし，その前に重要な関連事項として，コーシーの無限小のフィルター基底による解釈に触れておきたいと思います．

コーシーの無限小とフィルター基底　コーシーの無限小は自律的に動く変量で 0 に限りなく近づくものでした．その現代的解釈として，0 に収束する数列と考える見方を以前に紹介しましたが，数列だけでは連続的に動く変量を扱わないことになってしまいます．それを解決する一つの候補が，「0 に収束するフィルター基底」を導入することです．n 次元空間 $\mathbb{R}^n$ などでも無限小は考えられますが，ここでは実数の場合だけを扱います．

定義 6.9. $\mathscr{F}$ を $\mathbb{R}$ 上のフィルター基底とするとき，$\mathscr{F}$ が 0 に収束することを，任意の $\varepsilon > 0$ に対して $A \in \mathscr{F}$ で $A \subset \{x \mid |x| < \varepsilon\}$ を満たすものが存在することと定める．このとき $\mathscr{F}$ は無限小であるとも言う．特に，任意の $A \in \mathscr{F}$ が 0 を含まないとき，$\mathscr{F}$ を 0 でない無限小フィルター基底と言う．

ここで定義した 0 に収束するフィルター基底すなわち無限小フィルター基底が，無限小としての「0 に収束する数列」を実質的に含んでいることが次のようにして分かります．$\{x_n\}_n$ が数列であれば，各 n に対して $A_n := \{x_k \mid k \geq n\}$ という実数の部分集合が定まりますが，A_n の全体 $\mathscr{F} := \{A_n \mid n \in \mathbb{N}\}$ は実数上のフィルター基底になります．このとき，数列 $\{x_n\}_n$ が 0 に収束することと，フィルター基底 $\mathscr{F}$ が定義 6.9 の意味で 0 に収束することは同値となります．したがって 0 に収束する数列から自然に定まるフィルター基底 $\mathscr{F}$ は，やはり定義 6.9 の意味で，無限小になります．そして実数上の関数 f について，$f(x_n)$ が $n \to \infty$ のときに極限値を持つことと，f が $\mathscr{F}$ に沿う極限値を持つことは値も含めて一致することが示されるので，

数列 $\{x_n\}_n$ と対応するフィルター基底 $\mathscr{F}$ は，関数の極限を考える上では同等なものと考えられます．また，パラメータ $t \geq 0$ に対して実数 $x(t)$ が定まり，$t \to \infty$ のとき $x(t) \to 0$ である場合も，t ごとに定まる実数の部分集合 $\{\, x(s) \mid s \geq t \,\}$ の全体はフィルター基底 $\mathscr{G}$ を定め，これは定義 6.9 の意味で無限小フィルター基底となり，やはり極限を考える上では $t \mapsto x(t)$ と $\mathscr{G}$ は同等となります．このようにして，コーシーの無限小を無限小フィルター基底と解釈すれば，直観的理解とは距離があるものの，あいまいさなく無限小を扱うことができます．さらに，f が実数全体から実数への関数で，$\mathscr{F}$ が実数上のフィルター基底であるとき，$f(\mathscr{F}) := \{\, f(A) \mid A \in \mathscr{F} \,\}$ も実数上のフィルター基底となることに注意すれば，次の命題を容易に証明することができます．

命題 6.10. f を実数全体から実数への関数とするとき，ε-δ 論法の意味で $\lim_{x \to 0} f(x) = 0$ であることは，実数上の任意の 0 でない無限小フィルター基底 $\mathscr{F}$ に対して $f(\mathscr{F})$ が無限小フィルター基底になることと同値である．

6.2 超フィルターと超準解析の初歩

6.2.1 超フィルター

$n = 1, 2, \ldots$ に対して，$\mathbb{N}$ の部分集合で，2^n の倍数で十分大きいものを含む集合[2)] の全体は $\mathbb{N}$ 上のフィルター $\mathscr{F}_n$ を定めます．これらは $\mathscr{F}_1 \subset \mathscr{F}_2 \subset \mathscr{F}_3 \subset \cdots$ を満たしますが，$\bigcup_{n=1}^{\infty} \mathscr{F}_n$ も $\mathbb{N}$ 上のフィルターになることが容易に分かります．これは $\mathscr{F}_n$ のどれよりも（包含関係の意味で）大きいフィルターですが，実はこれよりもさらに大きいフィルターも存在します．それではフィルターというのはいくらでも大きくできるのか，というとそうではありません．選択公理と同値なツォルンの補題を用いると，任意のフィルターは，もうそれ以上拡大できない，極大フィルターに含まれることが分かります．

2) 正確には，ある k_0 に対して定まる集合 $\{k\,2^n \mid k \geq k_0\}$ を含む集合．

定理 6.11. $\mathscr{F}_0$ を集合 M 上のフィルターとすると，$\mathscr{F}_0$ を含む M 上のフィルター $\mathscr{F}$ で包含関係に関して極大な（すなわち，$\mathscr{F} \subset \mathscr{G}$ を満たすフィルター $\mathscr{G}$ は $\mathscr{F}$ に一致するしかない）ものが存在する．

証明. $\mathcal{F}$ を $\mathscr{F}_0$ を含む M 上のフィルター全体の集合とする．$\mathcal{F}$ は空ではなく，包含関係によって順序集合となるが，その任意の全順序部分集合 $\mathcal{A}$ は $\mathcal{F}$ 内に上界を持つ．実際，和集合 $\bigcup\{\mathscr{G} \mid \mathscr{G} \in \mathcal{A}\}$ は M 上のフィルターであり $\mathscr{F}_0$ を含むから $\mathcal{F}$ に属し，すべての $\mathscr{G} \in \mathcal{A}$ より大きい．以上により $\mathcal{F}$ にツォルンの補題が適用可能で，$\mathcal{F}$ は極大元 $\mathscr{F}$ を持ち，これが求めるものである． □

包含関係の意味で極大なフィルターを特に**超フィルター** と言います．

フィルターの極大性に関する次の結果は重要です．

命題 6.12. $\mathscr{F}$ を 集合 M 上のフィルターとする．このとき $\mathscr{F}$ が極大フィルターとなるための必要十分条件は，任意の $S \subset M$ に対して $S \in \mathscr{F}$ または $M \setminus S \in \mathscr{F}$ が成り立つことである．

証明. **Step 1:** $G \subset M$ が任意の $F \in \mathscr{F}$ に対して $G \cap F \neq \emptyset$ を満たすならば，$G \in \mathscr{F}'$ かつ $\mathscr{F} \subset \mathscr{F}'$ を満たすフィルター $\mathscr{F}'$ が存在することを示す．

G が上記の条件を満たしているならば，$\{F \cap G \mid F \in \mathscr{F}\}$ がフィルター基底となることが容易に分かる．このフィルター基底が生成するフィルターを $\mathscr{F}'$ とすると，これが求めるものである．

Step 2: $\mathscr{F}$ が極大フィルターならば，$S \subset M$ に対して $S \in \mathscr{F}$ または $(M \setminus S) \in \mathscr{F}$ が成り立つことを示す．

$S \in \mathscr{F}$ も $(M \setminus S) \in \mathscr{F}$ も成り立たないとすると，Step 1 と $\mathscr{F}$ の極大性から，ある $F_1, F_2 \in \mathscr{F}$ で $F_1 \cap S = \emptyset$, $F_2 \cap (M \setminus S) = \emptyset$ を満たすものがある．$F_1 \cap F_2 \in \mathscr{F}$ だから $F_1 \cap F_2 \neq \emptyset$ で，

$$\emptyset \neq (F_1 \cap F_2) \cap (S \cup (M \setminus S))$$

$$= (F_1 \cap F_2 \cap S) \cup (F_1 \cap F_2 \cap (M \setminus S)) = \emptyset$$

となって矛盾が得られる.

Step 3: 任意の $S \subset M$ に対して $S \in \mathscr{F}$ または $M \setminus S \in \mathscr{F}$ が成り立っていれば $\mathscr{F}$ が極大フィルターであることを示す.

$\mathscr{G}$ を $\mathscr{F}$ を含むフィルターとし, 任意の $G \in \mathscr{G}$ に対して $G \in \mathscr{F}$ または $M \setminus G \in \mathscr{F}$ が成り立つとする. このとき $M \setminus G \in \mathscr{F}$ とすると, $M \setminus G \in \mathscr{G}$ となるが, $G \in \mathscr{G}$ かつ $\emptyset = G \cap (M \setminus G) \in \mathscr{G}$ となり, フィルターの定義に反する. よって $G \in \mathscr{F}$ でなければならず, $G \in \mathscr{G}$ は任意だったので $\mathscr{G} \subset \mathscr{F}$ が得られ, 結局 $\mathscr{G} = \mathscr{F}$ となって $\mathscr{F}$ の極大性が示された.

以上で命題は証明された. □

系 6.13. $\mathscr{F}$ を 集合 M 上の超フィルターとする. このとき M の部分集合 F_1, F_2 が $F_1 \cup F_2 \in \mathscr{F}$ を満たしているなら F_1, F_2 の少なくとも一方は $\mathscr{F}$ に属する.

証明. F_1, F_2 とも $\mathscr{F}$ に属していないとすると, 前命題より $M \setminus F_1$, $M \setminus F_2$ がともに $\mathscr{F}$ に属する. よって $(M \setminus F_1) \cap (M \setminus F_2) \in \mathscr{F}$ であるが, $(M \setminus F_1) \cap (M \setminus F_2) = M \setminus (F_1 \cup F_2)$ なので $F_1 \cup F_2 \in \mathscr{F}$ に矛盾する. □

超フィルターの存在は選択公理に依存しているので, 具体的に例示できるものは, 集合 M の特定元 m_0 を決めて, m_0 をふくむ M の部分集合全体のような自明なものしかありません. また, 超フィルターの持つ次の性質からも具体的な記述が困難なことは推察できます.

定理 6.14. $\mathscr{F}$ を集合 M 上の超フィルター, f を M 上で定義された有界な実数値関数とする. このとき $\mathscr{F}$ に沿う f の極限値が存在する.

証明. f は有界なので, ある定数 $a > 0$ を取ると f の値域は区間 $I_0 := [-a, a]$ に含まれる. I_0 を二つの区間 $I_0^1 := [-a, 0]$, $I_0^2 := [0, a]$ に分けると, $f^{-1}(I_0^1) \cup f^{-1}(I_0^2) = f^{-1}(I_0) = M \in \mathscr{F}$ だから, 系 6.13 により $f^{-1}(I_0^1) \in \mathscr{F}$ または $f^{-1}(I_0^2) \in \mathscr{F}$

となる．$f^{-1}(I_0^1) \in \mathscr{F}$ の場合は $I_1 := I_0^1$, $f^{-1}(I_0^2) \in \mathscr{F}$ の場合は $I_1 := I_0^2$ として区間 I_1 を定める．次に同様に I_1 を中点で二つの区間に分けて考えると，少なくとも一方の f による原像は $\mathscr{F}$ に属するので，そうなっているほうの区間（I_1 の半分）を I_2 とする．このようにして帰納的に次々に長さが半分になっている区間列 $\{I_n\}_n$ を $f^{-1}(I_n) \in \mathscr{F}$ となるように取れる．$I_n = [a_n, b_n]$ とすると $\{a_n\}_n$ は単調増加，$\{b_n\}_n$ は単調減少で，$|a_n - b_n| = a/2^{n-1}$ $(n = 1, 2, \ldots)$ だから，$\{a_n\}_n$, $\{b_n\}_n$ は共通の極限 α に収束する．以下に，この α が f の $\mathscr{F}$ に沿う極限であることを示そう．

任意の $\varepsilon > 0$ に対して，$a/2^{n-1} < \varepsilon$ を満たす n を選ぶと，$\alpha \in I_n$ から $I_n \subset \{t \in \mathbb{R} \mid |t - \alpha| < \varepsilon\}$ が成り立つ．このことは任意の $x \in f^{-1}(I_n) \in \mathscr{F}$ に対して $f(x) \in I_n$ より $|f(x) - \alpha| < \varepsilon$ であることを意味するので，$\alpha = \lim_{\mathscr{F}} f$ が示された． □

注 6.15. 定理 6.14 の上述の証明では，I_n を等分した二つの区間 I_n^1, I_n^2 から，f による逆像が $\mathscr{F}$ に属するほうを選択しているので，両方が $\mathscr{F}$ に属しているときの選択に可算選択公理が必要に思えるかもしれません．しかし，その場合は座標の小さいほう（数直線のイメージでは左側のほう）を選ぶと決めておけば，可算選択公理は必要ありません．

6.2.2 超準解析へ

有界実数列の超フィルターに沿う極限　$\mathbb{N}$ において $\{k \in \mathbb{N} \mid k \geq n\}$ $(n = 1, 2, \ldots)$ 全体はフィルター基底となり，それはフレシェ・フィルターと呼ばれるフィルターを生成します（*cf.* 補題 6.4，命題 6.7）．そして定理 6.11 によりフレシェ・フィルターを含む超フィルター（極大フィルター）が存在しますが，以下ではその一つを任意に固定し $\mathscr{U}$ で表すことにします．このとき，定理 6.14 により任意の有界実数列 $\{a_n\}_n$ は $\mathscr{U}$ に沿う極限を持ちますが，以下ではこの極限を $\lim_{\mathscr{U}} a_n$ で表すことにします．

$\mathscr{U}$ がフレシェ・フィルターを含むとしているので，普通の意

味の極限値 $\lim_{n\to\infty} a_n$ が存在するとき，それは $\lim_{\mathscr{U}} a_n$ と一致することが簡単に示せます．一方，0 と 1 を交互に繰り返す数列 $\{b_n\}_n$（n が偶数のとき $b_n = 1$ とする）の場合，普通の意味の極限値は存在しませんが，$\mathscr{U}$ に沿う極限値は存在します．この極限値は，ただ $\mathscr{U}$ がフレシェ・フィルターを含む超フィルターというだけでは決まりません．実際，十分大きい偶数をすべて含むような自然数の集合の全体は $\mathbb{N}$ 上のフィルター $\mathscr{F}_1$ となり，十分大きい奇数をすべて含むような自然数の集合の全体もフィルター $\mathscr{F}_2$ で，これらはフレシェ・フィルターを含んでいます．よって，$\mathscr{F}_1$ を含む超フィルター $\mathscr{U}_1$，$\mathscr{F}_2$ を含む超フィルター $\mathscr{U}_2$ も我々の $\mathscr{U}$ の資格があります．そして，n が偶数のとき $b_n = 1$ なので，$\lim_{\mathscr{U}_1} b_n = 1$ であることが示されます．同様に，n が奇数のとき $b_n = 0$ であることから $\lim_{\mathscr{U}_2} b_n = 0$ です．

このように，フレシェ・フィルターを含む超フィルターは無数に存在しますが，本書では特定せずに任意の一つを用い，すべての場合に共通して成り立つことを述べます．しかし問題によっては都合の良い性質を持った超フィルターを選ばないといけないことがあります．

6.2.3 超準実数体の構成

いよいよ $\mathbb{N}$ 上のフレシェ・フィルターを含む超フィルター $\mathscr{U}$ を固定して，通常の実数 $\mathbb{R}$ を無限大や無限小を含む超準実数体 (non-standard real number field) ${}^*\mathbb{R}$ を構成する方法を説明します．この方法（超積 (ultra product) を用いる方法）は，同時に関数 $f\colon \mathbb{R} \to \mathbb{R}$ を ${}^*\mathbb{R}$ から ${}^*\mathbb{R}$ への写像 ${}^*f$ に延長する方法も与えています（他にもいろいろ自動的に延長できます）．

定義 6.16. まず，実数列の全体を表す，可算無限個の $\mathbb{R}$ の直積集合 $\prod_{n=1}^{\infty} \mathbb{R}$（$\mathbb{R}^{\mathbb{N}}$ とも書く）に $\mathscr{U}$ から定まる同値関係 $\sim$ を次のように導入する．すなわち，実数列 $\{a_n\}_n$ と $\{b_n\}_n$ に対して $\{a_n\}_n \sim \{b_n\}_n$ を，$\{\, n \in \mathbb{N} \mid a_n = b_n \,\} \in \mathscr{U}$ で定義する（$\mathscr{U}$ がフィルターであることを用いれば，$\sim$ が同値関係であることは容易に確かめられる）．そしてこの同値関係による

$\mathbb{R}^{\mathbb{N}}$ の同値類全体の集合を ${}^*\mathbb{R}$ と定義する．そして ${}^*\mathbb{R}$ の元を一般に超実数と呼ぶことにする．また $a \in \mathbb{R}$ に対して $a_n := a$ $(\forall n)$ で定めた数列 $\{a_n\}_n$ の同値類への対応は1:1（単射）なので，この同値類も a で表し，$\mathbb{R} \subset {}^*\mathbb{R}$ と考える．

${}^*\mathbb{R}$ は $\mathbb{R}$ と同じく順序体になりますが，そのために ${}^*\mathbb{R}$ における加法その他を定義しようと思うと，各々が同値類なのでそこから代表元を取って暫定的に定義し，その結果の同値類が代表元の取り方には依存しないことを確かめる，というルーティンワークが必要になります．本書ではこの「代表元の取り方には依存しない」ことのチェックは読者にお任せして，簡略に進むことにします．また，見やすくするために，実数列 $\{a_n\}_n$ の $\sim$ による同値類を $[\{a_n\}_n]$ で表すことにします．このとき ${}^*\mathbb{R}$ における加法と乗法は次のように定義されます．

$$[\{a_n\}_n] + [\{b_n\}_n] := [\{a_n + b_n\}_n],$$
$$[\{a_n\}_n] \cdot [\{b_n\}_n] := [\{a_n b_n\}_n].$$

このことから，${}^*\mathbb{R}$ は加法については，${}^*\mathbb{R}$ に埋め込まれた 0 を零元とする可換群となることは明らかです．また，乗法については，${}^*\mathbb{R}$ に埋め込まれた 1 を単位元として，可換法則と結合法則を満たし，加法との間で分配法則を満たしていることも明らかです．つまり，上の加法と乗法によって乗法単位元を持つ可換環になっています．あとは $[\{a_n\}_n]$ が 0 でなければ乗法の逆元を持つことを示せばよいのです．そして $[\{a_n\}_n] \neq 0$ ということは，$A := \{n \in \mathbb{N} \mid a_n = 0\} \notin \mathscr{U}$ を意味するので，命題 6.12 により $\mathbb{N} \setminus A \in \mathscr{U}$ となります．よって，数列 $\{b_n\}_n$ を $n \in A$ のとき $b_n = 1$, $n \in \mathbb{N} \setminus A$ のとき $b_n := 1/a_n$ と定めると，$a_n b_n$ は $n \in A$ のとき 0 で，$n \in \mathbb{N} \setminus A$ のとき 1 となります．$\mathbb{N} \setminus A \in \mathscr{U}$ だったので，$\{a_n b_n\}_n$ は ${}^*\mathbb{R}$ に埋め込まれた 1 の同値類に属し，$[\{b_n\}_n]$ が $[\{a_n\}_n]$ の乗法逆元であることが示されました．

次に ${}^*\mathbb{R}$ の順序ですが，$[\{a_n\}_n] \leq [\{b_n\}_n]$ を，$\{n \mid a_n \leq b_n\} \in \mathscr{U}$ で定めるとうまくいきます．これが順序関係を定めることのチェックは超フィルターの特質が生かされる部分ですので，一部の証明をしてみます．まず全順序になることですが，$[\{a_n\}_n] \leq [\{b_n\}_n]$ でないとすると，$\{ n \mid a_n \leq b_n \} \notin \mathscr{U}$ なので命題 6.12 より補集合の $\{ n \mid b_n < a_n \}$ が $\mathscr{U}$ に属することになり，$[\{b_n\}_n] \leq [\{a_n\}_n]$ が成り立ちます．推移律については，$[\{a_n\}_n] \leq [\{b_n\}_n]$ かつ $[\{b_n\}_n] \leq [\{c_n\}_n]$ とすると，$F_1 := \{ n \mid a_n \leq b_n \} \in \mathscr{U}$ かつ $F_2 := \{ n \mid b_n \leq c_n \} \in \mathscr{U}$ となるので，$\mathscr{U} \ni F_1 \cap F_2 \subset \{ n \mid a_n \leq c_n \}$ となって，$[\{a_n\}_n] \leq [\{c_n\}_n]$ が導かれます．なお，$\mathbb{R} \subset {}^*\mathbb{R}$ と見なすとき，$a, b \in \mathbb{R}$ に対して，$\mathbb{R}$ における $a \leq b$ と ${}^*\mathbb{R}$ における $a \leq b$ は同値です．この順序によって ${}^*\mathbb{R}$ が順序体となることの確認は容易ですので読者にお任せします．

有限な超実数とその標準部分　${}^*\mathbb{R}$ の元を一般に超実数ということにしますが，超実数 $x = [\{a_n\}_n]$ が有限であるとは，ある自然数 k に対して $|x| \leq k$ すなわち $A := \{ n \mid |a_n| \leq k \} \in \mathscr{U}$ が成り立つことと定義します．$n \notin A$ のとき $\tilde{a}_n := 0, n \in A$ のとき $\tilde{a}_n := a_n$ と定めた数列 $\{\tilde{a}_n\}_n$ は有界で $\{a_n\}_n \sim \{\tilde{a}_n\}_n$ を満たします．よって実数 $\lim_{\mathscr{U}} \tilde{a}_n$ が定まりますが，この値は $\{a_n\}_n$ と同値などんな有界数列の $\mathscr{U}$ に沿う極限値とも一致することが分かり，有限超実数 x に固有なものとなります．よってこの極限値を x の**標準部分**と言い，$\mathrm{st}\, x$ で表します．

無限小超実数と無限大超実数　超実数 x が任意の正の実数 $\varepsilon > 0$ に対して $|x| < \varepsilon$[3] を満たすとき，x は無限小超実数あるいは単に無限小であると言います．なお ${}^*\mathbb{R}$ においても $|x|$ は x と $-x$ の大きいほう（等しい場合を含む）と定めます．無限小超実数は当然に有限であり，その標準部分 $\mathrm{st}\, x$ は 0 になることは明らかでしょう．逆に，有限な超実数 x が $\mathrm{st}\, x = 0$ を満たしていれば x が無限小となることも示されます．実際，x が有限ならば同値類としての x の代表元として有界数列 $\{a_n\}_n$ を取ることができて，$0 = \mathrm{st}\, x = \lim_{\mathscr{U}} a_n$ から，任意の $\varepsilon > 0$ に対して $\{ n \mid |a_n| < \varepsilon \} \in \mathscr{U}$ となり，これは $|x| = \left|[\{a_n\}_n]\right| \leq \varepsilon$ を導きます．

また，上に示したことから，有限な超実数 x に対して $x - \mathrm{st}\, x$

3) $|x| < \varepsilon$ は $|x| \leq \varepsilon$ かつ $|x| \neq \varepsilon$ の意味です．

が無限小となることが分かり，有限な超実数 x は，実数 $\mathrm{st}\,x$ と無限小超実数の和で表されることになります．

無限小超実数の例としては $k > 0$ を任意の正の実数として $[\{1/n^k\}_n]$ があり，これらは異なる k に対して異なる無限小超実数となります．この例を見ると，無限小超実数とコーシーの定義した無限小の近さを感じますが，無限小超実数は数列ではなく，それ自体が一つの数である点で根本的に異なります．

また，超実数 x が任意の $k \in \mathbb{N}$ に対して $k \leq x$ を満たすとき，x を無限大超実数と定義します．x が任意の $k \in \mathbb{N}$ に対して $x \leq -k$ を満たすとき，x は負の無限大超実数であるとします．

$\mathbb{R}$ と $^*\mathbb{R}$ との違い　$\mathbb{R}$ と $^*\mathbb{R}$ はともに可換な順序体であり，他にも共通な性質を持っています．しかしながら $^*\mathbb{R}$ には無限小超実数 $x > 0$ が存在し，どんな $n \in \mathbb{N}$ に対しても nx は無限小なので，$^*\mathbb{R}$ ではアルキメデスの原理は成立しません．また，部分集合が関係するような性質は一般には共通ではありません．実際，自然数 n に対して定まる $1 - \dfrac{1}{n}$ の全体のなす集合 A は $\mathbb{R}$ では上限 1 を持ちますが，$^*\mathbb{R}$ では上に有界なのに上限を持ちません．なぜならば，$^*\mathbb{R}$ では，x を有限な超実数で A の上界とすると $\mathrm{st}\,x \geq 1$ が導かれ，任意の正の無限小超実数 α に対して $x - \alpha$ も A の上界になってしまうからです．

6.2.4　超準解析の第 1 歩

最後に，超準実数体 $^*\mathbb{R}$ を用いて，無限小を合法的に用いる超準解析のほんの一部分を除いてみましょう．そのためには，普通の関数を $^*\mathbb{R}$ 上で扱えるようにしないといけません．

関数の延長　f を実数 $\mathbb{R}$ で定義された実数値関数とします．このとき $[\{a_n\}_n] \in {}^*\mathbb{R}$ に対して $[\{f(a_n)\}_n] \in {}^*\mathbb{R}$ は代表元の取り方に依存せず定まり，写像 $^*f\colon {}^*\mathbb{R} \to {}^*\mathbb{R}$ が得られます．$a \in \mathbb{R}$ を $^*\mathbb{R}$ の元と見た場合，$^*f(a) = f(a)$ となるので，$^*f$ は f の拡張と見なせます．

連続性　${}^*f$ を用いると，関数 f の連続性がコーシーによる定義 2.21 と，f と ${}^*f$ の違いを除けば，まったく同じ形で特徴付けられます．

定理 6.17. $f\colon \mathbb{R} \to \mathbb{R}$ が $a \in \mathbb{R}$ で連続となる必要十分条件は，任意の無限小超実数 ω に対して ${}^*f(a+\omega) - f(a)$ が無限小となることである．

証明.（必要性）：f が a で連続とし，ω が無限小超実数とする．このときある有界実数列 $\{h_n\}_n$ で $\omega = [\{h_n\}_n]$ となり，${}^*f(a+\omega) - f(a) = [\{f(a+h_n) - f(a)\}_n]$ が成り立つ．f の連続性から，任意の $\varepsilon > 0$ に対してある $\delta > 0$ で，$|x-a| < \delta$ ならば $|f(x) - f(a)| < \varepsilon$ となるものが存在する．この δ に対して，ω が無限小であることから $A := \{n \mid |h_n| < \delta\} \in \mathscr{U}$ が成り立ち，$n \in A$ ならば $|f(a+h_n) - f(a)| < \varepsilon$ となる．これは $|{}^*f(a+\omega) - f(a)| < \varepsilon$ が任意の $\varepsilon > 0$ に対して成り立つことを意味し，${}^*f(a+\omega) - f(a)$ が無限小であることを示している．

（十分性）：対偶を考えると，f が a で連続でないとすると，ある無限小実数 ω に対して ${}^*f(a+\omega) - f(a)$ が無限小とならないことを示せばよい．そして f が a で連続でないとすると，定理 3.61 の証明で示したように，ある $\varepsilon > 0$ と 0 に収束する実数列 $\{h_n\}_n$ で，任意の n に対して $|f(a+h_n) - f(a)| \geq \varepsilon$ を満たすものが存在する．このとき $[\{h_n\}_n]$ は無限小超実数で，${}^*f(a+\omega) - f(a) = [\{f(a+h_n) - f(a)\}_n]$ は明らかに無限小ではないので証明は終わる．□

微分可能性　微分可能性は無限小超実数を用いると次のように捉えられます．

定理 6.18. $f\colon \mathbb{R} \to \mathbb{R}$, $a \in \mathbb{R}$ とすると，f が a で微分可能となる必要十分条件は，ある実数 λ があって，任意の 0 でない無限小超実数 ω に対して $\bigl({}^*f(a+\omega) - f(a)\bigr)/\omega$ が有限でその標準部分が λ となることである．

証明.（必要性）：f は a で微分可能とすると，任意の $\varepsilon > 0$

に対してある $\delta > 0$ が取れて,

$$0 < |h| < \delta \Longrightarrow \left| \frac{f(a+h) - f(a)}{h} - f'(a) \right| < \varepsilon$$

が成り立つ. ω を 0 でない無限小超実数とすると, 同値類としての ω の代表元 $\{h_n\}_n$ として, すべての n について $h_n \neq 0$ を満たすものが取れる. そして ω が無限小なので, 上に登場した δ に対して $F := \{ n \mid |h_n| < \delta \} \in \mathscr{U}$ となる. よって $n \in F$ ならば

$$\left| \frac{f(a+h_n) - f(a)}{h_n} - f'(a) \right| < \varepsilon$$

が得られるので, ${}^*\mathbb{R}$ において $\left| \left({}^*f(a+\omega) - f(a) \right) / \omega - f'(a) \right| < \varepsilon$ が成り立つ. $\varepsilon > 0$ は任意だったので, これは $\left({}^*f(a+\omega) - f(a) \right) / \omega$ が有限でその標準部分が $f'(a)$ であることを示している.

(十分性): 条件が満たされているとして, 0 に値を取らずしかも 0 に収束するような任意の実数列 $\{h_n\}_n$ に対して

$$\lim_{n \to \infty} \frac{f(a+h_n) - f(a)}{h_n} = \lambda \tag{6.2.3}$$

が成り立つことを示せばよい (*cf.* 命題 3.83). もしも (6.2.3) が成り立たないとすると, ある $\varepsilon > 0$ と $\{h_n\}_n$ の部分列 $\{h_{n_i}\}_i$ で, 任意の i に対して

$$\left| \frac{f(a+h_{n_i}) - f(a)}{h_{n_i}} - \lambda \right| \geq \varepsilon \tag{6.2.4}$$

となるものが存在する. このとき $\{h_{n_i}\}_i$ の同値類 $\omega := [\{h_{n_i}\}_i]$ は 0 でない無限小超実数なので, 仮定から $\left({}^*f(a+\omega) - f(a) \right) / \omega$ が有限でその標準部分が λ となっている. 故に, 上と同じ $\varepsilon > 0$ に対して, ある $F \in \mathscr{U}$ があって, 任意の $i \in F$ に対して

$$\left| \frac{f(a+h_{n_i}) - f(a)}{h_{n_i}} - \lambda \right| < \varepsilon$$

が成り立つが, これは任意の i について成立する (6.2.4) に矛盾する. □

無限小超実数を用いると，コーシーが無限小を用いて述べた連続性や微分可能性の定義がほぼそのままで ε-δ 論法による定義と同値になることを見てきました．これらは超準解析の第一歩にもはるかに至らない話ですが，齋藤[22] 第 1 章には本書に述べた超積[4] を用いて自然数の集合 $\mathbb{N}$ を $^*\mathbb{N}$ に拡張して，積分の超準解析による定義も扱っています．また，そこでは有界区間上の連続関数の一様連続性の，$^*\mathbb{R}$ を用いる証明も述べられています．さらにはケプラーにも見られた，有限の長さの区間を無限小の大きさに等分する，という無限小解析の考えも超準解析では実現できます ([22, p. 57])．しかし, [22] の第 2 章以降もそうですが，本格的な超準解析の理解には現代論理学の知識と特有の感覚が必要と思われます．

[4] [22] では特に超冪（ちょうべき）と呼んでいますが，$\mathbb{N}$ や $\mathbb{R}$ を含む集合の「宇宙」に対して適用しています．

超準解析と微分積分学　選択公理を認めれば，無限小や無限大を含む超準実数体 $^*\mathbb{R}$ を実数体 $\mathbb{R}$ と同等の存在として論理的に問題なく認めることができて，極限に関する議論が ε-δ 論法なしにできることが分かりました．そして，一時は $^*\mathbb{R}$ を積極的に用いる ε-δ 論法なしの微積分教育コースも提唱され，教科書も書かれました．しかし，$\mathbb{R}$ と $^*\mathbb{R}$ として実数が二重化され，証明されるのは結局 $\mathbb{R}$ で述べられる定理ということでは，初等的段階であえて $^*\mathbb{R}$ を導入する必然性は薄いように思われます．他方，無限小が超実数として合理化できることは，直観的な無限小の概念がまったく荒唐無稽なものでもなかったということを示していると言えます．なお，微分積分学より進んだ分野，たとえば確率論や物理学，において超準解析の応用が試みられています．

参考文献

[1] アレクサンダー，A.（足立恒雄 訳），『無限小』，岩波書店，2015.
[2] 飯田隆 編，『リーディングス 数学の哲学　ゲーデル以後』，勁草書房，1995.
[3] 飯田隆 編，『哲学の歴史 11 論理・数学・言語 20 世紀 II』，中央公論新社，2007.
[4] 伊東俊太郎，『十二世紀ルネサンス 』，講談社学術文庫，2006.（『十二世紀ルネサンス — 西欧世界へのアラビア文明の影響』，岩波書店，1993，の再刊）
[5] 伊東俊太郎 編，『数学の歴史 2 中世の数学』，共立出版，1987.
[6] 彌永昌吉・彌永建一，『集合と位相』（基礎数学選書），岩波書店，1990.
[7] 上垣渉，『アルキメデスを読む』，日本評論社，1999.
[8] 上垣渉，『はじめて読む 数学の歴史』，ベレ出版，2006.
[9] オイラー，レオンハルト（高瀬正仁 訳），『オイラーの無限解析』，海鳴社，2001.
[10] オイラー，レオンハルト（高瀬正仁 訳），『オイラーの解析幾何』，海鳴社，2005.
[11] オイラー，レオンハルト（高瀬正仁 訳），『オイラー 無限解析序説』，共立出版，2024.
[12] 小野寛晰，『情報科学における論理』，日本評論社，1994.
[13] 嘉田勝，『論理と集合から始める数学の基礎』，日本評論社，2008.
[14] カッツ，ヴィクター J.（上野健爾・三浦伸夫 監訳），『カッツ 数学の歴史』，共立出版，2005.
[15] 河辺六男，『ニュートン』，中公バックス世界の名著 **31**，中央公論社，1979.
[16] キューネン，K.（藤田博司 訳），『キューネン数学基礎論講義』，日本評論社，2016.
[17] ギンディキン，S.G.（三浦伸夫 訳），『ガリレイの 17 世紀 ガリレイ，ホイヘンス，パスカルの物語』，シュプリンガー・フェアラーク東京，1996.
[18] クワイン，R. van Orman（中山浩二郎・持丸悦朗 訳），『論理学的観点から』，岩波書店，1972.
[19] ケプラー，ヨハネス（岸本良彦 訳），『新天文学』，工作社，2013.
[20] コーシー，A.-L.（小堀 憲　訳・解説），『微分積分学要論』，共立出版，1969.
[21] 斎藤憲，『よみがえる天才アルキメデス』，岩波書店，2006.
[22] 齋藤正彦，『超積と超準解析 ノンスタンダード・アナリシス』，東京図書，1976.

[23] 佐々木力,『数学史』, 岩波書店, 2010.
[24] 志賀浩二,『数と量の出会い』(大人のための数学 1), 紀伊國屋書店, 2007.
[25] 下村寅太郎,『下村寅太郎著作集 4　ルネサンス研究』, みすず書房, 1989.
[26] 下村寅太郎 他編,『ライプニッツ著作集 第 I 期 2 数学論・数学』, 工作舎, 1997.
[27] 杉浦光夫,『解析入門 I』, 東京大学出版会, 1980.
[28] 杉浦光夫,「ギリシア比例論の適用について」, 数理解析研究所講究録 1019 巻, 23–29, 1997.
[29] スティルウェル, J., (田中一之 監訳・解説, 川辺治之 訳),『逆数学 定理から公理を「証明」する』, 森北出版, 2019.
[30] 砂田利一,『新版 バナッハ–タルスキーのパラドックス』, 岩波書店, 2009.
[31] 高木貞治,『定本 解析概論』, 岩波書店, 2010.
[32] 高瀬正仁,『無限解析のはじまり わたしのオイラー』, 筑摩書房, 2009.
[33] 高瀬正仁,『dx と dy の解析学 オイラーに学ぶ [増補版]』, 日本評論社, 2015.
[34] 高瀬正仁,『微分積分学の誕生』, SB クリエイティブ, 2015.
[35] 高瀬正仁,『微分積分学の史的展開 ライプニッツから高木貞治まで』, 講談社サイエンティフィック, 2015.
[36] 高瀬正仁,『フェルマ 数と曲線の真理を求めて』, 現代数学社, 2019.
[37] 高橋秀裕,『ニュートン 流率法の変容』, 東京大学出版会, 2003.
[38] 田中一之 編,『ゲーデルと 20 世紀の論理学 4　集合論とプラトニズム』, 東京大学出版会, 2007.
[39] 田中一之,『数学基礎論序説 数の体系への論理的アプローチ』, 裳華房, 2019.
[40] 田中尚夫,『選択公理と数学【増訂版】』, 遊星社, 1999.
[41] 田中一之・鈴木登志雄,『数学のロジックと集合論』, 培風館, 2003.
[42] デカルト, R. (原 亨吉 訳),『幾何学』, 筑摩学芸文庫, 2013.
[43] デデキント, R. (渕野昌　訳),『数とは何かそして何であるべきか』, 筑摩書房, 2013.
[44] ドゥ・ガン, フランソワ,「17 世紀における数学と物理的実在性(ガリレオの速さからニュートンの流率まで)」, 数セミ・ブックス 11『哲学・数学セミナーの記録, 数学・言語・現実 [下]』(日本評論社, 1984) 所収.
[45] デュドネ編 (上野健爾 他訳),『数学史 1700–1900 II』, 岩波書店, 1985.
[46] 東京理科大学数学教育研究所 編,『数学トレッキングガイド』, 教育出版, 2005.
[47] 長岡亮介, 岡本　久,『関数とは何か 近代数学史からのアプローチ』, 近代科学社, 2014.
[48] 中根美知代,『ε-δ 論法とその形成』, 共立出版, 2010.
[49] 中村幸四郎,『近世数学の歴史 — 微積分の形成をめぐって』, 日本評論社, 1980.
[50] 日本数学史学会 編,『数学史事典』, 丸善出版, 2020.

[51] 野本和幸,『フレーゲ哲学の全貌 論理主義と意味論の原型』, 勁草書房, 2012.
[52] ハッキング, イアン(金子洋之・大西琢朗 訳),『数学はなぜ哲学の問題になるのか』, 森北出版, 2017.
[53] ハスキンズ, チャールズ・ホーマー(別宮貞徳・朝倉文市 訳),『十二世紀のルネサンスヨーロッパの目覚め』, 講談社, 2017.
[54] 原亨吉,『近世の数学 無限概念をめぐって』, 筑摩書房, 2013.(1975年発行書籍の文庫化)
[55] 林 知宏,『ライプニッツ 普遍数学の夢』, 東京大学出版会, 2003.
[56] 林 栄治・斎藤 憲,『天秤の魔術師 アルキメデスの数学』, 共立出版, 2009.
[57] ヒース, T. L.(平田 寛+菊池+大沼 訳)『復刻版 ギリシア数学史』, 共立出版, 1998.
[58] ヒルベルト, D., アッケルマン, W.(伊藤誠 訳),『記号論理学の基礎』, 1954.
[59] ヒルベルト, D., ベルナイス, P.(吉田夏彦, 渕野昌 訳),『数学の基礎』(復刻版), 数学クラシックス 4, シュプリンガー・ジャパン, 2007.
[60] 藤田博司,『「集合と位相」をなぜ学ぶのか』, 技術評論社, 2018.
[61] ブルバキ, N.(前原昭二 訳),『ブルバキ数学原論 集合論 1』, 東京図書, 1968.
[62] ブルバキ, N.(村田 全, 清水達雄 訳),『ブルバキ 数学史』, 東京図書, 1970.
[63] フレーゲ, G.(藤村龍雄 編),『概念記法』(フレーゲ著作集 1), 勁草書房, 1999.
[64] 戸次大介,『数理論理学』, 東京大学出版会, 2012.
[65] ベロスト, ブリュノ(辻 雄一 訳),『評伝 コーシー』, 森北出版, 1998.
[66] ボイヤー, カール・B(加賀美鐵雄, 浦野由有 訳),『ボイヤー数学の歴史 3』, 朝倉書店, 1984.
[67] 前原昭二,『数学基礎論入門』, 朝倉書店, 1977.
[68] 三浦伸夫,『フィボナッチ アラビア数学から西洋中世数学へ』, 現代数学社, 2016.
[69] 三田博雄,『アルキメデスの科学』(『世界の名著 9』所収), 中央公論社, 1972.
[70] 宮島静雄,『微分積分学 I』, 共立出版, 2003.
[71] 宮島静雄,『微分積分学 II』, 共立出版, 2003.
[72] 室井和男,『バビロニアの数学』, 東京大学出版会, 2000.
[73] メルツバッハ, Uta C., ボイヤー, Carl B.(三浦伸夫・三宅克哉 監訳, 久村典子 訳),『数学の歴史 II』, 朝倉書店, 2018.
[74] 矢野健太郎(編),『数学小辞典 第 2 版増補』, 共立出版, 2017.
[75] 山本義隆,『一六世紀文化革命 1, 2』, みすず書房, 2007.
[76] 山本義隆,『世界の見方の転換 3』, みすず書房, 2014.
[77] 山本義隆,『小数と対数の発見』, 日本評論社, 2018.
[78] ユークリッド(中村幸四郎 他 訳・解説),『ユークリッド原論』, 共立出版, 1971.
[79] 吉田夏彦,『論理学』, 培風館, 1958.

[80] Anacona, M., L. C. Arboleda and F. J. Pérez-Fernandez, *On Bourbaki's axiomatic system for set theory*, Synthese (2014)191, 4069–4098.

[81] Avigad, Jeremy and Richard Zach, *The Epsilon Calculus*, The Stanford Encyclopedia of Philosophy (Fall 2020 Edition), Edward N. Zalta (ed.), `https://plato.stanford.edu/entries/epsilon-calculus/`.

[82] Baron, Margaret E., *The Origines of the Infinitesimal Calculus*, Pergamon Press, 1969.

[83] Bolzano, Bernard, *Rein Analytischer Beweis des Lehrsatzes, daß zwischen je zwey Werthen, die ein entgegengesetztes Resultat Gewähren, wenigstens eine reelle Wurzel der Gleichung liege*, Ostwards Klassiker der Exakten Wissenschaften, Nr. 153, Verlag von Wilhelm Engelmann, 1905.

[84] Bos, H. J. M, *Differentials, Higher-Order Differentials and the Derivative in the Leibnizian Calculus*, Archive for History of Exact Sciences Vol. 14, No. 1 (26.XI.1974), pp. 1-90.

[85] Boyer, Carl B., *The history of the calculus and its conceptual development*, Dover, 1959. (unabridged and unaltered republication of the work originally published by Hafner Publishing Company, Inc., in 1949 under the title The Concepts of the Calculus, A Critical and Historical Discussion of the Derivative and the Integral.)

[86] Cajori, Florian, *A History of Mathematical Notations*, Dover, 1993. (Unabridged republication in one volume of the work first published in two volumes in 1928, 1929.)

[87] Cauchy, Augustin-Louis, *Cours d'Analyse de l'École Royale Polytechnique*, Paris, 1821.

[88] Child, J. M., *The Early Mathematical Manuscripts of Leibniz*, Dover, 2005. (Unabridged and unaltered republication of the work originally published in 1920 by The Open Court Publishing Company)

[89] Dugac, Pierre, *Eléments d'analyse de Karl Weierstrass*, Archive for History of Exact Sciences, **10**(1973), 41–176.

[90] Ebbinghaus, H-D. (In Cooperation with V. Peckhaus), *Ernst Zermelo, An Approach to His Life and Work*, 2007, Springer-Verlag.

[91] Ebbinghaus, H-D., J. Flum and W. Thomas, *Mathematical Logic*, Second Edition, 1994, Springer-Verlag.

[92] Edwards, C. H., *The Historical Development of the Calculus*, Springer Verlag, 1979.

[93] Grabiner, Judith V., *The Origins of Cauchy's Rigorous Calculus*, Dover Publications, Inc., 2005. (Kindle version of the original 1981 version published by MIT Press)

[94] Guicciardini, Niccolò, *Newton's Method and Leibniz's Calculus*, in "A History of Analysis" (Ed. H. N. Jahnke), American Mathematical Society, 2003.

[95] Heath, T. L., *The Works of Archimedes*, Dover, 2002. (Unabridged republication of *The Works of Archimedes* published in 1912 by Cambridge University Press and of its supplement *The Method of Archimedes* published in 1912 by Cambridge University Press.)

[96] Kepler, Johannes, *Nova streometria doliorum vinariorum*(English translation printed side by side with the original), Les Belles Lettres, 2018.

[97] Kunen, Kenneth, *The Foundations of Mathematics* (Studies in Logic 19), Revised Edition, College Publications, 2012.

[98] Lagrange, Joseph-Louis, *Théorie des Fonctions Analytiques*, Paris, 1797.

[99] L'Hospital, Guillaume-Franqis-Antoine de, *Analyse des infiniment petits, pour l'intelligence des lignes courbes*, Paris, 1696.

[100] Lützen, Jesper, *The Foundation of Analysis in the 19th Century*, in "A History of Analysis" (Ed. H. N. Jahnke), American Mathematical Society, 2003.

[101] Pascal, B., *Lettre de A. Dettonville à monsieur De Carcavy*, Paris, 1658.

[102] Russo, François, *Pascal et l'analyse infinitésimal*, Revue d'histoire des sciences et leurs application, tome 15, n° 3–4, 1962.

[103] Shapiro, Stewart, *Philosophy of Mathematics Structure and Ontology*, Oxford University Press, 1997.

[104] Sonar, Thomas, *3000 Years of Analysis*, Birkhäuser, 2021. (English translation of 2016 German version published by Springer-Verlag)

[105] Struik, D. J., *A Source Book in Mathematics, 1200–1800*, Cambridge, MA, Harvard University Press, 1969.

[106] Tannery, P. et Charle Henry, *Œuvre de Fermat Tome Premier*, Gauthier Villars, 1891.

[107] van Heijenoort, J., *FROM FREGE TO GÖDEL*, Harvard Univ. Press, 1967.

[108] Weierstrass, Karl, *Einleitung in die Theorie der analytischen Funktionen Vorlesung Berlin 1878*, Springer Fachmedien Wiesbaden GmbH, 1988.

[109] Whiteside, D.T. (ed.), *The mathematical papers of Isaac Newton*(8 vols.), Cambridge University Press, 1967–1981.

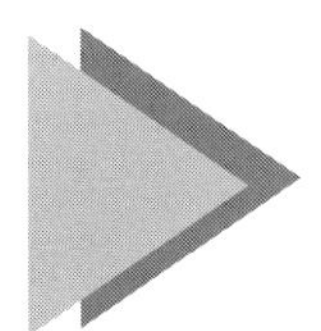

索　引

記号

$:=$, 5

$\Rightarrow$, 16

$\Longrightarrow$, 16

$\wedge$, 16

$\vee$, 16

$\neg$, 16

$\exists$, 15

$\forall$, 15

$\Leftrightarrow$, 266

$\Longleftrightarrow$, 266

$\mathbb{N}$, v

$\mathbb{Q}$, v

$\mathbb{R}$, v

$\mathbb{Z}$, v

$\bigcup x$, 268

アルファベット

ratio test, 175

root test, 174

ア

アーベル, 177

　— の連続性定理, 177

アルキメデス, 33, 43, 45, 46, 54, 68, 77, 96, 103, 104

　エウドクソス・— の原理, 26, 29

　— の原理, 26, 164

一様収束, 218

一様連続, 138, 216

1 階言語, 246

意味論, 243

ヴァリニョン, 103

ヴィヴィアニ, 73

ヴィエト, 7

ウォリス, 70

　— の公式, 72

エウクレイデス, 24

エウドクソス, 24, 28

　—・アルキメデスの原理, 26, 29

オイラー, 4, 107, 159, 173

カ

階差, 98

階差数列, 100

ガウスの記号, 222

下界, 180

下極限, 187, 190

各点収束, 218

下限, 180

可算選択公理, 186, 208, 256

カヴァリエリ, 52, 57, 72

含意

　実質 —, 17

　条件の間の —, 12

完全性定理, 247

カントール, 178

『幾何学』, 50, 60–62, 80, 89

極限, 127, 224

極限（数列の）, 154

極限値, 224

極限値（数列の）, 154

議論領域, 17

近傍, 226

ゲーデル, 247
ケプラー, 51

項, 280
交項級数, 176
高次微分, 100
構造, 247, 248
交代級数, 176
構文論, 242
コーシー, 3, 4, 124
コーシー列, 131, 169
古代人の流儀, 29, 47, 68, 77, 102, 105, 124

サ
最後の比, 84
最初の比, 84
最速降下線, 114
差分, 98
算術化, 141, 147

C^1 級, 228
実質含意, 17
実数の公理系, 194
集合族, 259
集積値, 185
集積点, 185
収束, 127
収束数列, 154
収束列, 154
自由変項, 247, 267
述語論理, 13
順序関係, 189
順序対, 268
上界, 180
上極限, 190
上限, 180
条件収束, 176
除外近傍, 224

ステヴィン, 48, 62

正項級数, 172
整列集合, 260, 263
接線影, 51, 75, 90, 108
絶対収束, 175
切断, 195, 232
ZF 集合論, 260
ZFC 集合論, 260
全称汎化, 20
全称閉包, 267
選択公理, 256, 262

束縛変項, 267

タ
対象レベル, 251
高木関数, 223
ダランベール, 112
単射, 212, 237
単調減少数列, 166
単調数列, 166
単調増加数列, 166

超実数, 292, 293
　無限小 —, 293
　無限大 —, 294
超準
　— 実数体, 291
超準解析, 281
超積, 291
超フィルター, 288
直積集合, 259, 271

ツォルンの補題, 263, 264, 288

ディドロ, 112
デカルト, 7, 50, 60, 62
デデキント, 20, 27, 166, 231
天秤の方法, 35–37, 39–42, 57
点列, 256

導関数, 118, 144, 228
等周問題, 114
ドゥボーヌの問題, 95
特性三角形, 90
トリチェリ, 58
取り尽くし法, 28, 29, 31, 33, 34, 39

ナ
二重帰謬法, 29
ニュートン, 60, 75, 77, 79–84, 86, 88, 111

ネイピア, 49

ハ
バークリ, 105
はさみうちの原理
　数列についての — , 156
パスカル, 65, 89
バロウ, 73–75, 78, 82

比の値, 24, 27, 32, 55, 86
微分, 93, 97, 136, 144
微分係数, 135, 137, 144, 226
標準部分, 293

フィルター, 281, 284
　— 基底, 284
　超 —, 281, 288
　フレシェ・—, 290
フーリエ, 6, 137
フォン・ノイマン, 260
不可分者 (indivisible), 2, 24, 51, 54, 57, 68, 69, 73
部分列, 160, 184
プリンキピア, 83
フレーゲ, 238, 277
フレンケル, 260
文, 267
分出の公理, 272

ペアノ, 182
閉論理式, 267
ベルヌーイ
　ヤーコプ・—, 97
　ヨハン・—, 101
変換定理, 92
変量, 127

ホイヘンス, 78, 89
法線影, 51, 83, 90
ボルツァーノ, 118

マ
マクローリン, 105

無限級数, 158
無限小, 2, 59, 69, 127, 286, 293
無限小解析, 2, 24, 47
無矛盾, 265

メタレベル, 251
メルセンヌ, 62

モデル, 247

ヤ
有界, 180
　上に —, 180
　下に —, 180
　数列が —, 191
ユークリッド, 24, 30, 45, 80
有向擬順序集合, 283

ラ
ライプニッツ, 60, 65, 77, 88, 89, 91–95, 97–99, 101, 103, 104, 110
ラグランジュ, 114
ラクロワ, 118
ラッセル, 238, 261
　— の逆理, 261

リーマン和, 281
流率, 2, 80, 82
流量, 82
量化, 15
量化子, 15
　全称—, 15
　存在—, 15

ルーカス教授, 73
ルネサンス, 46, 47
　12 世紀 —, 45

連続, 120, 129, 130
連続関数, 123, 131, 138, 142
連続性の公理, 194, 195, 198
連続体問題, 266

ロピタル, 102
ロベルヴァル, 69
ロル, 103
論理結合子, 16
論理式, 266, 274
　閉 —, 267

ワ
ワイエルシュトラス, 3, 4, 141
　— の M 判定法, 221

— の最大値定理, 207
和分, 98

著者紹介

宮島 静雄（みやじま しずお）

1971 年　東京大学卒業
1977 年　東京大学大学院理学系研究科修了（理学博士）
1979 年　東京理科大学講師
1992 年　東京理科大学教授
2018 年　東京理科大学名誉教授教授
現在に至る

主要著書
『微分積分学 I, II』（共立出版，2003 年）
『関数解析』（横浜図書，2005 年）
『数学トレッキングガイド』（共著）（教育出版，2005 年）
『ソボレフ空間の基礎と応用』（共立出版，2006 年）
『微分積分学としてのベクトル解析』（共立出版，2007 年）
『数学小辞典第 2 版増補』（共編）（共立出版，2017 年）

大学数学 スポットライト・シリーズ ⑪

ε–δ 論法と数学の基礎

『原論』の時代から20世紀まで

2024 年 10 月 31 日　　初版第 1 刷発行

著　者　　宮島 静雄
発行者　　大塚 浩昭
発行所　　株式会社近代科学社
〒101-0051 東京都千代田区神田神保町 1 丁目 105 番地
https://www.kindaikagaku.co.jp

Printed in Japan
ISBN978-4-7649-0715-7
印刷・製本　　藤原印刷株式会社